Anwendungsmöglichkeiten von ökonomischen Instrumenten – insbesondere von Umweltnutzungsrechten – im Verkehrsbereich

Europäische Hochschulschriften

Publications Universitaires Européennes
European University Studies

Reihe V
Volks- und Betriebswirtschaft

Série V Series V
Sciences économiques, gestion d'entreprise
Economics and Management

Bd./Vol. 2547

PETER LANG
Frankfurt am Main · Berlin · Bern · Bruxelles · New York · Wien

Dirk Kniestedt

Anwendungsmöglichkeiten von ökonomischen Instrumenten – insbesondere von Umweltnutzungsrechten – im Verkehrsbereich

Ein Flottenverbrauchsmodell für den motorisierten Individualverkehr

PETER LANG
Europäischer Verlag der Wissenschaften

Die Deutsche Bibliothek - CIP-Einheitsaufnahme

Kniestedt, Dirk:

Anwendungsmöglichkeiten von ökonomischen Instrumenten – insbesondere von Umweltnutzungsrechten – im Verkehrsbereich : ein Flottenverbrauchsmodell für den motorisierten Individualverkehr / Dirk Kniestedt. - Frankfurt am Main ; Berlin ; Bern ; Bruxelles ; New York ; Wien : Lang, 1999
(Europäische Hochschulschriften : Reihe 5, Volks- und Betriebswirtschaft ; Bd. 2547)
Zugl.: Kassel, Univ., Diss., 1999
ISBN 3-631-35478-9

D 34
ISSN 0531-7339
ISBN 3-631-35478-9

Inhalt

Verzeichnis der Abbildungen

Verzeichnis der Tabellen

1. Einleitung

Über 100 Jahre, nachdem Daimler und Benz den ersten Motorkraftwagen erfunden haben, sind die Auswirkungen, die der mittlerweile massenhafte Einsatz von Automobilen zwangsläufig mit sich gebracht hat, zu einem Umweltproblem geworden, das zu ignorieren schwer fällt. Was anfangs noch als herausragende technische Innovation gefeiert wurde, wandelte sich in der zweiten Hälfte dieses Jahrhunderts zu einer Bedrohung für Klima, Ökosystem und Menschen.

Bei dem Versuch, sämtliche Umweltauswirkungen des Verkehrssektors zu identifizieren, entsteht schnell eine besorgniserregend lange Liste, die sich nicht nur auf verschiedene Formen der Luftverschmutzung und den Verbrauch fossiler Rohstoffe beschränkt. Eine detaillierte Analyse der Umweltauswirkungen des Verkehrsbereichs, insbesondere des Individualverkehrs, erfolgt an späterer Stelle ausführlicher. An dieser Stelle sei bereits darauf hingewiesen, daß seit Beginn der 70er Jahre in der Bundesrepublik Deutschland ein signifikanter Anstieg des Endenergieverbrauchs im Verkehrsbereich zu verzeichnen ist. Betrachtet man die Entwicklung der prozentualen Anteile der einzelnen Sektoren am Endenergieverbrauch, so kann man feststellen, daß von 1970 bis 1995 der Anteil des Verkehrsbereichs von rund 17% auf ca. 28% gestiegen ist. Seit 1993 ist dieser damit der größte Endenergieverbraucher in der Bundesrepublik.[1]

Ähnlich verhält es sich auch bei einer ganzen Reihe von Schadstoffen, deren Hauptemittent der Verkehrsbereich in der Bundesrepublik ist. Insbesondere gilt dies für Stickoxide, Kohlenmonoxid und flüchtige organische Verbindungen (NMVOC).[2] Nach einem Gutachten der Prognos AG, das im Auftrag des Bundesministeriums für Wirtschaft erstellt wurde, wird der Verkehrssektor auch in den kommenden 25 Jahren zunehmend an Bedeutung gewinnen.[3]

In diesem Zusammenhang sei noch darauf hingewiesen, daß die Treibstoffvorräte keinesfalls unerschöpflich und schon aus diesem Grund neue Verkehrskonzepte erforderlich sind. Daß dabei in Zukunft Abstand vom konventionellen Verbrennungsmotor genommen werden muß, steht außer Frage. Zu-

1 Vgl. Deutsches Institut für Wirtschaftsforschung 1996, S. 292f.
2 Vgl. Bundesministerium für Wirtschaft 1995a.
3 Vgl. Bundesministerium für Wirtschaft 1995b.

nächst geht es jedoch darum, ökonomische Anreizsysteme zu entwickeln, die den Übergangszeitraum möglichst lang - um die Anpassungskosten zu minimieren -, moderat und ökologisch verträglich gestalten, damit es zu keiner nachhaltigen Schädigung des Ökosystems und der Volkswirtschaft kommt.

Die derzeit diskutierten ökonomischen Anreizsysteme reichen von einer allgemeinen CO_2-/Energiesteuer, die im Zuge einer umfassenden ökologischen Steuerreform[4] eingeführt werden soll, über eine Erhöhung der Mineralölsteuer[5] bis hin zu ordnungsrechtlichen Auflagenlösungen. Der Verkehrsbereich wird bei diesen Ansätzen fast immer im Rahmen eines Gesamtkonzepts gesehen, das Regelungen für alle Sektoren der Volkswirtschaft enthält. Aufgrund der Bedeutung, die der Verkehrsbereich in den vergangenen Jahren erlangt hat, ist zunehmend die Notwendigkeit gegeben, für diesen Sektor nach separaten Lösungen zu suchen, die vor dem Hintergrund der prognostizierten Entwicklungsrichtung relativ schnell greifen. Bisher sind die Einsatzmöglichkeiten ökonomischer Instrumente des Umweltschutzes im Verkehrsbereich insbesondere wegen der niedrigen (kurzfristigen) Preiselastizität eher negativ beurteilt worden; dies gilt vor allem für den Einsatz steuer- und abgabenpolitischer Instrumente.

Ein für den Verkehrsbereich bisher kaum untersuchtes ökonomisches Instrument, das bereits in den 70er und 80er Jahren auf wissenschaftlicher Ebene ausführlich diskutiert wurde[6], sind die Umweltzertifikate bzw. Umweltlizenzen oder auch handelbare Umweltnutzungsrechte. Diese Begriffe werden zumeist synonym verwendet und verweisen auf den gleichen ökonomischen Anreizmechanismus.

In der Umweltökonomie wird das Instrument der handelbaren Umweltnutzungsrechte bereits seit etwa 30 Jahren diskutiert. Die ersten erwähnenswerten Beiträge stammen von Crocker (1966) für die Luftreinhaltung und von Dales

---

[4] Vgl. unter anderen Deutsches Institut für Wirtschaftsforschung - DIW 1994, Förderverein ökologische Steuerreform - FÖS (Hg.) 1994. Der Vorschlag einer steigenden Energiesteuer und einer Kompensation durch die Rentenversicherung wurde bereits 1983 von Binswanger/Frisch/ Nutzinger erstmalig in die Diskussion gebracht.

[5] Vgl. hierzu z.B. Bündnis 90/Die Grünen 1995, die einen der weitreichendsten Vorschläge zur Mineralölsteuererhöhung entwickelt haben.

[6] Vgl. unter anderen Tietenberg 1980, der die bis dahin geführte wissenschaftliche Dis kussion in einem Aufsatz zusammenfaßt sowie Endres 1985 und Bonus 1977 und 1981 für den deutschsprachigen Raum.

(1968) für den Gewässerschutz. Außerhalb der Umweltökonomie hat Boulding bereits 1964 das Zertifikatesystem auf die Familienplanung angewendet. Die bisher untersuchten praktischen Einsatzbereiche in der Umweltökonomie beschränken sich jedoch fast ausschließlich auf gesamtwirtschaftliche CO_2-Zertifikate. Doch auch im Verkehrsbereich bieten sich vielfältige neue Anwendungsmöglichkeiten für Umweltlizenzen.

Aufgrund der Dringlichkeit des CO_2-Problems soll auch das im Verlauf dieser Arbeit entwickelte Zertifikatemodell die Kohlendioxid-Emissionen senken. Da die emittierte CO_2-Menge direkt von der verbrannten Kraftstoffmenge abhängt, sollen sich die Zertifikate auf den durchschnittlichen Kraftstoffverbrauch von Pkw beziehen. Anders als beispielsweise bei der Mineralölsteuererhöhung richtet sich das Modell direkt an die Hersteller der Automobile, die über eine Zertifizierung[7] des Flottenverbrauchs einen Anreiz erhalten, den durchschnittlichen Kraftstoffverbrauch ihrer Fahrzeuge zu senken. Ein solches Flottenverbrauchsmodell muß sich jedoch mit anderen Zertifikatemodellen und umweltpolitischen Instrumenten messen lassen, zumindest dann, wenn es über die abstrakte Theorie hinaus zur praktischen Anwendung gelangen will.

Die zentrale These der vorliegenden Arbeit lautet daher:
Unter den gegenwärtigen gesellschaftlichen, wirtschaftlichen und politischen Bedingungen im ausgehenden 20. Jahrhundert läßt sich der durchschnittliche Kraftstoffverbrauch von Personenkraftwagen in Deutschland mittels eines auf Zertifikaten basierenden Flottenverbrauchsmodells zumindest ebenso effizient senken, wie mit anderen umweltpolitischen Instrumenten.

Um diese These in der Schlußbetrachtung belegen zu können, orientiert sich der Aufbau der Arbeit an den folgenden Schwerpunkten, die im folgenden kapitelweise kurz skizziert werden:

Kapitel 2 befaßt sich zunächst mit der Umweltpolitik, wie sie von der ökonomischen Theorie diskutiert wird. Ausgehend von der spezifischen Allokationswirkung externer Effekte und einer Erläuterung der Grundprinzipien der Umweltpolitik erfolgt eine ausführliche Darstellung der wichtigsten

---

[7] Mit dem Ausdruck „Zertifizierung" bzw. „zertifizieren" ist in dieser Arbeit nicht der Vorgang einer Zertifikatsausstellung gemeint, sondern vielmehr die Benennung bzw. Erfassung des Schadstoffes, dessen Ausstoß mittels Zertifikate mengenmässig begrenzt werden soll.

umweltpolitischen Instrumente. Die Untersuchung der theoretischen Konzeption von Umweltlizenzen bildet den Schwerpunkt dieses Kapitels. Neben der Abgrenzung des Coase-Theorems von der Pigou-Steuer soll die Wirkungsweise von Umweltlizenzen ausführlich erörtert werden, um anschließend ihre Vor- und Nachteile gegenüber den übrigen Instrumenten, insbesondere den Umweltabgaben und -auflagen, diskutieren zu können. Eine Übersicht zu den theoretischen und praktischen Anwendungsgebieten von Lizenzen beendet dieses Kapitel.

In **Kapitel 3** wird das Anwendungsgebiet für den Einsatz ökonomischer Instrumente in der Umweltpolitik eingegrenzt. Dabei handelt es sich um den Individualverkehr in der Bundesrepublik Deutschland. Nachdem der Anteil des Verkehrsbereichs sowohl am Gesamtenergieverbrauch als auch an den gesamten Schadstoffemissionen identifiziert worden ist, erfolgt in einem zweiten Schritt die quantitative Abgrenzung des Straßenverkehrs und später des Individualverkehrs vom gesamten Verkehrssektor in Deutschland. Im Anschluß daran wird die geschichtliche Entwicklung des Automobils und seine Bedeutung für die moderne Industriegesellschaft aufgearbeitet. Des weiteren werden zwei grundsätzlich verschiedene Wege zur Energieeinsparung und Schadstoffreduzierung im Individualverkehr diskutiert: Zum einen die Einschränkung der individuellen Mobilität und zum anderen das Initiieren von Innovationsanreizen für alternative Fahrzeugkonzepte. Abschließend wird der zeitliche Rahmen von Zertifikatemodellen diskutiert.

In **Kapitel 4** wird der Versuch unternommen, die wesentlichen Umweltauswirkungen des Individualverkehrs zu erfassen. Gemeint sind dabei jedoch nur die beim heutigen Stand der Forschung bekannten externen Umwelteffekte des Individualverkehrs. Analysiert werden insbesondere die Schadstoffbelastungen der Luft, der Verbrauch nicht regenerierbarer Ressourcen, die Lärmbelastung, der Flächenverbrauch sowie die Auswirkungen des Verkehrs auf Mensch, Tier und Pflanzenwelt.

Die grundsätzlichen Überlegungen, die im Vorfeld eines jeden denkbaren Zertifikatemodells im Straßenverkehr abzuklären sind, werden in **Kapitel 5** behandelt. Zunächst muß der Gegenstand der Zertifizierung festgelegt werden. Alsdann ist das richtige Maß der zukünftig erlaubten Umweltnutzung zu bestimmen. In diesem Zusammenhang spielen Überlegungen zu einer nachhaltigen Wirtschaftsweise mit den Aspekten der inter- und intragenerationellen

Gerechtigkeit eine zentrale Rolle. Die zeitliche Rahmensetzung eines Modells muß dann ebenso genau untersucht werden wie die denkbaren Vergabeverfahren für Zertifikate, bei denen Gerechtigkeitskriterien zu erörtern sind. In einem weiteren Schritt sind die möglichen Adressatengruppen für ein Zertifikatemodell im Individualverkehr zu identifizieren. Zum Abschluß des Kapitels wird das Augenmerk auf Transaktionskostenaspekte und institutionelle Überlegungen gelenkt. Die zu schaffende Institution ist für die Vergabe, die Überwachung und Kontrolle zuständig. Inwieweit diese Aufgaben einer bereits bestehenden Einrichtung zugewiesen werden können, ist dabei ebenso abzuklären wie die Anforderungen an die fachliche Kompetenz dieser Institution.

Den eigentlichen Schwerpunkt dieser Arbeit bildet das **Kapitel 6**. Nachdem zunächst drei Zertifikatemodelle aus der Fachliteratur[8], die ebenfalls im Individualverkehr angesiedelt sind, kurz in ihren Grundzügen erläutert worden sind, geht es im weiteren Verlauf des Kapitels darum, ein Flottenverbrauchsmodell im Detail zu entwerfen. Eine analytische Beurteilung des Modells, im Vergleich zu den eingangs skizzierten Zertifikatemodellen sowie den Instrumenten Mineralölsteuererhöhung und freiwillige Selbstverpflichtung der Automobilindustrie, beschließt das Kapitel. Die Kriterien, nach denen die Beurteilung erfolgt, sind Endres (1985) entliehen und berücksichtigen die folgenden Gesichtspunkte: Ökonomische Effizienz, dynamische Anreizwirkung zum Induzieren technischen Fortschritts, wettbewerbs- und strukturpolitische Aspekte, ökologische Treffsicherheit sowie politische und gesellschaftliche Durchsetzbarkeit.

Für die praktische Umsetzung des in Kapitel 6 konstruierten Flottenverbrauchsmodells, bedarf es im Vorfeld einer genauen Untersuchung möglicher Verhaltensweisen der Adressatengruppe. In **Kapitel 7** wird daher der Versuch unternommen, eine möglichst realistische Auswahl der denkbaren Strategien zusammenzustellen, die von Seiten der Automobilindustrie ergriffen werden können, um die Reduzierungsziele des Flottenverbrauchsmodells zu erfüllen. Neben der Entwicklung technischer Lösungen zur Reduzierung des Kraftstoffverbrauchs werden eine Reihe weiterer Strategien erörtert, die zum Teil vom Modell nicht beabsichtigt sind und einen unerwünschten Nebeneffekt darstellen.

---

[8] Vgl. unter anderen Kalleicher 1991, Ramb 1991 und Köhn 1996.

Kapitel 8 faßt abschließend noch einmal die wesentlichen Punkte der Arbeit zusammen und versucht, einen Ausblick auf die Perspektiven einer nationalen Einführung des Flottenverbrauchsmodells zu geben. Die Ergebniszusammenführung erfolgt dabei anhand des nachfolgenden Fragenkomplexes, der die wesentlichen Überlegungen formuliert, die im Verlauf der Arbeit von Bedeutung sind.

1. Handelt es sich bei Umweltzertifikatemodellen um rein theoretische Konzepte, oder gibt es bereits praktische Erfahrungen, die bei einem Zertifikatemodell im Verkehrsbereich genutzt werden können?
2. Ist es sinnvoll, ein Zertifikatemodell ausschließlich auf den Individualverkehr in Deutschland zu beschränken, obwohl der gesamte Verkehrssektor deutlich mehr Bereiche umfaßt?
3. Wie hat sich die wirtschaftliche Bedeutung des Automobils seit seiner Erfindung entwickelt, und welche Faktoren waren bisher ausschlaggebend, damit verstärkt kleinere und verbrauchsgünstigere Pkw produziert wurden?
4. Welche Strategie zur Reduzierung des Kraftstoffverbrauchs von Automobilen ist unter den gegenwärtigen wirtschaftlichen und gesellschaftlichen Rahmenbedingungen sinnvoller: die Einschränkung der individuellen Mobilität oder die Induzierung von Innovationsanreizen zur Entwicklung verbrauchsgünstigerer Fahrzeuge?
5. Welche Grundüberlegungen spielen bei der zeitlichen Dimensionierung eines Zertifikatemodells für den Individualverkehr eine Rolle?
6. Welche Umweltwirkungen gehen vom motorisierten Individualverkehr in Deutschland aus?
7. Welche grundsätzlichen Überlegungen sind im Vorfeld der Konstruktion eines Zertifikatemodells für den Individualverkehr anzustellen und welche Ergebnisse können diesbezüglich festgehalten werden?
8. Gibt es bereits theoretische Zertifikatemodelle für den Individualverkehr, und an welchen Stellen setzen sie an?
9. Wie sieht das Flottenverbrauchsmodell in seinen konkreten Bestimmungsparametern aus?

10. Wie schneidet das Flottenverbrauchsmodell in einer vergleichenden Analyse mit den übrigen Zertifikatemodellen, dem Instrument der Mineralölsteuererhöhung und der freiwilligen Selbstverpflichtung der Automobilindustrie ab?

11. Welche Strategien können von Seiten der Automobilhersteller ergriffen werden, um die Reduzierungsanforderungen des Flottenverbrauchsmodells zu erfüllen?

12. Welche Perspektiven ergeben sich für eine nationale Einführung des Flottenverbrauchsmodells vor dem Hintergrund globaler und europäischer Umweltauswirkungen des Individualverkehrs?

2. Umweltpolitik in der ökonomischen Theorie

Das wachsende Umweltbewußtsein in der Bevölkerung seit den 70er Jahren hat die Suche nach möglichen Problemlösungen belebt. Mit Erscheinen der sogenannten Meadows-Studie[9] zu den Grenzen des Wachstums im Jahr 1972, dem ersten Bericht des Club of Rome[10] zur Lage der Menschheit wurde die Diskussion um mögliche ordnungsrechtliche Lösungsansätze zu den Problemen der Ressourcenbegrenztheit und der Umweltverschmutzung entfacht. In der Folgezeit spielten fast ausschließlich ordnungsrechtliche Auflagenlösungen in der praktischen Umweltpolitik eine Rolle.

Doch auch von Ökonomen wird seit langem und immer wieder aufs neue gefordert, den Schutz der natürlichen Umwelt durch marktwirtschaftliche Instrumente neu zu gestalten. Neben Umweltökonomen und Rechtswissenschaftlern sind auch zunehmend Vertreter aus Politik und Verwaltung bei der Erarbeitung einer neuen umweltökonomischen Konzeption beteiligt. Bisher blieb jedoch die Entwicklung des umweltpolitischen Instrumentariums ohne unmittelbare politische Folgen. Seit geraumer Zeit befassen sich auch die einstigen Gegner von Preisinstrumenten in der Umweltpolitik mit den Möglichkeiten der Internalisierung externer Umwelteffekte durch marktsteuernde Instrumente. Nicht zuletzt wurde die sogenannte „Ökosteuer“ von engagierten Umweltschützern vehement gefordert.[11]

Analysiert man die Ursachen der Umweltverschmutzung und -zerstörung genauer, so kommt man zu dem Ergebnis, daß es sich um unerwünschte bzw. zwangsläufige Begleiterscheinungen des Wirtschaftsprozesses bzw. des modernen gesellschaftlichen Lebens handelt. In der Ökonomie werden diese Begleiterscheinungen als Externalitäten oder externe Effekte bezeichnet, die im folgenden näher untersucht werden.

---

[9] Die Meadows-Studie war zu ihrer Zeit in der Fachwelt äußerst umstritten. Unter anderem wurde die spektakuläre These kritisiert, daß abnehmende Rohstoffreserven und ein exponentiell zunehmender Rohstoffverbrauch zu einem Ende des Wirtschaftswachstums führen würden. Diese Kritik begründet sich vor allem auf die fehlerhafte Gleichsetzung von Lagerstatt und Vorkommen sowie auf ein fundamentales Mißverständnis der Funktion des Preissystems (vgl. Dichtl/Issing 1993, S. 381).

[10] Der Club of Rome wurde 1968 als lose Vereinigung von ca. 100 Persönlichkeiten gegründet. Er beschäftigt sich mit weltweiten Krisenphänomenen und Problemen ökonomischer, ökologischer, sozialer und demographischer Art.

[11] Vgl. Hansmeyer/Schneider 1990, S. 9.

2.1. Die Theorie der externen Effekte

Frey (1991) formuliert das Problem der Externalitäten folgendermaßen: „Um die Ursachen der Umweltzerstörung aufzuspüren, geht die Wirtschaftstheorie von Externalitäten aus, d.h. gegenseitigen Einwirkungen von Wirtschaftssubjekten, die nicht durch den Markt erfaßt werden.“[12] Externe Effekte treten auf, wenn einzelwirtschaftliche (d.h. interne) Kosten und Nutzen von den gesamtwirtschaftlichen abweichen. Die entstehende Differenz zwischen derartigen privaten und gesellschaftlichen Kosten und Nutzen werden als negative (bei Kosten) und positive (beim Nutzen) externe Effekte bezeichnet.[13]

Der Begriff der externen Effekte geht insbesondere auf Alfred Marshall (1890/1920) und Arthur Cecil Pigou (1920/1932) zurück und bezeichnet die nicht durch marktliche Transaktionen erfaßten Auswirkungen der wirtschaftlichen Aktivität eines Wirtschaftssubjekts auf ein anderes oder mehrere andere Wirtschaftssubjekte. Nach Scitovsky (1954) lassen sich externe Effekte wiederum unterteilen in „pekuniäre“ und „technische“ externe Effekte. „Pekuniäre externe Effekte“ sind Wirkungen, die von der Expansion eines Wirtschaftssektors auf andere Wirtschaftsbereiche ausgehen. Durch die vermehrte Nachfrage bzw. das ausgeweitete Angebot des expandierenden Wirtschaftssektors ändern sich die Preise der Güter und Produktionsfaktoren. Im Fall der Kontraktion kehren sich die Vorzeichen um. Diese pekuniären externen Effekte lassen sich wohlfahrtstheoretisch insofern als normale Begleiterscheinungen von Anpassungsvorgängen aufgrund technischen Fortschritts und geänderter Präferenzen interpretieren, als sie in die Preise eingehen und über diese entgolten werden. In unserem Zusammenhang wird der Begriff der externen Effekte mit den Bezeichnungen „externe Kosten und Ersparnisse“ im engeren technischen Sinne verbunden. Unter „technischen externen Effekten“ sind Wechselbeziehungen zwischen wirtschaftlichen Variablen bzw. Entscheidungsträgern zu verstehen. Selbst im Gleichgewicht einer Volkswirtschaft mit „vollkommener“ Konkurrenz auf allen Märkten verhindern diese Effekte, daß die Bedingungen für ein Pareto-Optimum erfüllt werden.[14]

---

[12] Frey 1991, S. 43.
[13] Vgl. ebda, S. 43.
[14] Vgl. Sohmen 1976, S. 221f.

Im Bereich der Umweltgüter ist der Begriff der externen Effekte im Zusammenhang mit dem Begriff der öffentlichen Güter zu sehen. Betrachtet man die Umweltfaktoren Boden, Wasser und Luft, so kann man feststellen, daß nur für den Boden ein Marktpreis besteht. Wasser und Luft können typischerweise von allen Wirtschaftssubjekten frei genutzt werden. Das Ausschlußprinzip im traditionellen marktwirtschaftlichen Sinne ist bei umweltschädigenden Aktivitäten - von wenigen Ausnahmen abgesehen - nicht anwendbar. Der Ausschluß derer, die für umweltschädigende Aktivitäten kein Entgelt zu zahlen bereit sind, scheitert an der Unteilbarkeit[15] der meisten Umweltgüter.[16] Insofern sind externe Effekte, die sich auf die Luft- und Wasserqualität auswirken, nur bedingt zurechenbar. Die mit externen Effekten einhergehenden Allokationswirkungen sind der Grund dafür, daß eine Internalisierung angestrebt werden sollte.

2.1.1. Die Allokationswirkung externer Effekte

Das Vorhandensein technischer externer Effekte bewirkt eine Abweichung vom Konkurrenzgleichgewicht und somit eine suboptimale Allokation der Ressourcen. Die Wirkung technischer externer Effekte, oder auch nichtmarktmäßige externe Effekte, bewirken – unter sonst gleichen Bedingungen – aufgrund der verursachten Abweichung der privatwirtschaftlichen von den gesamtwirtschaftlichen Kosten und Erträgen eine Abweichung der privat- von der gesamtwirtschaftlich optimalen Ausbringung.[17]

Diese eher abstrakte Erklärung wird von Bössmann (1979) mittels eines Beispiels veranschaulicht: Bei der Produktion eines Gutes entstehen negative externe Effekte, wie etwa die Verunreinigung des Flußwassers. Der Produzent veranschlagt zunächst nur solche Produktionskosten, die im Unternehmen unmittelbar entstehen, nicht aber solche, die von anderen Benutzern desselben Wassers weiter flußabwärts aufgewendet werden müssen, um es für ihre Zwecke wieder brauchbar zu machen. Der Ressourcenverzehr erscheint demnach aus volkswirtschaftlicher Sicht höher als im einzelwirtschaftlichen Kalkül. Im Falle von positiven externen Effekten ergibt sich ein umgekehrter Sachverhalt. Für die Bedingungen des Produktionsoptimums bedeutet das, daß

[15] Dies gilt vor allem für große Gewässer und die Atmosphäre.
[16] Vgl. Cansier 1975, S. 16f.
[17] Vgl. El-Shagi 1982, S. 555.

bei Existenz externer Effekte in der Produktion das „private“ Grenzprodukt eines Produktionsfaktors größer bzw. kleiner ist als sein „soziales“ Grenzprodukt.[18]

Dieser Sachverhalt läßt sich auch in den entsprechenden Kostengrößen ausdrücken. Nach dieser Terminologie liegt ein Produktionsoptimum ohne externe Effekte immer dann vor, wenn in allen Produktionen die „privaten“ Grenzkosten (die hier mit den „sozialen“ Grenzkosten identisch sind) dem jeweiligen Marktpreis entsprechen. Externe Effekte bewirken jedoch eine Diskrepanz zwischen privaten und sozialen Grenzkosten. Um das Produktionsoptimum zu erreichen, müssen die sozialen Grenzkosten mit den Marktpreisen in Übereinstimmung gebracht werden. Das Problem besteht nun darin, daß die Unternehmer weiterhin gemäß ihrer privaten Grenzkosten disponieren.[19]

Aus allokationstheoretischer Sicht ist demnach eine Internalisierung externer Effekte zur Erreichung eines gesamtwirtschaftlichen Pareto-Optimums angezeigt. Beim Pareto-Optimum, also dem Zustand, bei dem sich keiner mehr verbessern kann, ohne daß sich ein anderer verschlechtert, handelt es sich um eine theoretische Konstruktion, die in einer realen Volkswirtschaft vermutlich nie erreicht werden kann. Die Umweltpolitik strebt daher auch nur eine sog. „Second-Best-Lösung“ an, die vom Pareto-Optimum zumeist vollständig losgelöst ist.

2.1.2. Die Grundprinzipien der Umweltpolitik

Nachdem die Allokationswirkungen externer Effekte analysiert wurden, muß über eine Internalisierungsstrategie nachgedacht werden. Zu beachten sind dabei die Grundprinzipien der Umweltpolitik, die im folgenden kurz erläutert werden. Unterschieden wird zwischen:

- dem Vorsorgeprinzip,
- dem Kooperationsprinzip,
- dem Gemeinlastprinzip,
- und dem Verursacherprinzip.

---

[18] Vgl. Bössmann 1979, S. 96f.
[19] Vgl. ebda, S. 97.

Das Vorsorge- und das Kooperationsprinzip werden ex ante angewendet, d.h. bevor ein umweltschädigendes Verhalten zu negativen externen Effekten geführt hat. Gemeinlast- und Verursacherprinzip kommen dagegen erst ex post zum Einsatz, d.h. nachdem der Umweltschaden eingetreten ist. Diese Prinzipien der Umweltpolitik wurden bereits eingehend in der Fachliteratur untersucht und sollen daher hier nur in aller Kürze behandelt werden.

Vorsorgeprinzip

In den Leitlinien Umweltvorsorge (1986) des Bundesministeriums für Umwelt, Naturschutz und Reaktorsicherheit ist das Vorsorgeprinzip für die Umweltpolitik beschrieben. Hansmeyer/Schneider (1990) definieren es folgendermaßen: „Das Vorsorgeprinzip verlangt über die Gefahrenabwehr und Schadensbeseitigung hinaus eine dauerhafte Risikominderung und eine vorausschauende Gestaltung menschlicher Lebensformen, um die natürliche Lebensgrundlage zu schützen und Freiräume für die Entfaltung zukünftiger Generationen zu erhalten.“[20] Bonus (1981) weist in diesem Zusammenhang auf mögliche irreversible Schäden des ökologischen Gleichgewichts hin und fordert, daß mit Anwendung des Vorsorgeprinzips nur solche Umweltbelastungen akzeptiert werden dürfen, deren langfristige Unschädlichkeit zweifelsfrei nachgewiesen ist.[21] Das Vorsorgeprinzip soll in Anlehnung an Wicke (1991) zu den folgenden zentralen Zielen führen:

1. Sicherung der Gesundheit und des Wohlbefindens des Menschen,
2. Erhaltung der Leistungsfähigkeit des Naturhaushalts,
3. Langfristige Gewährleistung des zivilisatorischen Fortschritts und der volkswirtschaftlichen Produktivität,
4. Vermeidung von Schäden an Kultur- und Wirtschaftsgütern,
5. Bewahrung der Vielfalt von Landschaft, Pflanzen- und Tierwelt.[22]

Abschließend sei noch erwähnt, daß das Vorsorgeprinzip keine Aussage über die konkreten umweltpolitischen Instrumente enthält, die zur Durchführung dieses Prinzips angewendet werden sollen. Eine vorsorgende Umweltpolitik kann mit den Instrumenten des Verursacher- und des Gemeinlastprinzips verwirklicht werden.[23]

---

[20] Hansmeyer/Schneider 1990, S. 10.
[21] Vgl. Bonus 1981b, S. 112f.
[22] Vgl. Wicke 1991, S. 140.
[23] Vgl. ebda, S. 140.

Kooperationsprinzip
Das Kooperationsprinzip ist als politisches Verfahrensprinzip zu verstehen, das auf eine möglichst einvernehmliche Verwirklichung umweltpolitischer Ziele gerichtet ist.[24] Die Umweltpolitik begreift unter dem Kooperationsprinzip die Mitverantwortlichkeit und die Mitwirkung der Betroffenen von umweltbeeinträchtigenden wirtschaftlichen und sonstigen Aktivitäten sowie die Beteiligung bei geplanten oder durchzuführenden umweltschützenden Maßnahmen. Grundsätzlich werden mit dem Kooperationsprinzip zwei Ziele verfolgt:

1. „Durch die Mitbeteiligung und Mitverantwortlichkeit sollen die umweltpolitischen Entscheidungsträger bei der Definition ihrer umweltpolitischen Zielsetzungen sowie deren Konkretisierung (Operationalisierung) Hilfestellung erhalten.
2. Zum anderen sollen das Umweltbewußtsein und die Mitwirkung der Bürger bei umweltbedeutsamen Entscheidungen verstärkt sowie die Aufklärung der Bevölkerung im Umweltschutzbereich ermöglicht bzw. verbessert werden."[25]

Da das Kooperationsprinzip keine Internalisierung externer Umwelteffekte vorsieht, soll es an dieser Stelle nicht weiter analysiert werden.

Gemeinlastprinzip
Das Gemeinlastprinzip sieht vor, die Kosten des Umweltschutzes durch allgemeine Steuern (Einkommen- und Körperschaftssteuer, Netto-Umsatzsteuer, spezielle Verbrauchsteuern u.a.) zu finanzieren.[26] Bonus (1981) sieht in diesem Prinzip eine gewisse Folgerichtigkeit: Da Umweltqualität ein öffentliches Gut ist, das im Zuge einer konkreten Umweltschutzmaßnahme „hergestellt" und dann der Allgemeinheit zur Verfügung gestellt wird, könnte man Argumente zugunsten einer Umlegung der Kosten auf die Allgemeinheit vorbringen. Nichtsdestotrotz hält er das Gemeinlastprinzip als Grundsatz einer rationalen Umweltpolitik für ungeeignet, da eine Kostenabwälzung auf die Allgemeinheit „verkehrte Anreizwirkungen" enthält.[27]

---

[24] Vgl. Hansmeyer/Schneider 1991, S. 10.
[25] Wicke 1991, S. 144.
[26] Vgl. Cansier 1993, S. 139.
[27] Vgl. Bonus 1981b, S. 124f.

Nach vorherrschendem Verständnis soll das Gemeinlastprinzip das Verursacherprinzip ergänzen und dort angewendet werden, wo das Verursacherprinzip versagt.[28] Finanzielle Hilfen sind das Instrument des Gemeinlastprinzips, mit dem das Verursacherprinzip unterstützt werden soll. Es handelt sich demnach um eine finanzielle Flankierung des Verursacherprinzips, die die folgenden Zielsetzungen hat:

- Förderung der Forschung und Entwicklung umweltfreundlicher Technologien,
- Sicherung der internationalen Wettbewerbsfähigkeit der heimischen Wirtschaft, wenn das Land in der internationalen Umweltpolitik eine Vorreiterrolle einnimmt,
- Erleichterung der Anpassung bestimmter Branchen oder Regionen an verschärfte Umweltnormen, die für sie mit besonders gravierenden negativen wirtschaftlichen Konsequenzen verbunden sind,
- Bereitstellung von Mitteln, um in einer Übergangsphase freiwillig und schnell eine neue umweltfreundliche Technik einzuführen, bevor sie verbindlich vorgeschrieben wird,
- Entlastung einkommensschwacher Verursacher aus verteilungspolitischen Gründen,
- Erleichterung der politischen Durchsetzung neuer Maßnahmen des Verursacherprinzips gegen den Widerstand der betroffenen Wirtschaft.[29]

Eine Kostenzurechnung nach dem Gemeinlastprinzip hat aus ökonomischer Sicht den Nachteil, daß bei seiner ausschließlichen oder vorrangigen Anwendung keine effiziente Allokation der knappen Umweltressourcen erfolgt, da ein Anreiz zur Belastungsvermeidung und -verringerung wie beim Verursacherprinzip nicht besteht, vielmehr sogar die Ausdehnung unter Umständen rational sein könnte.[30]

Aus diesem Grund sollen die Instrumente des Gemeinlastprinzips im Rahmen dieser Arbeit nicht weiter untersucht werden.

---

[28] Vgl. Cansier 1993, S. 139.
[29] Vgl. ebda, S. 140.
[30] Vgl. Gabler Wirtschaftslexikon 1988, S. 2016.

Verursacherprinzip
Das Verursacherprinzip ist das tragende Grundprinzip in der deutschen Umweltpolitik. Aus rechtlicher Sicht wurde das Verursacherprinzip von Rehbinder (1973) folgendermaßen definiert: „Wer durch sein Verhalten oder seine Produkte eine Umweltbelastung bewirkt, ist für die Vermeidung oder Beseitigung verantwortlich und muß daher die Kosten der Vermeidung, Beseitigung oder des Schadensausgleichs tragen.“[31] Der Zweck dieses Kostenzurechnungsprinzips ist die Berücksichtigung der Umwelt in der Wirtschaftsrechnung und damit deren Schonung aus wirtschaftlichem Eigeninteresse.[32]

Das Verursacherprinzip wurde bereits 1972 in den „Umweltperspektiven“ der Vereinten Nationen als Handlungsmaxime hervorgehoben. Dort heißt es: „Umweltschädigungen können nur dann eingedämmt werden, wenn dafür Sorge getragen wird, daß die Schadensverursacher für ihr Handeln haftbar sind und sich bei freiem Zugriff zu den vorhandenen Kenntnissen an der Verbesserung der Umweltbedingungen beteiligen.“[33] Das Verursacherprinzip enthält zwei unterschiedliche Aspekte: einen Effizienz- und einen Gerechtigkeitsaspekt.

- Der Effizienzaspekt:
  Zweckmäßigerweise lassen sich Umweltschädigungen am besten durch den Verursacher selbst bekämpfen. Das Eigeninteresse an einer kostengünstigen Vermeidung und die Möglichkeit einer Kostenabwälzung an die Verbraucher durch höhere Preise führen dazu, daß die Konsumenten anstelle der belasteten Güter zunehmend umweltfreundlichere Produkte nachfragen oder auf den Konsum verzichten. Auf diese Weise wird umweltfreundlicher technischer Fortschritt ausgelöst.[34]

- Der Gerechtigkeitsaspekt:
  Die Verantwortlichkeit eines Schädigers für die durch sein Tun und Handeln ausgelösten Umweltschäden ist als Norm einer gerechten Lastenverteilung anzusehen. Wer einen Schaden hervorruft, darf die Kosten nicht auf den oder die Geschädigten oder die Allgemeinheit abwälzen können. Diese Idee liegt dem Marktsystem zugrunde und darf auch im Bereich des

---

[31] Rehbinder 1973, S. 9.
[32] Vgl. Buttgereit 1991, S. 13.
[33] Vereinte Nationen 1988, zitiert aus Cansier 1993, S. 130.
[34] Vgl. Cansier 1993, S. 131.

Umweltschutzes grundsätzlich nicht außer Kraft gesetzt werden. Eingriffe sind nur aus Gründen der Einkommensverteilung zulässig, da hier Benachteiligungen unterer Einkommensschichten entstehen können.[35]

Das Verursacherprinzip wird in der ökonomischen Theorie mit der Idee der vollständigen Internalisierung externer Effekte verbunden. Um dies zu gewährleisten, wurden verschiedene ökonomische Instrumente entwickelt, deren Entwicklungsgeschichte und Funktionsweise im folgenden kurz erläutert werden sollen.

2.2. Umweltpolitische Instrumente

In der Fachliteratur ist eine Vielzahl von Ansätzen zur Klassifizierung umweltpolitischer Instrumente zu finden. Einige Autoren systematisieren die Instrumente nach dem instrumentellen Einfluß auf öffentliche Haushaltskategorien, wie z.B Wicke (1991) oder Henke/Zimmermann (1977). Andere wiederum wählen das Kriterium der Verhaltenssteuerung, wobei insbesondere nach Preis- und Mengenlösungen gegliedert wird.[36] Eine weitere Unterscheidungsmöglichkeit fragt nach den rechtlichen Handlungsformen und versucht, nach direkter und indirekter Verhaltenssteuerung zu trennen.[37] Eine vierte Systematik strukturiert nach der Art der Lastenverteilung und trennt nach Verursacher- und Gemeinlastprinzip.[38] Das Kriterium der Marktnähe wird von einigen anderen Autoren genutzt, um die Instrumente zu klassifizieren.[39]

In Anlehnung an Nutzinger (1996) werden in der nachfolgenden Übersicht (Abb. 1) die wichtigsten Instrumente der Umweltpolitik erfaßt und nach den Kriterien der unmittelbaren und mittelbaren Verhaltenssteuerung durch ökonomische Instrumente sowie der unmittelbaren Verhaltenssteuerung durch nicht-ökonomische Instrumente untergliedert.
Im Rahmen dieser Arbeit werden vor allem die folgenden Gruppen von umweltpolitischen Instrumenten aufgeführt, die zum Teil zu den unmittelbar

---

[35] Vgl. Cansier 1993, S. 131.
[36] Vgl. Zimmermann 1984 und Hartkopf/Bohne 1983.
[37] Vgl. Hoppe/Beckmann 1989.
[38] Vgl. Rat der Sachverständigen für Umweltfragen - RSU 1974, 1978.
[39] Vgl. Hansmeyer 1993, S. 65ff.

ökonomischen und zum Teil zu den unmittelbar nicht-ökonomischen Instrumenten zählen:

- Auflagen,
- Abgaben,
- Zertifikate.

Diese drei Instrumentengruppen wurden ausgewählt, da sie hinsichtlich ihrer Anreizwirkung konträr diskutiert werden. Zunächst wird die Auflage aus der Gruppe der nicht-ökonomischen Instrumente untersucht. Anschließend erfolgt eine wesentlich detailliertere Analyse von Abgaben und Zertifikaten aus der Gruppe der ökonomischen, rein allokativen Instrumente. Aufgrund der Tatsache, daß es sich bei Umweltgütern im wesentlichen um öffentliche Güter handelt und sich Preise und Mengen nicht auf dem Markt aus Angebot und Nachfrage herausbilden, muß durch die marktwirtschaftliche Umweltpolitik mittels Größenvorgaben in den Prozeß eingegriffen werden. Über die Preisfestsetzung gelangt man zum Instrument der Umweltabgabe und über die Mengenreglementierung zur Umweltlizenz.[40]

---

[40] Vgl. Bonus 1995, S. 301.

Abb. 1: Wichtige Instrumente der Umweltpolitik

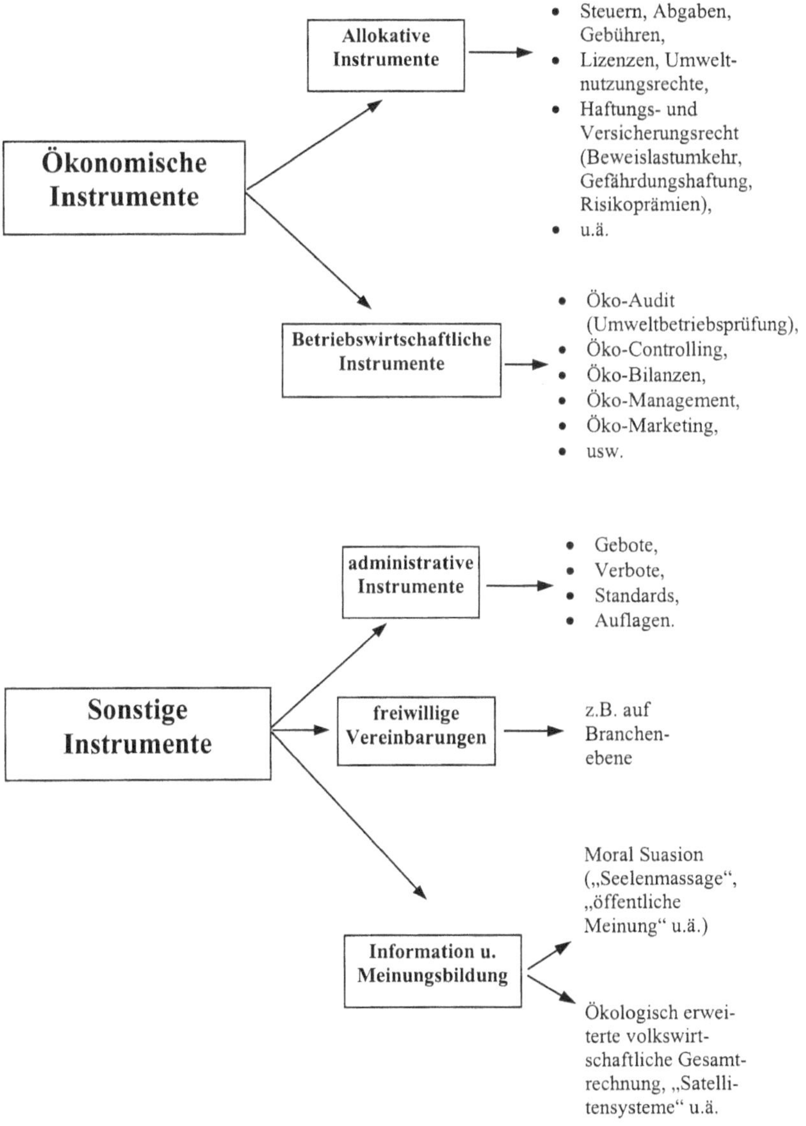

Quelle: Darstellung aus: Nutzinger/Beschorner/Kniestedt 1996, S. 20.

2.2.1. Auflagen

Zu den nicht-ökonomischen Instrumenten gehören vor allem die *Auflagen*, die hier exemplarisch erläutert werden sollen. Umweltauflagen, als ordnungspolitisches Instrument zur Steuerung vorgeschriebener staatlicher Allokationsentscheidungen über die Nutzung von Umweltgütern, erzwingen von den Emittenten umweltbelastender Schadstoffe unter Androhung hoheitlicher Sanktionen die Einhaltung der verbindlichen Verhaltensvorschriften.[41] Umweltauflagen sind daher den nicht-ökonomischen, administrativen Instrumenten zuzurechnen. Bei näherer Betrachtung kann man unter einer Umweltauflage eine politische Maßnahme verstehen, die jedem einzelnen Verursacher eines bestimmten Schadstoffs in der betreffenden Region eine absolute Höchstgrenze für von ihm (pro Zeiteinheit) zu verursachende Emissionen vorschreibt. Betreibt ein Verursacher mehrere emittierende Anlagen, so wird für jede einzelne ein Höchstwert festgelegt. Die Summe aller individuellen Emissionshöchstgrenzen ergibt den vorgeschriebenen regionalen Emissionshöchstwert.[42]

In der Ausgestaltungsform ist die Umweltauflage außerordentlich vielseitig. Üblicherweise wird in einer phänotypischen Unterteilung nach dem Ansatzpunkt im Wirtschaftsprozeß gefragt. Die daraus resultierende Aufgliederung ist durch die folgenden Gesichtspunkte charakterisiert:

- Regulierung der Emissionen (z.B. Reduzierungsverpflichtungen, Produktnormen etc.),
- Regulierung des Produktionsprozesses (z.B. Inputauflagen, Technologienormen etc.) und
- Regulierung der Produktion (Ansiedlungsverbote, Outputbegrenzungen etc.).

Neben dem Merkmal des Ansatzpunktes wird noch nach Differenzierungsgrad, Ausrichtung und Qualität des Eingriffs unterschieden, worauf an dieser Stelle jedoch nicht näher eingegangen werden soll.[43]

---

[41] Vgl. Gawel/Hansmeyer 1995, S. 262, Hucke 1983, S. 50.
[42] Vgl. Endres 1985, S. 20.
[43] Vgl. Gawel/Hansmeyer 1995, S. 265f.

Auflagenlösungen beherrschen zur Zeit noch die praktische Umweltpoltik in der Bundesrepublik. Ein Anwendungsbeispiel für Auflageninstrumente ist die bundesdeutsche Luftreinhaltepolitik mit dem Bundesimmissionsschutzgesetz, das den Betreibern von schadstoffverursachenden Anlagen bestimmte Auflagen macht.[44]

Aus ökonomischer Sicht werden pauschale Auflagenlösungen insbesondere unter Effizienzgesichtspunkten kritisiert. Eine kostenminimale Aufteilung unter den Betroffenen zur Realisierung einer gesetzen Zielvorgabe ist nur in den seltensten Fällen möglich. Ebenso geht von Auflagen nur eine beschränkte dynamische Anreizwirkung aus, da nach Erreichung der administrativen Zielvorgabe jede weitere umweltschonende Aktivität mit zusätzlichen Kosten verbunden ist und zu Nachteilen gegenüber der Konkurrenz führt. Ein weiterer Nachteil ist die Tendenz zur Festschreibung des Standes der Technik: Die emittierenden Unternehmen haben natürlich ein großes Interesse an der Beibehaltung einmal erreichter „ökologischer Besitzstände“, und bei der Festlegung einer Auflage (die quasi einen derartigen „Besitzstand“ impliziert) wirken sie häufig aufgrund ihrer Sachkunde beratend mit. Es wird daher vom Stand der Technik in den Unternehmen ausgegangen und nicht von den derzeitigen und zukünftigen technischen Möglichkeiten. Auflagenlösungen weisen hingegen insbesondere dann Vorteile auf, wenn eine unmittelbare Gefahr besteht. Sie sind sehr schnell wirksam, wie z.B. das Dioxin-Verbot zeigt.[45]

2.2.2. Abgaben

Abgaben bilden den Oberbegriff für alle mit hoheitlichem Zwang zu leistenden Zahlungen, die ohne eine spezielle Gegenleistung für den einzelnen sind. Aufgrund der Vielzahl möglicher Ausgestaltungsformen von Umweltabgaben ist die Abgrenzung zu Umweltlizenzen und auch zu Umweltauflagen nicht eindeutig. Die Umweltpolitik bedient sich bei der Umweltabgabe des traditionellen Instrumentariums der hoheitlichen Zwangsabgabe in Form von Steuern, Gebühren und Beiträgen.[46] Unter der Umweltabgabe kann daher eine umweltpolitische Regelung verstanden werden, bei der jeder Verursacher des betreffenden Schadstoffs in der Region für die von ihm emittierte Menge einen

[44] Vgl. Endres 1985, S. 20.
[45] Vgl. ebda, S. 51ff.
[46] Vgl. Ewringmann 1995, S. 250.

politisch festgesetzten „Preis" zu zahlen hat. Der Abgabesatz (Abgabe pro Emissionseinheit) ist konstant und für alle Emittenten gleich. Er ist so zu bemessen, daß er die einzelnen Verursacher zu Anpassungsreaktionen veranlaßt, die ihren aggregierten Schadstoffausstoß auf den vorgegebenen Emissionszielwert begrenzen.[47] Bei der Abgabe ist die umweltbelastende Aktivität nicht unmittelbar begrenzt, sie wird vielmehr für ihren Verursacher verteuert. Der Emissionsabgabe liegt der Gedanke zugrunde, die Ursache exzessiver Umweltverschmutzung durch Produzenten sei im unkorrigierten Marktsystem darin zu sehen, daß die Firmen die Umwelt als Produktionsfaktor nutzen, ohne dafür einen adäquaten Preis entrichten zu müssen. Es soll durch eine Abgabe korrigierend in den Markt eingegriffen werden, da dieser aufgrund externer Effekte „versagt"; d.h. die Kosten können den Beteiligten nur unvollständig zugerechnet werden.[48]

Nach dieser allgemeinen Charakterisierung wird im folgenden detailliert auf die Begründung und Ausgestaltung des steuer- und abgabenrechtlichen Instrumentariums eingegangen. Durch die Erhebung einer Umweltabgabe sollen die Verursacher umweltschädigender Aktivitäten veranlaßt werden, die Umweltbelastungen zu reduzieren bzw. ganz zu vermeiden. Mit anderen Worten soll der Umweltschädiger im Sinne des Verursacherprinzips die sozialen Kosten seines Handelns internalisieren. Eine Umweltabgabe dient demnach nicht primär dem fiskalischen Zweck der Einnahmeerhöhung, im Vordergrund steht vielmehr die Lenkungsfunktion. Es finden sich vor allem drei verschiedene theoretische Ansätze für Umweltabgaben in der Fachliteratur.

1. Wohlfahrtstheoretischer Ansatz (A.C. Pigou)

Bereits 1920 entwickelte Arthur Cecil Pigou die sogenannte Pigou-Steuer, die eine unmittelbare monetäre Internalisierung der von einer wirtschaftlichen Aktivität im Zustand pareto-optimaler Umweltnutzung noch ausgehenden Schadenskosten gewährleisten soll.[49] In einem solchen System würde die Umwelt für den Verursacher zu einem ganz normalen Produktionsfaktor. Die Höhe der Steuer signalisiert dem Produzenten dabei das Ausmaß des Schadens, der durch seine Aktivität entstanden ist, d.h. die Nutzeneinbußen bei konkurrierenden Verwendungen des knappen Umweltgutes. Der Produzent wird die Umwelt daher nur in dem Maße in Anspruch nehmen, wie ihre Ver-

---

47 Vgl. Endres 1985, S. 20.
48 Vgl. ebda, S. 26.
49 Vgl. Ewringmann 1995, S. 252.

wendung höherwertiger ist als konkurrierende Verwendungszwecke. Darüber hinaus hat er allen Anlaß, sparsam mit dem Faktor Umwelt umzugehen, da die Umweltnutzung nun Kosten für ihn verursacht, die durch höhere Abgabenbelastung den Gewinn mindern.[50]

Mit dem Ansatz der Pigou-Steuer sind insbesondere zwei Probleme verbunden: zum einem das Problem der exakten Quantifizierung der externen Kosten, zum anderen die nur eingeschränkt mögliche Entschädigung der von diesen externen Kosten betroffenen Wirtschaftssubjekte. Hinsichtlich der monetären Bewertung externer Kosten konnten zwar in zwei Jahrzehnten intensiver umweltökonomischer Forschung erhebliche Fortschritte erzielt werden, und es sind mittlerweile insbesondere zu einzelnen Problemfeldern exaktere Aussagen möglich, als es die erste grobe Schätzung der externen Kosten einer gesamten Volkswirtschaft durch Wicke (1986)[51] ermöglichte. Dennoch bestehen grundsätzliche Grenzen der Quantifizierbarkeit, insbesondere mit Blick auf globale Umweltprobleme wie die Klimaerwärmung.

Die exakte Erfassung der externen Kosten und die Entschädigung der Betroffenen über die Preise, was eine Substituierbarkeit der betrachteten Umweltgüter impliziert, sind für Lerch (1995) die Grundvoraussetzung für eine Abwägung der ökonomisch optimalen Höhe der externen Kosten.[52] Weil dies in vielen Bereichen unmöglich erscheint, schreibt er weiter: „Da eine globale Klimaänderung eventuell mit der irreversiblen Zerstörung nicht substituierbarer ökologischer Funktionen einhergeht, sind die externen Kosten möglicherweise als unendlich anzusetzen; anders ausgedrückt: Eine Anrechnung externer Kosten und eine Entschädigung über den Preis sind hier nicht möglich."[53]

2. Standard-Preis-Ansatz (Baumol/Oates)
Die oben skizzierte Problematik der Pigou-Steuer führte zu einer Weiterentwicklung des steuerlichen Ansatzes durch Baumol und Oates (1971). Von einem exogen vorgegebenen Umweltstandard ausgehend, wird in einem Prozeß von Versuch und Irrtum die Abgabenhöhe bestimmt, bei der dieser Standard realisiert wird. Die Bemessungsgrundlage für die Abgabenzahlung ist der

---

[50] Vgl. Endres 1985, S. 27.

[51] Wicke (1986) bezifferte die Untergrenze der externen Kosten der Bundesrepublik auf 103,5 Mrd. DM jährlich.

[52] Vgl. Lerch 1995, S. 178.

[53] Ebda, S. 178f.

Bemessungsbeitrag des einzelnen Wirtschaftssubjekts (Immissionsbeitrag). Die einzelnen Wirtschaftssubjekte passen sich der Abgabenerhebung in der Art an, daß sie die Grenzkosten einer Vermeidung von Umweltbelastungen mit der Grenzbelastung durch die Abgabe vergleichen und Vermeidungsleistungen bis zu dem Punkt durchführen, in dem Grenzkosten der Vermeidung und Abgabenzahlung für die letzte nicht vermiedene Einheit gleich hoch sind.[54] Das heißt, je billiger es für einen Umweltschädiger ist, eine Emission zu vermeiden, desto eher wird er sich entschließen, der Abgabeentrichtung durch Emissionsvermeidung auszuweichen. In diesem Ansatz liegen die theoretischen Grundlagen der Ökosteuern, die in ähnlicher Weise Anreize zur Einsparung schaffen wollen.

3. Abgabenansatz nach Solow
Zur Vervollständigung sei hier noch der Abgabenansatz von Solow erwähnt, der auf der Rohstoffebene ansetzt. Der Input von Rohstoffen wird dabei mit einer Abgabe belegt, deren Höhe sich an den Schadstoffkosten der theoretisch schädlichsten Verwendungsalternative orientiert. Auf den nachfolgenden Produktionsstufen sind Rückerstattungen möglich, wenn der jeweilige Produzent nachweist, daß die tatsächliche Umweltbelastung von der veranschlagten Maximalbelastung abweicht.[55]

Da Umweltabgaben nicht das Hauptthema der vorliegenden Arbeit sind, soll auf eine ausführlichere Darstellung der Problematik an dieser Stelle verzichtet werden.

2.2.3. Zertifikate

Umweltzertifikate werden in der Literatur häufig auch als Umweltlizenzen oder Umweltnutzungsrechte bezeichnet. Hierbei handelt es sich um eine ökonomische Lösung des Umweltproblems. Unter Zertifikaten kann ein Instrumententyp der Umweltpolitik verstanden werden, bei dem das Recht auf Emission einer bestimmten Schadstoffmenge für die Verursacher der betreffenden Region an den Besitz einer entsprechenden Menge von Emissionserlaubnisscheinen (Zertifikaten) geknüpft wird. Eine Gesamtmenge von Zertifikaten, deren Nennwerte sich auf die regionale Emissionshöchstgrenze addie-

---

[54] Vgl. Endres 1985, S. 30.
[55] Vgl. Gabler Wirtschaftslexikon 1988, S. 2061f.

ren, wird unter den betreffenden Verursachern versteigert bzw. kostenlos an sie vergeben.[56] Der Staat betrachtet sich bei diesem Instrumententyp als Verwalter des Umweltmediums und legt durch politische Entscheidung fest, inwieweit die Absorptionsfähigkeit der Umwelt durch die Emittenten genutzt werden darf. Dieses staatliche Eigentum wird durch die Umweltlizenzenvergabe privatisiert und für den Handel unter den spezifischen Umweltverschmutzern freigegeben. Die Erwartung ist dabei, daß die Zertifikate von denjenigen erworben werden, die sie am höchsten bewerten, d.h. daß sie dorthin gehen, wo die Kosten zur Vermeidung der Umweltverschmutzung am höchsten sind.[57]

Nach dieser knappen Einführung in die Thematik der Zertifikate erfolgt im anschließenden Unterkapitel eine detaillierte Analyse der Wirkungsweise sowie eine Diskussion der Vor- und Nachteile von Umweltlizenzen.

2.3. Die theoretische Konzeption von Umweltzertifikaten

In diesem Kapitel soll zunächst die theoretische Grundlage von Zertifikaten untersucht werden. Im Anschluß daran werden Allokationsaspekte erörtert, die sich beim Einsatz von Zertifikatemodellen ergeben. In einem dritten Schritt wird die Anreizstruktur näher beleuchtet, die in eine Diskussion der Vor-und Nachteile von Zertifikaten gegenüber anderen umweltpolitischen Instrumenten, vornehmlich Abgaben und Auflagen, mündet. Abschließend wird eine kurze Übersicht zu den bisher bekannten theoretischen und praktischen Anwendungsbereichen von Zertifikaten gegeben.

2.3.1. Das Coase-Theorem

Im Unterschied zu Pigou, der für die unmittelbare monetäre Internalisierung externer Effekte mittels einer vom Staat auferlegten Steuer plädierte, entwickelte Ronald Coase im Jahre 1960 das später nach ihm benannte Coase-Theorem. Coase vertritt den Standpunkt, daß Verhandlungen zwischen den an einem externen Effekt Beteiligten (Verursacher und Geschädigte) das tauglichste Mittel seien, um eine pareto-optimale Internalisierung zu ermögli-

---

[56] Vgl. Endres 1985, S. 20ff.

[57] Vgl. Endres 1985, S. 33ff. oder Wicke 1991, S. 209.

chen.[58] Diesen Verhandlungen liegen zwei „Haftungsregeln“ zugrunde: die „Laissez-faire-“ und die „Verursacherregel“. Die „Laissez-faire-Regel“ basiert auf der Annahme, daß der Verschmutzer ein Recht hat, die Umwelt mit Emissionen zu belasten. Die „Verursacherregel“ geht von der Annahme aus, daß jedes Individuum ein Anrecht auf eine saubere Umwelt hat. In Abhängigkeit von der gewählten Regel zahlt entweder der Geschädigte an den Schädiger, damit er seine Handlungen unterläßt, oder der Schädiger zahlt an den Geschädigten, damit er diese Handlungen duldet.[59]

Coase liefert eine Prognose über das Ergebnis von Verhandlungen bei rationalem Verhalten aller Beteiligten, nach der eine Aufteilung nicht stabil sein kann, solange mindestens einer der Beteiligten sich durch eine Änderung besser stellen kann, ohne andere dadurch schlechter zu stellen.[60] Coase ging realistischerweise davon aus, daß die Kosten der Identifikation und Organisation der Beteiligten, der Verhandlungsführung, der Überwachung der Verhandlungsergebnisse usw. („Transaktionskosten“) der Realisierung seines Vorschlags entgegenstehen.[61] Die Transaktionskostenproblematik bei der Coaseschen Verhandlungslösung faßt Endres (1977) wie folgt zusammen: „Um das Prinzip der Verhandlungslösung deutlich herausarbeiten zu können, hat er jedoch in weiten Teilen seiner Ausführungen von diesen »Störfaktoren« abstrahiert, indem er die Transaktionskosten mit dem Wert Null ansetzt. Außerdem wurde vollkommene Konkurrenz auf allen Märkten unterstellt.“[62]

Endres weist in diesem Zusammenhang darauf hin, daß sich die verursachende und die geschädigte Seite in einer bilateralen Monopolsituation gegenüber stehen. Er kritisiert zu Recht, daß im Coase-Theorem Verteilungseffekte weitestgehend ausgeblendet werden. Je nach gesetzlich festgelegter Richtung der Kompensationszahlung verändert sich die Verteilungsposition der beteiligten Parteien. Die Invarianzthese geht nun davon aus, daß unabhängig von der Anfangsausstattung mit Rechten und der Durchsetzungskraft der Parteien stets ein und dieselbe pareto optimale Lösung erreicht wird. Kritiker bezweifeln diese Lösung, da sie die Besonderheiten eines bilateralen Monopols unberücksichtigt läßt. Eine Verhandlungslösung nach dem Coase-Theorem ist ihrer Mei-

---

58 Vgl. Endres 1977, S. 637.
59 Vgl. Müller-Witt 1989, S. 93f.
60 Vgl. Bauer/Illing 1992, S. 933.
61 Vgl. Endres 1977, S. 638.
62 Ebda, S. 638f.

nung nach effizient, die Ausgangsbedingungen müssen allerdings stets berücksichtigt werden (Effizienzthese).[63]

Das Coase-Theorem löst auch noch rund 40 Jahre nach seiner erstmaligen Formulierung heftige Kontroversen aus. Gerade die Transaktionskosten-Annahme wird in diesem Zusammenhang kritisiert. Auf diesen Sachverhalt soll an dieser Stelle jedoch nicht weiter eingegangen werden.[64]

2.3.2. Die Wirkungsweise und Anreizstruktur von Zertifikaten

Zur Illustrierung der Wirkungsweise von Zertifikaten stellt Abbildung 2 zunächst den Unterschied zwischen Preis- und Mengensteuerung heraus. Bei der Preislösung durch Abgaben wird der Preis (t) fixiert, und die mengenmäßige Nutzung von Umweltgütern (E*) ist variabel. Bei der Mengenlösung dagegen wird das Kontingent der zulässigen Nutzung (Ê) fixiert und der Preis (z*) variiert.[65]

Abb. 2: Preissteuerung durch Abgaben und Mengensteuerung durch Zertifikate

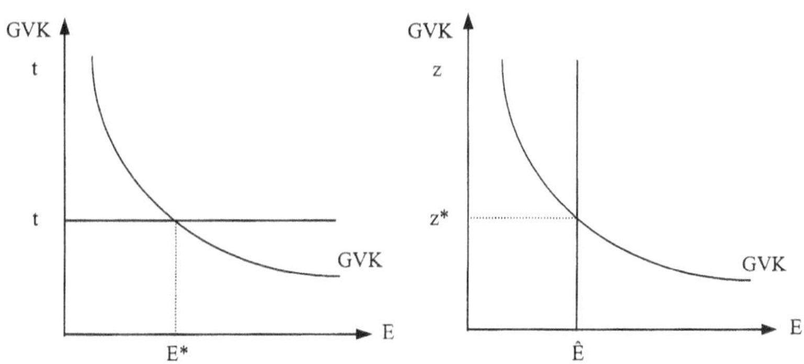

Quelle: Nach Gawel 1991, S. 284.

[63] Vgl. Endres 1976, S. 52ff.

[64] Einen Überblick zur Problematik der Transaktionskosten im Coase-Theorem geben u.a. Bauer/ Illing 1992.

[65] Vgl. Bonus 1994, S. 1.

GVK= Grenzvermeidungskosten
E = Emissionsmenge
E* = erwartete Emissionsmenge
$\hat{E}$ = maximal zulässige Emissionsmenge
t = Abgabensatz
z = Preis der Nutzungsrechte
z* = erwarteter Preis der Nutzungsrechte

Nachdem dieser fundamentale Unterschied in Abbildung 2 formal veranschaulicht wurde, kann mit einer detaillierten Analyse der Anreizstruktur von Zertifikaten begonnen werden.

Betrachtet werden zunächst zwei Individuen (A und B) mit unterschiedlichen Grenzvermeidungskosten. Individuum A hat niedrige Grenzvermeidungskosten, d.h. es kann mit relativ geringem Kostenaufwand seine Emissionen reduzieren. Individuum B hat dagegen hohe Grenzvermeidungskosten. Um seine Emissionen zu reduzieren, muß B relativ teure Vermeidungsmaßnahmen durchführen. Beide Individuen bekommen bei der Anfangsausstattung gleich viele Zertifikate zugesprochen. B beschließt, seine Produktion auszuweiten, und steht nun vor der Alternative, entweder seine Emissionen auf technischem Wege zu reduzieren oder weiter Emissionszertifikate anzukaufen. Als Verkäufer von Zertifikaten steht nur A zur Verfügung, der wiederum einen hinreichend großen Anreiz braucht, um sich von einigen seiner Zertifikate zu trennen. Abbildung 3 veranschaulicht diesen Sachverhalt in einem Koordinatensystem.

Abb. 3: Zertifikatemarkt mit zwei Individuen (A und B)

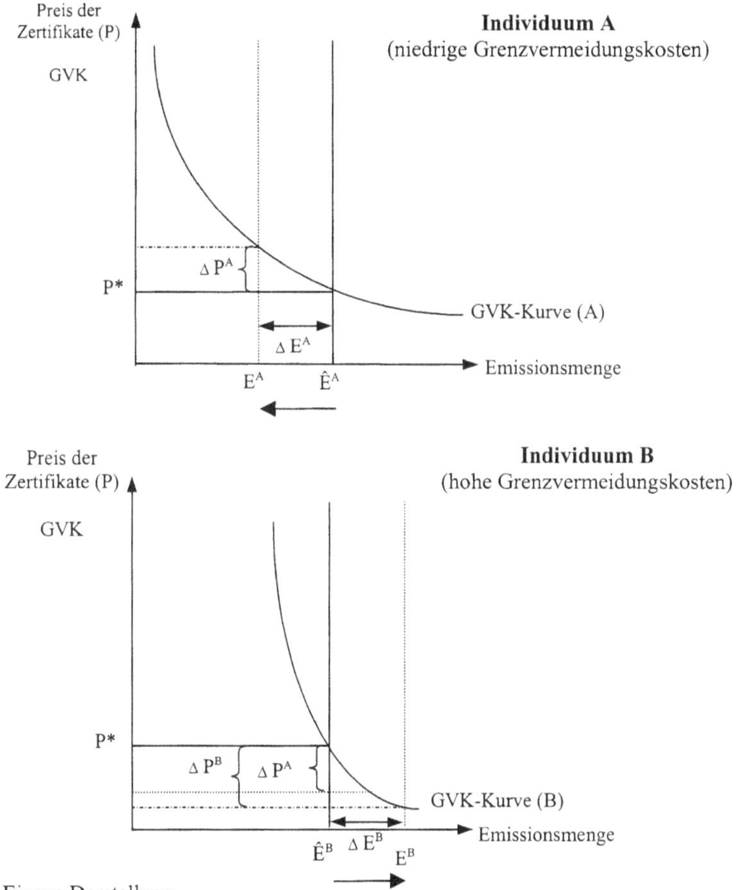

Quelle: Eigene Darstellung

GVK= Grenzvermeidungskosten
P^* = Gleichgewichtspreis (Emissionsvermeidung und Zertifikatekauf kosten gleich viel)
$\hat{E}^A$ = Anfangsausstattung mit Zertifikaten des A
$\hat{E}^B$ = Anfangsausstattung mit Zertifikaten des B
$\hat{E}^A = \hat{E}^B$
ΔP^A = Vermeidungskosten des A für die Emissionsmenge ΔE^A
ΔP^B = Vermeidungskosten des B für die Emissionsmenge ΔE^B

Es gilt nun zu klären, unter welchen Bedingungen ein Zertifikatehandel zustande kommt. Individuum A wird nur Zertifikate verkaufen, wenn es für die Vermeidungsmaßnahmen weniger ausgeben muß, als es für die entsprechenden Zertifikate im Verkauf erzielt. In diesem Fall ist $\Delta P^A < \Delta P^B$. Individuum A wird seine Zertifikate an B verkaufen. Wäre $\Delta P^A > \Delta P^B$, so würde der Handel nicht zustande kommen, denn es wäre für B günstiger, die entsprechenden Emissionen zu vermeiden. Bei $\Delta P^A = \Delta P^B$ wäre es für B egal, ob es die Emissionen vermeidet oder die entsprechende Menge an Zertifikaten von A erwirbt.

Zusammenfassend kann festgehalten werden, daß nur bei unterschiedlichen Grenzvermeidungskosten der einzelnen Individuen ein Handel mit Zertifikaten zustande kommt. In der Praxis kann davon ausgegangen werden, daß die einzelnen Teilnehmer auf dem Zertifikatemarkt nie genau identische Grenzvermeidungskosten haben. Individuen, die Zertifikate besitzen, werden diese behalten, solange der sich ergebende Marktpreis die Grenzvermeidungskosten nicht übersteigt. Steigt dagegen der Marktpreis der Zertifikate über die Grenzvermeidungskosten, so wird das Individuum seine Zertifikate verkaufen und entsprechende Vermeidungsmaßnahmen durchführen, und zwar solange, bis der Preis und die Grenzvermeidungskosten sich gleichen. Unternehmen, die über keine Zertifikate verfügen, werden diese so lange nachfragen, wie der Preis die Grenzvermeidungskosten nicht überschreitet, d.h. bis der Ausgleich zwischen Preis und Grenzvermeidungskosten erreicht ist. Die Emissionen werden von denjenigen Individuen vermieden, die die Vermeidung am kostengünstigsten bewerkstelligen können. Die Zertifikate wandern dagegen dorthin, wo sie am höchsten bewertet werden.[66]

2.3.3. Vor- und Nachteile gegenüber anderen Instrumenten der Umweltpolitik

Sämtliche Instrumente der Umweltpolitik weisen spezifische Vor- und Nachteile auf, wobei die Vorteile eines Instruments häufig die Nachteile eines anderen sind. Die Frage lautet letztendlich auch nicht, welches Instrument die meisten Vorteile bzw. die wenigsten Nachteile hat, sondern vielmehr, mit welchem Instrument sich das angestrebte Ziel am effizientesten erreichen läßt. Der Begriff der Effizienz enthält in diesem Zusammenhang nicht nur das ökonomische Kostenargument, sondern ebenso Aspekte der zeitlichen, der räumli-

---

[66] Vgl. El-Shagi 1993, S. 1038.

chen und der ökologischen Effizienz. Nicht zuletzt müssen auch die politische Durchsetzbarkeit und die gesellschaftliche Akzeptanz der einzelnen Instrumente abgewogen werden. Tabelle 1 faßt die wichtigsten Vor- und Nachteile von Umweltzertifikaten zusammen, wobei jedoch kein Anspruch auf Vollständigkeit erhoben wird.

Tab.1: Die wesentlichen Vor- und Nachteile von Umweltzertifikaten

Vorteile	Nachteile
• Die Erreichung der Umweltqualitätsziele in ökonomisch effizienter Weise ist gesichert, da direkt die Menge fixiert wird und die Preisbildung auf dem Markt erfolgt. *(Kemper)* • Marktkonformität Die Emissionen werden dort vermieden, wo dies zu den geringsten Kosten möglich ist. Stichwort: „geringste Grenzvermeidungskosten". *(Endres)* • Im Gegensatz zur Abgabenlösung ist die Zertifikatelösung auf weniger Informationen angewiesen und spart somit Informationskosten, da die Kenntnis der Grenzvermeidungskosten nicht erforderlich ist. *(Kemper)* • Die Wirksamkeit der Zertifikate bleibt durch inflationäre Preisentwicklung unberührt, da der Preis der Zertifikate automatisch mit ansteigt, während die Menge konstant bleibt. *(Kemper)* • Wirtschaftliches Wachstum würde zu einer verstärkten Nachfrage nach Zertifikaten und damit zur Preiserhöhung führen. Bei gleichbleibender Menge der ausgegebenen Zertifikate verändert sich die Umweltqualität nicht. Damit entstehen der Behörde auch keine Anpassungskosten. *(Kemper)*	• Übergangsprobleme bei der Einführung eines Zertifikatesystems. Grandfathering benachteiligt zukünftige Teilnehmer am Markt und bevorzugt die Altemittenten. Auktionen stoßen bei den Altemittenten auf großen Widerstand, da sie die bisher kostenlose Nutzung der Umwelt bezahlen müssen. (Kostenargument, Standortfrage) *(Bonus)* • Probleme bei der räumlichen Abgrenzung der Zertifikatemärkte aufgrund ungleichmäßiger Diffusion der Schadstoffe. Schwierigkeiten bei der Vermeidung von „hot spots". Bei vielen Schadstoffen wäre ein kleiner Markt angebracht, dadurch nehmen jedoch zu wenig Emittenten am Markt teil, was wiederum den Handel mit Zertifikaten und die Preisbildung beeinträchtigt. *(Bonus)* • Schwierigkeiten bei der Erfassung und Kontrolle der Emissionsquellen. Dieses Problem besteht bei ordnungsrechtlichen Auflagen und Preislösungen gleichermaßen. *(Bonus)* • Emissionslizenzen können für den Aufbau von Marktmacht verwendet werden. Stichwort: Spekulativer Aufkauf von Lizenzen, um die Konkurrenz auszuschalten. Dieser Nachteil wird vermutlich niemals eintreten, da nicht nur die direkte Konkurrenz am Markt teilnimmt, sondern sämtliche emittierenden Betriebe der entsprechenden Region. Stichwort: Mangelnde Wettbewerbsfähigkeit von Zertifikaten. *(Bonus)* *(Endres)*

wird fortgesetzt

Vorteile	Nachteile
• Eine regionale Anwendung des Konzepts erscheint zumindest theoretisch einfacher als bei der Abgabenlösung, da man für unterschiedliche Regionen nur die jeweils erlaubten Schadstoffmengen festlegen müßte. Bei der Abgabe müßten zusätzlich jeweils die entsprechenden Abgabensätze bestimmt werden. *(Kemper)* • Die Durchsetzung einer Zertifikatelösung würde - die Überwindung ideologischer Widerstände vorausgesetzt - weniger problematisch als die einer Abgabenlösung sein, da zumindest bei der „grandfathering"-Lösung keine Implementationskosten für die Emittenten und keine laufenden Kosten - und damit der Entzug von Investitionsmitteln -, wie sie durch die Abgabenzahlung entstehen, anfallen. *(Kemper)* • Die Staatsquote wird durch dieses Instrument nicht erhöht. Eine reine Finanzierungsfunktion für den Staatshaushalt, wie sie bei Steuern möglich wäre, scheidet aus. *(Bonus)*	• Probleme bei der temporären Befristung der Lizenzen. Zu kurze Befristung sorgt für Planungsunsicherheit und behindert den Handel. Zu lange Befristung verhindert den Marktzutritt von Neuemittenten. *(Gawel)* • Moralische Argumente gegen eine Vermarktung der Umwelt laufen einer gesellschaftlichen Akzeptanz dieses Instrumentes entgegen. Stichwort: „Verkauf der Umwelt"; „Verschmutzungsrechte". *(Endres)* • „Geringe ökologische Wirksamkeit". Da Umweltzertifikate Emissionsquellen mit hohen Vermeidungskosten schonen, muß die mit ihnen erreichbare Emissionsverminderung geringer sein als die einer Politik, die bei allen Anlagen den „Stand der Technik" in der Emissionsvermeidung vorschreibt. Endres sieht hierbei eine Überinterpretation des Begriffes „Stand der Technik". *(Endres)*

Quelle: Bonus 1990, Endres 1991, Gawel 1991 und Kemper 1989.

Bei der Analyse der Vor- und Nachteile von Zertifikaten wird deutlich, daß es in der Fachliteratur die unterschiedlichsten Auffassungen zu den Umweltnutzungsrechten gibt. Je nach wissenschaftlicher Ausrichtung sehen die Autoren auf ihren Betätigungsfeldern die größten Hindernisse.[67] Was eine Fachrichtung als Vorteil ansieht, ist für andere ein Nachteil. Aus diesem Grund soll auf eine detaillierte Untersuchung der einzelnen Argumente verzichtet werden, zumal es in der vorliegenden Arbeit weniger um eine grundsätzliche Untersuchung von Zertifikaten aus theoretischer Sicht geht als vielmehr um konkrete Modelle, die näher analysiert werden sollen.

[67] Koenig (1996) hält beispielsweise Zertifikatemärkte aus juristischer Sicht für äußerst problematisch, da sie mit der ordungsrechtlichen Rahmensetzung kollidieren.

2.3.4. Erste theoretische Modelle und praktische Anwendungsgebiete von Zertifikaten

Theoretische Konzeptionen für den Einsatz von Umweltzertifikaten gibt es mittlerweile in großer Anzahl. Seit nunmehr gut 30 Jahren wird in der Umweltökonomie das Instrument der handelbaren Umweltnutzungsrechte diskutiert. Die ersten grundlegenden Aufsätze stammen von Crocker (1966) und Dales (1968). Crocker eröffnete mit seinem Beitrag „The Structuring of Atmospheric Pollution Control Systems" die Möglichkeit, mittels eines Systems von Zertifikaten die Luftverschmutzung zu regulieren. Dales versuchte hingegen in seinem Werk „Pollution property & prices", Umweltnutzungsrechte für den Gewässerschutz zu kreieren. Einige Jahre vor Crocker und Dales hat Boulding (1964) außerhalb der Umweltökonomie das Instrument des Zertifikats angewendet. In seinem Buch „The Meaning of the Twentieth Century" setzt er Zertifikate als Mittel zur Geburtenkontrolle ein.

Auch in jüngerer Zeit wurde eine Vielzahl unterschiedlicher theoretischer Modelle für den Einsatz von Umweltnutzungsrechten konstruiert. Um jedoch nicht zu tief in diese Thematik einzudringen, sei an dieser Stelle nur auf einen Beitrag von Heister/Michaelis (1991) verwiesen, die ein Modell mit handelbaren Emissionsrechten für die Bundesrepublik Deutschland entwickelt haben.

Praktische Erfahrungen mit Umweltzertifikaten wurden bisher fast ausschließlich in den USA gesammelt. Anfang der 70er Jahre begann in den USA die Luftreinhaltepolitik mit den sog. „Command-and-Control" (CaC)-Maßnahmen, die dem deutschen ordnungsrechtlichen Vorgehen entsprachen. Doch bereits 1974 wurden von der EPA (Environmental Protection Agency) marktwirtschaftliche Anreizinstrumente eingesetzt. In erster Linie handelte es sich um Luftverschmutzungsrechte für die Schadstoffe Schwefeldioxid (SO_2), Stickoxide (NO_x), Kohlenmonoxid (CO), flüchtige organische Verbindungen (VOC) und Staub (SPM). Zu diesem Zweck wurde das Gebiet der USA in sog. „Luftqualitätszonen" unterteilt. In Abhängigkeit vom Gebietstyp wurden unterschiedliche Konzepte der Emissionsguthabenpolitik eingesetzt.[68]

---

[68] Vgl. Heister/Michaelis et al. 1991, S. 8f.

Grundsätzlich kann zwischen vier Konzepten unterschieden werden:

1. *Netting (Verrechnungspolitik)*
   Für die Veränderung (z.B. Erweiterung) von Emissionsquellen benötigt eine Firma innerhalb eines Standortes keine besondere Genehmigung. Voraussetzung ist jedoch, daß es der Firma gelingt, die Emissionen bereits existierender eigener Quellen so weit zu reduzieren, daß sich die Gesamtemissionen nicht erhöhen.[69]

2. *Offsets (Kompensationspolitik)*
   Neue Emissionsquellen werden in einem Belastungsgebiet nur dann genehmigt, wenn andere firmeninterne oder -externe Quellen innerhalb des Gebiets überproportional gedrosselt werden.[70]

3. *Bubble (Emissionsverbund)*
   Im Rahmen der Bubble-Politik wird von einer staatlichen Umweltbehörde eine Emissionsnorm für einen bestimmten Schadstoff in einem lokalen Luftraum (Glocke) vergeben. Existiert nur eine emittierende Firma innerhalb der Glocke, so kann sie selbständig entscheiden, wie sie die vorgegebene Emissionsbegrenzung einhält. Mehrere emittierende Firmen innerhalb der Glocke müssen sich untereinander verständigen, welchen Anteil jeder an der erlaubten Emissionsmenge für sich beanspruchen kann. Die Einrichtung einer Glocke muß bei der zuständigen Umweltbehörde beantragt werden, die wiederum darauf achten muß, daß sich durch die Einrichtung der Glocke die Emissions- und Immissionssituation nicht verschlechtert.[71]

4. *Banking (Emissionsbankensystem)*
   Gewährte Emissionsmengen, die von einem Emittenten nicht beansprucht werden, können ihm auf einem Emissionskonto in Form von ERCs (emission reduction credit) gutgeschrieben werden. Über diese Emissionsguthaben kann die Firma jederzeit zur Deckung des eigenen Bedarfs verfügen bzw. es in den Emissionshandel einbringen.[72] Tietenberg (1992) fügt noch hinzu, daß die einzelnen Bundesstaaten ermächtigt sind, derartige „Ban-

---

[69] Vgl. Heister/Michaelis et al. 1991, S. 9.
[70] Vgl. ebda, S. 9.
[71] Vgl. Endres 1991, S. 67f.
[72] Vgl. Heister/Michaelis et al. 1991, S. 9.

king-Programme“ einzurichten und daß die Emittenten diese „credits“ im Bubble-, Offset- oder Netting-Programm einsetzen können.[73]

Neben den USA haben auch andere OECD-Staaten erste praktische Erfahrungen mit Zertifikaten gesammelt. Die nachfolgende Tabelle 2, die von Michaelis (1996) zusammengestellt wurde, gibt einen Überblick zu den bereits praktizierten Zertifikatemodellen in ausgewählten OECD-Staaten.

Tab. 2: Handelbare Nutzungsrechte in ausgewählten OECD-Staaten

OECD-Staat	Luftreinhaltung	Gewässerschutz
Australien	• Handelbare FCKW-Quoten	• ‘Murray-Darling Basin-program‘
Kanada	• Handelbare FCKW-Quoten	---
Deutschland	• Kompensationsregelungen nach BImSchG	---
Schweiz	• Gemeinsames Kompensationsprogramm der Kantone Basel-Stadt und Basel-Landschaft	---
USA	• ‘Emission trading-program‘ 1977 • ‘Acid Rain-program‘ 1990 • Kalifornischer ‘Regional Clean Air Incentives Market’ • Handelbare FCKW-Quoten	• ‘Fox/Wisconsin River-program‘ • ‘Lake Dillon-program‘

Quelle: Michaelis 1996, S. 81. Zusammengestellt aus: Jubb/van Vliet (1992), OECD (1994), Howe (1994), Tietenberg (1994).

Im Rahmen dieses Kapitels sollen nicht alle Anwendungsfälle untersucht werden. Die beiden bekanntesten Konzepte sind das „Acid Rain-Programm“ und das kalifornische „RECLAIM-Programm“ (Regional Clean Air Incentives Market), deren Grundideen hier in aller Kürze erläutert werden sollen. Beide

[73] Vgl. Tietenberg 1992, S. 409.

Programme bauen auf Erfahrungen früherer amerikanischer Kompensationslösungen des „emission trading“ auf und können daher als Instrumente der „zweiten Generation“ bezeichnet werden.[74]

Das Acid Rain-Programm wurde in der Novelle des Clean Air Acts bereits 1990 beschlossen und trat am 1.1.1995 in Kraft.[75] Das kalifornische RECLAIM-Programm wurde genau ein Jahr früher in Kraft gesetzt.[76] Fromm und Hansjürgens (1998) führen zur Kennzeichnung eines jeden Zertifikatesystems die folgenden fünf Programmelemente an:

1. Festlegung einer Gesamtemissionsmenge,
2. Bestimmung der in das System einzubeziehenden Emissionsquellen,
3. Zuteilung der Zertifikate für diese Emissionsquellen (Vergabeverfahren),
4. Formulierung von Handelsregeln,
5. Etablierung eines Kontroll- und Sanktionssystems.

Tabelle 3 gibt einen Überblick zur Ausgestaltung der fünf Programmelemente im Acid Rain- und im RECLAIM-Programm.

Tab. 3: Charakterisierung des Acid Rain- und des RECLAIM-Programms

	Acid Rain-Programm	**RECLAIM-Programm**
Gesamt-emissions-menge	Reduktion der Fernwirkungen von SO_2, das der Hauptverursacher des sauren Regens ist und zu 70% von den überwiegend Kohle verfeuernden Kraftwerken emittiert wird. Jährliche Reduktion von SO_2 ab dem Jahr 2000 um 10 Mio. Tonnen (rund 50% bezogen auf das Jahr 1980 als Ausgangsbasis).	Reduktion der Nahwirkungen von NO_x und SO_x, die als Ausgangsstoffe für Ozon und Staub überwiegend für die Überschreitung der festgelegten immissionsbezogenen Luftqualitätsstandards verantwortlich sind. *NO_x* Reduktion der täglichen Emissionsmenge von 108t (1994) auf 29t (2003) (ca. 75%). *SO_x* Reduktion der täglichen Emissionsmenge von 28t (1994) auf 11t (2003) (ca. 60%).

wird fortgesetzt

[74] Vgl. Fromm/Hansjürgens 1998, S. 150.
[75] Für nähere Informationen siehe Hansjürgens/Fromm 1994, S. 473-505.
[76] Das RECLAIM-Programm wurde 1994 von Fromm und Hansjürgens genauer analysiert. Vgl. daher auch Fromm/Hansjürgens 1994, S. 211-223.

	Acid Rain-Programm	RECLAIM-Programm
einbezogene Emissions-quellen	*1. Phase:* Aufnahme der 110 schmutzigsten Kraftwerke. *2. Phase:* Einbeziehung aller Anlagen mit einer Kapazität von mehr als 25 Megawatt (insgesamt mehr als 2000 Kraftwerke).	Alle stationären Emissionsquellen mit einer Mindestemissionsmenge von 4t NO_x oder SO_x pro Jahr. 1995 insgesamt 330 Betriebe mit NO_x und 37 Betriebe mit SO_x.
Vergabe-verfahren	„Modifiziertes Grandfathering": Zuteilung ergibt sich aus der Multiplikation vergangenheitsbezogener Energieverbrauchswerte mit geforderten Reinigungsgraden der Anlage. Für Phase 1 werden die Verbrauchswerte der Jahre 1985-87 mit dem Sauberkeitsgrad der Anlage von 2,5 lbs. SO_2/mmBtu. In der zweiten Phase wird der Wert auf 1,2 lbs. SO_2/mmBtu. verschärft. Ein geringer Teil der Zertifikate wird zurückgehalten und jährlich versteigert bzw. zu Festpreisen angeboten.	„Modifiziertes Grandfathering": Wie beim Acid Rain-Programm, jedoch mit dem Unterschied, daß zur Kalkulation der Ausgangsverteilung maximale Energieverbrauchswerte der Jahre 1989-1992 herangezogen werden. Zusätzlich werden „Sondertöpfe" für spezifische Anlagen geschaffen.
Handels-regeln	Die Zertifikate beziehen sich auf das angegebene oder nachfolgende Jahr. Banking ist gestattet, Borrowing (die vorzeitige Nutzung von Zertifikaten, die erst für spätere Jahre gelten) jedoch nicht. Keine räumliche Beschränkung.	Zur Sicherstellung der immissionsorientierten Luftqualitätswerte müssen zeitliche und räumliche Ballungen von Emissionen vermieden werden. Die Zertifikate dürfen nur im jeweiligen Ausgabejahr zur Abdeckung der Emissionen verwendet werden. Räumliche Beschränkungen des Handels bestehen nicht.
Kontroll- und Sanktionssystem	Kontinuierliche Emissionsmessung durch die Emittenten und Sanktionierung von Regelverletzungen.	Kontinuierliche Emissionsmessung durch die Emittenten und Sanktionierung von Regelverletzungen.

Quelle: Eigene Darstellung, nach Angaben aus: Fromm/Hansjürgens 1998, S. 151ff.

In der Fachwelt herrscht überwiegend die Meinung vor, daß sowohl das Acid Rain- als auch das RECLAIM-Programm erfolgreich sind. Der unternehmensinterne und -externe Ausgleich der Grenzvermeidungskosten funktioniert relativ gut, wobei es sich jedoch vorwiegend um einen unternehmensinternen Ausgleich handelt. Eher pessimistisch wird dagegen das Handelsvolumen bewertet. Im Acid Rain-Programm betrugen die Transaktionen zwischen den Unternehmen nur etwa 5-10% aller Handelsvorgänge. In beiden Programmen liegen die Zertifikatepreise deutlich niedriger als prognostiziert. Im Acid Rain-

Programm entsprechen sie weitgehend den Grenzvermeidungskosten, wohingegen sie im RECLAIM-Programm deutlich unter den Grenzvermeidungskosten liegen. Bei letzterem wird vermutet, daß die Preise ab dem Jahr 2000 deutlich ansteigen werden, da zu diesem Zeitpunkt vermutlich der Angebotsüberhang abgebaut sein wird. Zusammenfassend kann festgehalten werden, daß beide Zertifikatemärkte funktionieren und die an sie geknüpften Erwartungen erfüllen.[77]

Abschließend sei noch erwähnt, daß derzeit eine Reihe weiterer Zertifikateprogramme in den USA bereits beschlossen sind und auf ihre Umsetzung warten.[78] Auf die Zertifikateprogramme, die derzeit für den Verkehrsbereich diskutiert werden bzw. schon umgesetzt wurden, wird in Kapitel 6 ausführlich eingegangen.

2.4. Zusammenfassung

Die Ursachen von Umweltverschmutzung und -zerstörung sind unerwünschte bzw. zwangsläufige Begleiterscheinungen des Wirtschaftsprozesses bzw. des modernen gesellschaftlichen Lebens. In der Ökonomie hat sich hierfür der Begriff Externalitäten oder auch externe Effekte eingebürgert, der in erster Linie auf Alfred Marshall (1920) und Arthur Cecil Pigou (1932) zurückgeht. Externe Effekte bewirken eine Abweichung der privatwirtschaftlichen von den gesamtwirtschaftlichen Kosten und Erträgen. Eine Internalisierung ist daher aus allokationstheoretischer Sicht zur Erreichung eines gesamtwirtschaftlichen Pareto-Optimums unabdingbar. Für die Internalisierung kommen zwei Grundprinzipien der Umweltpolitik in Frage: das Gemeinlast- und das Verursacherprinzip. Da eine Kostenzurechung nach dem Gemeinlastprinzip eine effiziente Allokation der knappen Umweltressourcen nicht gewährleistet, wurde das Verursacherprinzip zum konzeptionell tragenden Grundprinzip der deutschen Umweltpolitik. Der Verursacher eines Umweltschadens ist danach für die Beseitigung des von ihm verursachten Schadens verantwortlich. Mit dem Verursacherprinzip ist in der Ökonomie der Gedanke der vollständigen Internalisierung externer Effekte verbunden.

---

[77] Vgl. Fromm/Hansjürgens 1998, S 155ff. sowie Tietenberg 1998, S. 15ff.

[78] Vgl. Tietenberg 1998, S. 18ff.

Um eine Internalisierung zu ermöglichen, wurden verschiedene Instrumente entwickelt, von denen Auflagen, Abgaben und Zertifikate die bedeutendsten sind. Aus der Gruppe der nicht-ökonomischen Instrumente wird in der bisherigen Umweltpolitik vor allem das Instrument der Auflage angewendet. Da Auflagen eine kostenminimale Aufteilung der Maßnahmen unter den Betroffenen nicht ermöglichen und zudem nur über eine beschränkte dynamische Anreizwirkung verfügen, sind sie für eine ökonomisch effiziente Umweltpolitik i.a. ungeeignet.

Abgaben sind jegliche mit hoheitlichem Zwang zu leistende Zahlungen, die ohne eine spezielle Gegenleistung erhoben werden. Für die Umweltpolitik sind in erster Linie Steuern, Gebühren und Beiträge von Interesse. Bei Umweltabgaben hat der Verursacher eines Schadstoffs einen politisch festgesetzten Preis zu entrichten, der für alle Emittenten gleich ist. Die umweltbelastende Aktivität wird somit nicht begrenzt, sondern für den Verursacher verteuert. Das Instrument der Umweltabgabe geht auf den wohlfahrtstheoretischen Ansatz zurück, der von Arthur Cecil Pigou bereits 1920 entwickelt wurde. Die nach ihm benannte Pigou-Steuer wurde 1971 von Baumol und Oates zum Standard-Preis-Ansatz weiter entwickelt.

Das ebenfalls ökonomische Instrument der Umweltlizenzen bildet das Hauptthema dieser Arbeit. Umweltlizenzen lassen sich auf das theoretische Konzept der Verhandlungslösung von Ronald Coase (1960) zurückführen, das besagt, daß unter bestimmten Voraussetzungen die Verhandlungen stets zu ein und derselben pareto-optimalen Allokation führen, ganz gleich ob die Laissez-faire- oder die Verursacherregel angewendet wird. Bei Zertifikaten wird, ganz im Gegensatz zu Abgaben, die Menge der umweltbelastenden Aktivitäten begrenzt. Unterschiedliche Grenzvermeidungskosten bewirken einen Handel zwischen den Individuen. Die Emissionen werden von demjenigen vermieden, der dies am kostengünstigsten bewerkstelligen kann. Die Zertifikate wandern dorthin, wo sie am höchsten bewertet werden. Zertifikate sind wie alle anderen Instrumente der Umweltpolitik mit spezifischen Vor- und Nachteilen behaftet.

Die ersten theoretischen Modelle stammen von Crocker und Dales aus den 60er Jahren. Mittlerweile gibt es insbesondere in den USA praktische Anwendungsfälle von Umweltlizenzen, von denen das Acid Rain-Programm und das RECLAIM-Programm die vielversprechendsten sind.

3. Thematische Eingrenzung des Anwendungsgebietes für Zertifikate und Zieldefinition der Arbeit

In diesem Kapitel ist zu klären, in welchem Bereich ein mögliches Zertifikatemodell im Verkehr ansetzen sollte. Es geht letztendlich darum, den Verkehrsbereich in der Art zu unterteilen, daß Modelle für spezifische Problemfelder aufgestellt werden können. Dabei muß notwendigerweise zunächst der Verkehrssektor identifiziert werden, der den größten Energieverbrauch und Schadstoffausstoß aufzuweisen hat. In einem zweiten Schritt muß dieser Verkehrsbereich näher untersucht werden, um mögliche Problemschwerpunkte in den entsprechenden Unterkategorien zu ermitteln. Setzt ein Zertifikatemodell nur an einer relativ kleinen Untereinheit mit großen spezifischen Umweltbelastungen an, so hat das den Vorteil, den Kreis der möglichen Modelladressaten einzuschränken und die Wirkung aufgrund der hohen Belastung gut überwachen zu können.

Nachdem ein konkretes Anwendungsgebiet abgesteckt wurde, muß das Ziel bestimmt werden, das mittels der Zertifikate erreicht werden soll. Eine mögliche Strategie könnte darauf ausgerichtet sein, die individuelle Mobilität einzuschränken. Demgegenüber könnte eine andere Strategie versuchen, Innovationsanreize für die Entwicklung alternativer Fahrzeugkonzepte auszulösen. In diesem Zusammenhang ist es wichtig, die geschichtliche Entwicklung des Automobils und seine Bedeutung für die moderne Industriegesellschaft zu berücksichtigen.

Abschließend muß der Zeithorizont ermittelt werden, der zunächst einen Übergangszeitraum umfaßt und in dem letztendlich nachhaltige Konzepte im untersuchten Verkehrssektor initiiert werden sollen.

3.1. Der Verkehrssektor in der Bundesrepublik Deutschland

Der Verkehrssektor in der Bundesrepublik Deutschland läßt sich in vier Oberkategorien unterteilen: den Straßen-, den Schienen-, den Luft- und den Schiffsverkehr. Häufig wird das System der Rohrleitungen, die das Land durchziehen, mit zum Verkehrsbereich gezählt, da mittels dieser Rohre zumeist flüssige oder gasförmige Stoffe transportiert werden. Bei der weiteren Analyse des Verkehrssektors sollen diese Rohrleitungen jedoch nicht Gegen stand der Untersuchung sein. Abbildung 4 zeigt eine Übersicht der einzelnen Elemente des Verkehrssektors, wobei jedoch kein Anspruch auf Vollständigkeit erhoben wird. Für die Ermittlung des maßgeblichen Sektors eines möglichen Anwendungsmodells ist eine tiefere Untergliederung nicht erforderlich. Zunächst geht es darum, den Verkehrssektor gesamtwirtschaftlich einzuordnen. Zu diesem Zweck werden der Endenergieverbrauch[79] und die spezifischen Schadstoffemissionen der einzelnen Sektoren näher untersucht und in Relation zueinander gesetzt.

Abb. 4: Unterteilung des Verkehrssektors

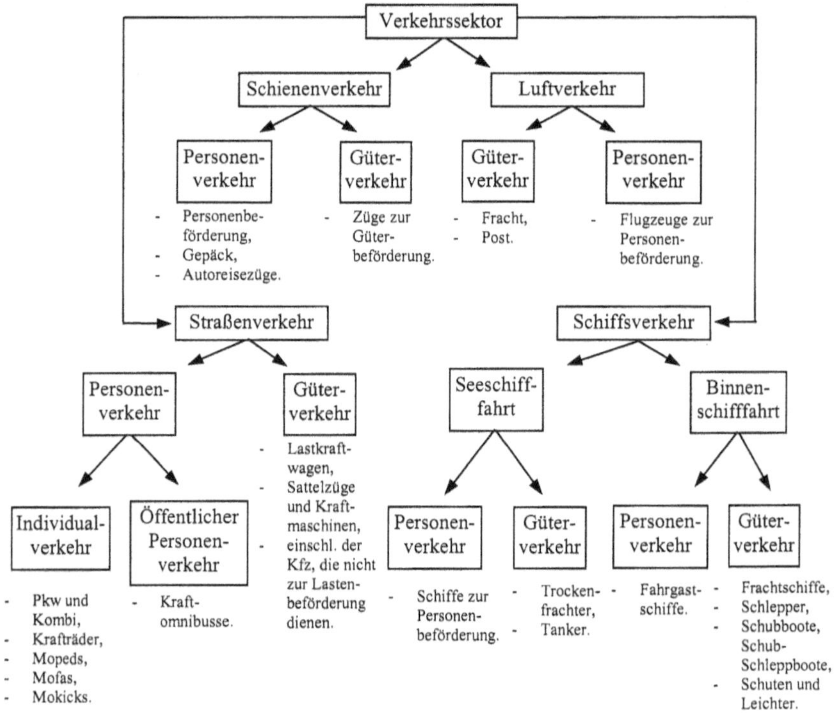

Quelle: Eigene Darstellung nach Angaben in: Deutsches Institut für Wirtschaftsforschung-DIW 1996.

---

[79] Als Endenergie wird die Energie bezeichnet, die dem Endverbraucher zur Verfügung steht. Dies können sowohl Primär- als auch Sekundärenergieträger sein. (Vgl. Setzer 1998, S. 36.)

Betrachtet man die Entwicklung des Endenergieverbrauchs nach Sektoren in Deutschland, so wird deutlich, daß in den vergangenen zwanzig Jahren der Endenergieverbrauch in der Industrie stark gesunken ist. Dagegen ist im Verkehrsbereich ein signifikanter Anstieg zu verzeichnen, der vor allem auf den steigenden Motorisierungsgrad und die Zunahme des Straßengüterverkehrs zurückzuführen ist. Haushalte, Kleinverbraucher und die militärischen Dienststellen sind, von jährlichen Schwankungen abgesehen, auf einem relativ konstanten Verbrauchsniveau geblieben.

Abbildung 5 zeigt die Entwicklung der prozentualen Anteile der Sektoren am Endenergieverbrauch.

Abb. 5: Entwicklung der prozentualen Anteile der Sektoren am Endenergieverbrauch in Deutschland (1980-1997)

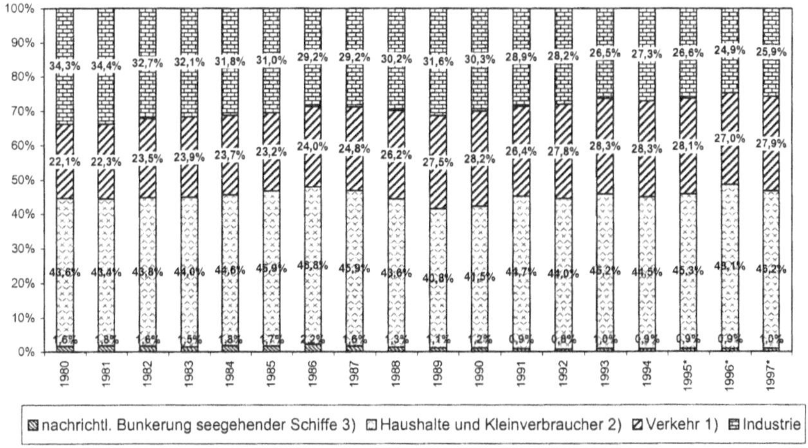

*) vorläufige Werte

1) Ab 1982 wird der Energieverbrauch der stationären Anlagen nicht mehr vollständig dem Ver kehrsbereich zugeordnet.

2) Einschl. gewerblicher Kleinverbraucher, Landwirtschaft und militärischer Dienststellen.

3) Ab 1986 einschl. Transitware für internationale Bunker (1990 = 15 Petajoule). Ohne Schmier stoffe (1997 = 1,1 Petajoule).

Quelle: Eigene Grafik, nach Angaben aus: Deutsches Institut für Wirtschaftsforschung – DIW 1998, S. 277.

Es wird deutlich, daß sich der Anteil der Industrie von rund 34% in 1980 auf nunmehr gut 26% reduziert hat. Dagegen stieg im Zeitraum von 1980 bis 1997 der Anteil des Verkehrsbereichs von ca. 22% auf rund 28%. Haushalte und Kleinverbraucher, die hier zusammen aufgeführt sind, haben ihren Anteil, von kleineren Schwankungen abgesehen, relativ konstant gehalten. Einer Prognos-Studie zufolge, die im Auftrag des Bundesministeriums für Wirtschaft durchgeführt wurde, wird der Endenergieverbrauch bis 2020 nur marginal steigen. Eine interessante Entwicklung zeichnet sich im Verkehrsbereich ab: Bis zum Jahr 2000 wird der Endenergieverbrauch weiterhin stark ansteigen, danach wird ein leichter Rückgang erwartet. Dieser Rückgang wird durch ein Sinken des durchschnittlichen spezifischen Verbrauchs der Pkw-Flotte von heute 9,5 l/100 km auf 6,2 l/100 km im Jahr 2020 ausgelöst. Dagegen wird das Straßengüterverkehrsaufkommen auch in den nächsten 25 Jahren voraussichtlich weiter ansteigen.[80]

Neben diesen Entwicklungen beim Endenergieverbrauch spielen auch die spezifischen Schadstoffemissionen zukünftig eine wesentliche Rolle bei der Beurteilung der allgemeinen Umweltsituation. Insbesondere die CO_2-Emissionen verdienen es, hier einmal näher analysiert zu werden. Neben Wasserdampf ermöglicht CO_2 ein lebensfreundliches Klima auf der Erde. Ohne einen „natürlichen Treibhauseffekt“, hervorgerufen unter anderem durch die oben genannten Stoffe, wäre es durchschnittlich nicht +15°, sondern -18° Celsius kalt.[81] Kohlendioxid ist kein giftiger Schadstoff, wohl aber bedeutendstes Treibhausgas und für rund die Hälfte aller klimagefährdenden Emissionen verantwortlich.[82] Seit der Industrialisierung sind die CO_2-Emissionen permanent gestiegen. Schätzungen des IPCC[83] zufolge steigt im „Business as Usual“-Fall die Durchschnittstemperatur im nächsten Jahrhundert um 0,25 Grad Celsius (Unsicherheitsbereich von 0,15 bis 0,45 Grad Celsius) pro Dekade. Im Jahr 2100 läge damit die Durchschnittstemperatur um ca. 2,5 Grad Celsius höher als heute.[84]

Insgesamt sind die CO_2-Emissionen von 1975 bis heute in Deutschland relativ konstant geblieben. In den Bereichen Industrie, Haushalte, Kleinverbraucher, Militär sowie Kraft- und Fernheizwerke sind die Emissionen sogar gesunken. Diese Reduzierungen wurden jedoch durch einen permanenten Anstieg im

---

80 Vgl. Bundesministerium für Wirtschaft 1995 b, S. 13ff.

81 Vgl. Im Auftrag der Zukunft. Eine Initiative von WWF und DR DB (Hrsg.) 1993, S. 8.

82 Vgl. VCD, VCÖ, VCS 1993, S. 18.

83 IPCC = Intergovernmental Panel on Climate Change.

84 Vgl. IPCC 1994. Auf die übrigen Szenarios soll hier nicht weiter eingegangen werden.

Verkehrsbereich überkompensiert. Obwohl der spezifische Treibstoffverbrauch der Pkw im untersuchten Zeitraum leicht gesunken ist, haben sich die Kohlendioxid-Emissionen weiterhin erhöht. Zurückzuführen ist diese Entwicklung auf eine Zunahme der gefahrenen Personenkilometer und einen signifikanten Anstieg des Pkw- und Kombi-Bestandes. Während 1977 noch rund 20 Mio. Pkw und Kombi in den alten Bundesländern zugelassen waren, stieg diese Zahl nach der Wiedervereinigung und der Einberechnung der neuen Bundesländer auf über 41 Mio. im Jahr 1998.[85]

Bei der Prognose der Kohlendioxid-Emissonen wird deutlich, daß auch in den nächsten knapp 25 Jahren keine deutliche Reduktion dieses Schadstoffes zumindest in Deutschland zu erwarten ist. Wie schon in der Vergangenheit werden leichte Rückgänge in fast allen Sektoren durch einen zunächst deutlichen Anstieg im Verkehrsbereich ausgeglichen. Die Entwicklung der CO_2-Emissionen steht in einem nahezu proportionalen Zusammenhang mit der Entwicklung des Primärenergieverbrauchs. Da dieser Prognosen zufolge in den kommenden 25 Jahren lediglich stagnieren wird, werden auch die CO_2-Emissionen aufgrund des Fehlens realistischer Rückhaltetechniken kaum sinken.

Ganz anders verhält sich dies bei einer Reihe weiterer Schadstoffe, wie z.B. Kohlenmonoxid oder Schwefeldioxid. Abbildung 6 führt die Quellen der Luftverschmutzung in Deutschland mit den spezifischen Anteilen der einzelnen Sektoren an den Gesamtemissionen auf. Hierbei wird deutlich, daß der Verkehrsbereich bei zwei der sechs aufgeführten Schadstoffe mit Abstand der Hauptverursacher ist. Dies gilt für Stickoxide und Kohlenmonoxid. Doch auch bei den übrigen Schadstoffen ist der Verkehrsbereich stark beteiligt.

---

[85] Vgl. Deutsches Institut für Wirtschaftsforschung - DIW 1996, S. 142f.

Abb. 6: Quellen der Luftverschmutzung in Deutschland nach Sektoren (1996)

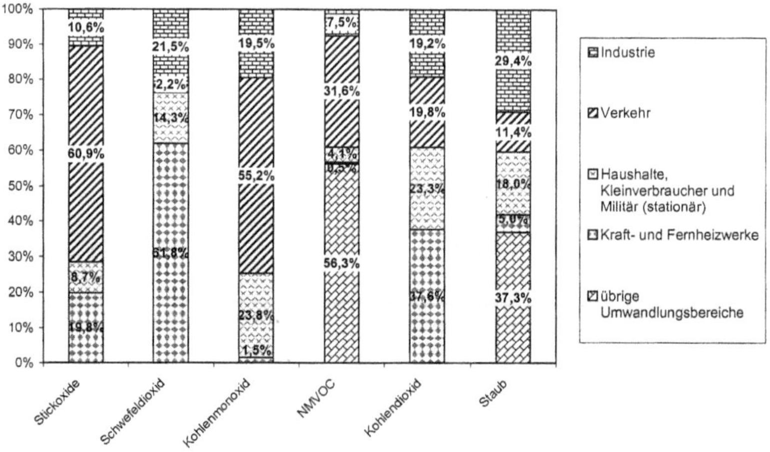

Quelle: Eigene Grafik, nach Angaben aus: Deutsches Institut für Wirtschaftsforschung – DIW 1998, S. 285f.

Betrachtet man nun die geschätzte Entwicklung der Schadstoffemissionen bis zum Jahr 2020, so wird deutlich, daß mit Ausnahme des Kohlendioxids sämtliche Emissionen zum Teil erheblich reduziert werden können. Voraussetzung für diesen Rückgang sind eine laufende Anpassung und Verschärfung der entsprechenden Umweltvorschriften und vor allem technische Erfolge bei der Schadstoffrückhaltung. Ebenso hat der wirtschaftliche Einbruch in den neuen Bundesländern zu Beginn der 90er Jahre, der mit der Stillegung ganzer Industriezweige einherging, große Reduzierungspotentiale eröffnet.[86] Das Problem der CO_2-Emissionen wird, trotz geringfügiger Senkungen, auch in Zukunft bestehen bleiben. Bei den in diesem Kapitel angeführten Prognosen darf nicht vergessen werden, daß die Annahme einer relativ kontinuierlichen Entwicklungstendenz der maßgeblichen Einflußfaktoren mit erheblicher Unsicherheit behaftet ist, so daß die Gesamtsituation im Endeffekt völlig anders aussehen kann als vorhergesagt. Dies ist bei der Länge des Prognosezeitraums auch nicht anders zu erwarten.

Es ist deutlich geworden, daß dem Verkehrssektor sowohl beim Energieverbrauch als auch bei den Schadstoffemissionen eine zentrale Bedeutung zu-

[86] Vgl. Bundesministerium für Wirtschaft 1995b, S. 24.

kommt. Dies gilt nicht nur für die Vergangenheit und die momentane Situation, sondern auch in einem noch größeren Maße für die Zukunft. Differenziert man jedoch innerhalb des Verkehrsbereichs nach den einzelnen Verkehrsarten, so kann man unterschiedlich starke Verbrauchergruppen feststellen. Im folgenden wird zunächst der Straßenverkehr aufgrund seiner herausragenden Stellung einer näheren Analyse unterzogen.

3.1.1. Der Straßenverkehr

Innerhalb des Verkehrsbereichs ist der Straßenverkehr mit deutlichem Abstand der bedeutendste Sektor. Abbildung 7 veranschaulicht den Endenergieverbrauch im Verkehr, differenziert nach den schon erwähnten Oberkategorien.

Abb. 7: Endenergieverbrauch im Verkehr nach Verkehrsarten

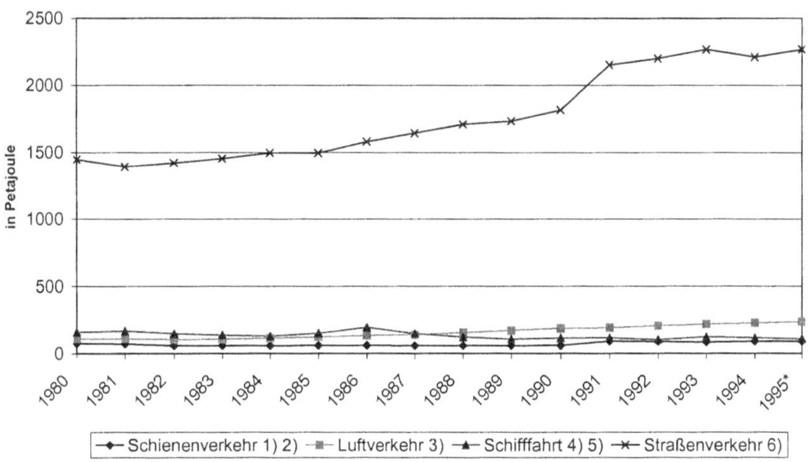

*) vorläufige Werte
1) Ab 1982 werden die stationären Anlagen nicht mehr vollständig dem Verkehrsbereich zugeordnet.
2) Eisenbahn, U-Bahn, Straßenbahn. Seit 1982 Energieverbrauch der Triebfahrzeuge.
3) Inlandsabsatz.
4) Bei Binnenschiffahrt: Einschließlich Hafen- und Küstenschiffahrt.
5) Bei nachrichtl. Bunkerungen seegehender Schiffe: Ab 1986 einschl. Transitware für internationale Bunker (1990=15 Petajoule). Ohne Schmierstoffe (1995: 2,1 Petajoule).
6) Ohne Ackerschlepper in der Landwirtschaft.

Quelle: Eigene Darstellung, nach Angaben aus: Deutsches Institut für Wirtschaftsfor schung - DIW 1998, S. 277.

In den Bereichen Schiffahrt, Luftfahrt und Schienenverkehr ist seit 1980 kein signifikanter Anstieg des Endenergieverbrauchs zu verzeichnen. Ganz anders verhält sich dies beim Straßenverkehr. Der starke Anstieg des Endenergieverbrauchs im Straßenverkehr geht mit einem starken Anstieg der Schadstoffemissionen einher. Wie aus Abbildung 4 ersichtlich, läßt sich der Straßenverkehr in den Güter- und den Personenverkehr unterteilen. Der Personenverkehr wiederum in den öffentlichen Personenverkehr und den Individualverkehr. Da dem Güterverkehr ein wesentlicher Beitrag am Endenergieverbrauch zuzurechnen ist, soll dieser zunächst Gegenstand einer kurzen Analyse sein.

Das Problem der langen Lkw-Kolonnen auf den bundesdeutschen Autobahnen dürfte wohl jeder, der werktags die Autobahnen nutzt, mittlerweile erkannt haben. Nicht zuletzt seit der Wiedervereinigung 1990 und der Öffnung der Märkte in Osteuropa hat sich das Straßengüterverkehrsaufkommen stark erhöht. Die Verkehrsleistung des Güterverkehrs, gemessen in Tonnenkilometern, hat sich im relativ kurzen Zeitraum von 1991 bis 1995 um knapp 20% erhöht.[87] Trotz des starken Anstiegs ist der Lkw-Verkehr nur zu einem geringen Teil an der Gesamtfahrleistung im Straßenverkehr beteiligt. Bei den Schadstoffemissionen ergibt sich allerdings ein anderes Bild. Aufgrund ihrer leistungsstarken Motoren sind Lastkraftwagen überproportional an den von Kfz verursachten Emissionen beteiligt. Im innerstädtischen Verkehr verursachen Lkw bei einem Anteil von nur 10% am Straßenverkehr rund 40% der Stickoxidemissionen und ca. 75% der Rußpartikelemissionen (10.000 Tonnen p.a.).[88]

Da der Güterverkehr, insbesondere der Lkw-Verkehr, nicht Gegenstand dieser Arbeit ist, wird im folgenden das Hauptaugenmerk auf eine detaillierte Untersuchung des Personenverkehrs, insbesondere des Individualverkehrs gelegt.

---

87 Vgl. Deutsches Institut für Wirtschaftsforschung - DIW 1996, S. 235.

88 Vgl. Müller/Schwenke 1992, S. 16. Vgl. hierzu auch Umweltbundesamt 1990, S. 58 und Weyer 1991, S. 130.

3.1.2. Der Individualverkehr

Zur Beurteilung der externen Effekte, die durch den Individualverkehr hervorgerufen werden, ist es notwendig, zunächst den öffentlichen Personenverkehr[89] vom motorisierten Individualverkehr[90] zu trennen. Der in Abbildung 7 veranschaulichte Endenergieverbrauch im Straßenverkehr muß zum großen Teil dem Individualverkehr zugerechnet werden. 1995 wurden von den 2266 Petajoule im Straßenverkehr rund 68% im motorisierten Individualverkehr verbraucht. Der öffentliche Personenverkehr war hingegen nur mit knapp 2% am Verbrauch beteiligt.[91]

Betrachtet man die zurückgelegten Personenkilometer im Personenverkehr, so kann man feststellen, daß 1997 der motorisierte Individualverkehr mit rund 81% an der Gesamtfahrleistung beteiligt war.[92] 1997 wurden in Deutschland im motorisierten Individualverkehr 754,8 Mrd. Personenkilometer zurückgelegt.[93] Dies entspricht etwa der 5000-fachen Entfernung von der Erde zur Sonne.[94] Von 1980 bis 1993 stiegen die zurückgelegten Personenkilometer allein in den alten Bundesländern um 33%. Diese Entwicklung hängt ursächlich mit der Zunahme des Pkw-Bestands zusammen. Die Anzahl der Personen, die über ein eigenes Auto verfügen, ist in den vergangenen 20 Jahren drastisch angestiegen. Die Pkw-Dichte in der Bundesrepublik beträgt 500 Pkw auf 1000 Einwohner. Diese hohe Dichte wird derzeit nur noch von den USA übertroffen. Dort fahren 550 Pkw auf 1000 Einwohner. Es muß bei diesem Vergleich jedoch beachtet werden, daß die Fläche der USA rund 10 mal größer ist als die der „alten" Bundesrepublik Deutschland.[95] Diese 1990 festgestellte Tatsache galt zwar nur für die alten Bundesländer, kann aber, aufgrund des steigenden Motorisierungsgrades in den neuen Ländern, auf die gesamte Bundesrepublik im Jahr 1998 übertragen werden. Rund jeder zweite Bundesbürger besitzt damit einen eigenen Pkw. Berücksichtigt man ferner noch, daß viele ältere Menschen keinen Führerschein haben und die Personen unter 18 Jahren

---

89 Unter dem öffentlichen Personenverkehr sind hier nur Kraftomnibusse zu verstehen.

90 Unter dem motorisierten Individualverkehr sind hier Pkw und Kombi, Krafträder, Mopeds, Mofas, Mokicks zu verstehen.

91 Vgl. Deutsches Institut für Wirtschaftsforschung - DIW 1996, S. 277.

92 Vgl. ebda, S. 213.

93 Vgl. ebda, S. 213.

94 Die durchschnittliche Entfernung von der Erde zur Sonne beträgt 150 Mio. Kilometer bzw. 8,3 Lichtminuten.

95 Vgl. Industriegewerkschaft Metall (Hrsg.) 1990, S. 21.

abgezogen werden müssen, so kann man festhalten, daß der Großteil der Personen über 18 Jahren einen eigenen Pkw besitzt. Abbildung 8 zeigt die Zunahme des Pkw-Bestandes in den vergangenen 20 Jahren.

Abbildung 8: Pkw- und Kombi-Bestand in Deutschland von 1977 bis 1998 (ab 1991 einschließlich der neuen Bundesländer)

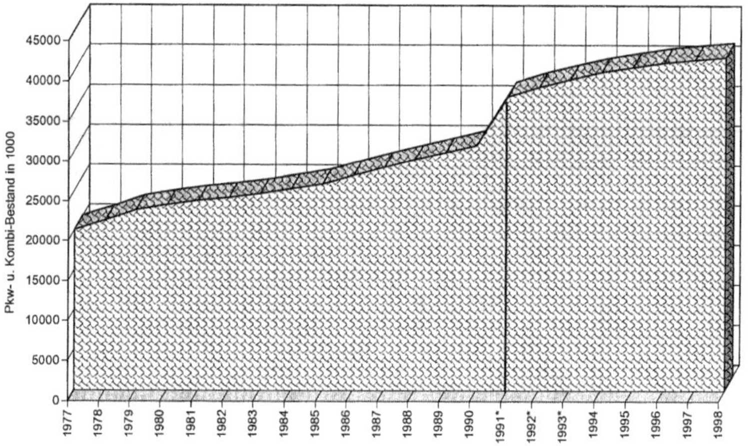

*) Bestand für die neuen Bundesländer 1991-1993 Berechnungen des DIW.

Quelle: Eigene Darstellung, nach Angaben aus: Deutsches Institut für Wirtschaftsforschung - DIW 1998, S. 138f.

Von entscheidender Bedeutung - bei einem derartigen Anstieg des Pkw-Bestandes - sind natürlich auch die Schadstoffemissionen, die durch den Individualverkehr hervorgerufen werden. In einer Untersuchung zur „Entwicklung der Umweltbelastungen durch den Verkehr in der Bundesrepublik Deutschland insgesamt und in typischen Planungsregionen bis 2010" wurde festgestellt, daß die jährlichen Emissionen von Luftschadstoffen durch den Verkehr teilweise deutlich zurückgehen. Bei den Luftschadstoffen CO, HC und NO_x ist und bleibt der Verkehr der größte Emittent. Innerhalb des Verkehrssektors dominiert der Straßenverkehr eindeutig. Außer bei den Stickoxiden ist der motorisierte Personenverkehr der Hauptverursacher von verkehrsbedingten Luftschadstoffen und von CO_2.[96] Eine ausführliche Darstellung der spezifischen Luftschadstoffemissionen des Individualverkehrs erfolgt in Kapitel 4.

---

[96] Vgl. Rommerskirchen/Becker/Eland 1992, S. 65.

Es kann festgehalten werden, daß innerhalb des Verkehrssektors der Straßenverkehr der größte Endenergieverbraucher und Schadstoffproduzent in der Bundesrepublik Deutschland ist. Bei einer weiteren Differenzierung des Straßenverkehrs wurde deutlich, daß dem motorisierten Individualverkehr mit deutlichem Abstand die Spitzenrolle zukommt. Aus diesen Gründen beschränkt sich diese Arbeit im weiteren Verlauf auf den motorisierten Individualverkehr mit seinen spezifischen Problemen.

3.2. Die geschichtliche Entwicklung des Automobils und seine Bedeutung für die moderne Industriegesellschaft

Nachdem in den vorangegangenen Abschnitten der Individualverkehr in Deutschland als der Hauptschadstoffemittent und der größte Energieverbraucher innerhalb des Verkehrsbereichs identifiziert wurde, erscheint es sinnvoll, die geschichtliche Entwicklung des Automobils näher zu analysieren, um so dessen Rolle für die Entstehung der modernen Industriegesellschaft besser beurteilen zu können.

3.2.1. Die Suche nach einer geeigneten Antriebsquelle

Der Wunsch, einen sich aus eigener Kraft fortbewegenden Wagen zu bauen, ist vermutlich schon so alt wie die Erfindung des Rads selbst, dem wesentlichen Bestandteil eines solchen Gefährts. Eine genaue geschichtliche Datierung dieses Ereignisses fällt hingegen schwer. Aus den ältesten sumerischen Darstellungen (um 3000-2800 v. Chr.) glaubt man ableiten zu dürfen, daß Rad und Wagen wohl im Zweistromland im späten 4. Jahrtausend v. Chr. erfunden worden sind.[97] Im Laufe der Zeit entstanden Windkraftwagen, auf Räder gestellte Segelschiffe und Muskelkraftwagen, in denen versteckt oder offen menschliche oder tierische Körperkraft als Antrieb herangezogen wurde. Dem Verbund von Pferd und Wagen waren diese Konstruktionen jedoch keine gleichwertige Alternative.[98] Erst mit der Erfindung der einfach wirkenden Zylinderdampfmaschine durch Thomas Newcomen im Jahre 1712, die erstmals mit atmosphärischer Spannung arbeitete und 1768/69 durch den Schotten James Watt zur direkt wirkenden und 1782 schließlich zur doppelt wirkenden

[97] Vgl. Eckermann 1981, S. 15.
[98] Vgl. ebda, S. 7.

Dampfmaschine weiterentwickelt wurde[99], stand eine Kraftquelle zur Verfügung, die der Pferdestärke an Ausdauer und Leistungsfähigkeit deutlich überlegen war. In der folgenden Zeit versuchten viele Erfinder und Konstrukteure, diese Kraftquelle für die vielfältigsten Anwendungen, darunter auch Straßenfahrzeuge, nutzbar zu machen. An dieser Stelle sei nur auf die bekannteste dieser Erfindungen im Bereich der Straßenfahrzeuge verwiesen. 1769 baute der französische Ingenieuroffizier Nicolas Joseph Cugnot einen Dampfwagen, mit dem er Fahrversuche in Paris machte. Diesen sog. Cugnot-Dampfwagen könnte man als das erste Automobil bezeichnen.[100] Der Cugnot-Dampfwagen sollte vordringlich dem Transport schwerer Geschütze und Lasten dienen und wurde daher vom französischen Kriegsministerium gefördert. Da sich dieses Fahrzeugkonzept aufgrund mangelnder Effizienz als unbrauchbar erwies, wurde die finanzielle Förderung des Projektes vom Kriegsministerium gestrichen.[101]

Auf dem Weg zum konventionellen Automobil mit Verbrennungsmotor sei hier noch auf zwei weitere Fahrzeugkonzepte verwiesen, die bereits atmosphärische Maschinen als Antriebsaggregat verwendet haben, die Fahrzeuge von Issac de Rivaz und Etienne Lenoir.

„In Paris erhielt nach vielem Hin und Her Isaac de Rivaz am 30. Januar 1807 das Patent Nr. 731, das man als das erste Fahrzeugpatent der Welt bezeichnen kann. Es lautete auf »Nutzbarmachung der explosionsartigen Verbrennung entzündlicher Gase als Triebkraft für verschiedene Maschinen an Stelle des Wasserdampfes«."[102] Rivaz verwendete für seine Maschine ein Gemisch aus Wasserstoff und Luft, das er mittels einer Elektrode zur Explosion brachte. Ein hochgeschleuderter und vom Luftdruck wieder nach unten gedrückter Kolben trieb ein von ihm konstruiertes Fahrzeug über einen Sperrklinkenantrieb an.[103] Am 24. Juni 1860 wurde der erste wirklich betriebsfähige Gasmotor des Franzosen Etienne Lenoir patentiert. Lenoirs doppeltwirkender Zweitakt-Gasmotor wurde überwiegend in der industriellen Großproduktion eingesetzt, als Alternative zur bis dahin verwendeten Dampfmaschine. 1863 konstruierte Lenoir einen Gasmotor-Wagen, der aber vermutlich aufgrund der relativ kleinen

---

99 Vgl. Münzinger 1949, S. 4.
100 Vgl. von Frankenberg/Matteucci 1976, S. 10.
101 Vgl. ebda, S. 11.
102 Ebda, S. 14.
103 Vgl. Eckermann 1981, S. 35.

Gaserzeugungsanlage nur eine eher geringe Reichweite hatte. Von entscheidendem Nachteil war der hohe Schmieröl- und Gasverbrauch, der durch fehlende Vorverdichtung hervorgerufen wurde.[104]

Nikolaus August Otto, nach dem der konventionelle Verbrennungsmotor unserer Zeit „Ottomotor" genannt wurde, erkannte bei Experimenten mit dem Lenoir-Gasmotor, die in erster Linie der Verbesserung des Motors dienen sollten, daß eine deutliche Effizienzsteigerung durch einen Verdichtungshub erreichbar wäre. 1862 konstruierte er den ersten vierzylindrigen Viertaktmotor, der jedoch nicht die erhofften Resultate brachte. Fast 15 Jahre später, im Winter 1875/76 griff Otto seine Idee von 1861 wieder auf und baute einen Versuchsmotor im Viertaktverfahren.[105] Nachdem der neue Motor die Testläufe auf dem Prüfstand im Frühjahr 1876 bestanden hatte, wurde er wenig später zum Patent angemeldet. Mit der Nummer DRP 532 wurde der Ottomotor schließlich am 4. August 1877 patentiert.[106] Mit dem Ottoschen Viertaktmotor von 1876 endete die rund zweihundert Jahre währende Suche nach einer geeigneten Antriebsmaschine für Handwerk, Kleingewerbe und 10 Jahre später auch für Fahrzeuge.[107]

Der Vollständigkeit halber müssen noch zwei weitere Motorkonzepte erwähnt werden, die Erfindung des Dieselmotors und viel später die Entwicklung des Kreiskolbenmotors.

Am 28. Februar 1892 meldete Rudolf Diesel das erste grundlegende Patent (Nr. 67207) für seine Maschine an.[108] Im Unterschied zum Ottomotor benötigt man beim Dieselmotor keine elektrische Zündung des Kraftstoff-Luft-Gemisches. Der Verdichtungshub komprimiert die Luft extrem stark, so daß die Lufttemperatur im Kolben auf mehrere Hundert Grad ansteigt. Daraufhin wird eine genau bemessene Kraftstoffmenge mit hohem Druck eingespritzt. Durch die hohe Lufttemperatur verdampft der Kraftstoff, und ein brennbares Kraftstoff-Luft-Gemisch entsteht, das sich aufgrund der hohen Temperatur selbst entzündet. Der Vorteil gegenüber dem Ottomotor besteht in dem geringeren spezifischen Verbrauch, der ruhigeren Verbrennung, dem höheren

[104] Vgl. Eckermann 1981, S. 37.
[105] Vgl. von Franckenberg/Matteucci 1976, S. 17.
[106] Vgl. Sass 1962, S. 51.
[107] Vgl. Eckermann 1981, S. 39.
[108] Vgl. Sass 1962, S. 389ff.

Wirkungsgrad und der längeren Lebensdauer des Motors. Dieselmotoren werden daher überwiegend bei größeren Maschinen im Dauerbetrieb verwendet, wie etwa bei Schiffen, Lastkraftwagen und in der Industrie, da hier nicht so hohe Umdrehungszahlen benötigt werden. Nach deutlicher Verbesserung der Einspritzanlage konnten Dieselmotoren auch in Pkw eingebaut werden.[109]

Als letztes Antriebskonzept soll hier noch der Kreiskolbenmotor von Felix Wankel genannt werden, der rund 70 Jahre nach dem Ottomotor erfunden wurde. 1954 ließ sich Wankel den Drehkolbenmotor patentieren, der dann bis 1958, in Zusammenarbeit mit NSU, zu einem Kreiskolbenmotor weiterentwickelt wurde. Der Wankelmotor konnte sich in den darauf folgenden Jahren in der Automobilproduktion aufgrund verschiedener Probleme nicht durchsetzen.[110] Interessanterweise scheint jedoch der Wankelmotor für die Verbrennung von Wasserstoff besser geeignet zu sein als der konventionelle Hubkolbenmotor und ist daher in der jüngsten Zeit wieder verstärkt ins Gespräch gekommen.

Darüber hinaus gibt es noch verschiedene andere Konzepte, wie etwa Turbinen, die in den 50er Jahren als besonders zukunftsträchtig galten, oder Elektromotoren, die schon zu Beginn des Jahrhunderts eingesetzt wurden und erst wieder in Zusammenhang mit dem Treibhauseffekt neu diskutiert werden.

3.2.2. Die ersten Automobile mit Verbrennungsmotor

Will man die Erfindung des ersten Automobils einer bestimmten Person und einem Datum zuweisen, wird man zunächst mit sehr widersprüchlichen Angaben konfrontiert. Neben den Deutschen erheben auch die Franzosen und die Österreicher den Anspruch, das erste Automobil erfunden zu haben. In der Literatur werden in diesem Zusammenhang überwiegend die Namen Marcus, Söhnlein, Delamare-Deboutteville und Maladin, Daimler und Maybach sowie Benz genannt. Um nicht zu tief in die geschichtliche Forschung einzudringen, soll an dieser Stelle nur sehr verkürzt der derzeitige Erkenntnisstand wiedergegeben werde, der sich mit den oben genannten Namen verbinden läßt.

---

[109] Vgl. von Frankenberg/Matteucci 1976, S. 144f.
[110] Vgl. von Frankenberg/Matteucci 1976, S. 375ff. sowie Eckermann 1981, S. 238.

Siegfried Marcus

Der Prioritätsanspruch Österreichs auf das erste Automobil mit Verbrennungsmotor gründet sich auf eine Veröffentlichung Professor Czischeks, nach der Siegfried Marcus bereits 1864 einen Handwagen mit Verbrennungsmotor konstruiert haben soll. Da dieser Wagen jedoch über keine eigene Lenkung verfügte, mußte er durch eine neben dem Gefährt gehende Person gelenkt werden. Nach Czischeks Angaben baute Marcus im Jahre 1875 einen zweiten „Marcuswagen“, der zur „Marcuslegende“ führte.[111] In seinem 1968 veröffentlichten Buch „Damals als die Pferde scheuten“ konnte Hans Seper anhand historischer Dokumente der Firma Mark, Bromosky und Schulz, die den zweiten Marcuswagen hergestellt hatten, unzweifelhaft nachweisen, daß der zweite Marcuswagen erst im Jahr 1888 zusammengesetzt worden war. Im Archiv des Technischen Museums Prag fand Seper darüber hinaus eine Zusammenstellungszeichnung des Fahrzeugs, die auf den 22. Januar 1889 datiert war. Auch das Baudatum des ersten „Marcus-Handwagens“ mußte auf das Jahr 1870 korrigiert werden. Damit stand fest, daß die Erfindung des ersten funktionsfähigen Automobils nicht aus Österreich stammen konnte.[112]

Julius Söhnlein

1912 meldete Julius Söhnlein den Anspruch an, bereits im Jahr 1873 einen motorisierten dreirädrigen Geisbockwagen zum Laufen gebracht zu haben. Seinen Angaben zufolge konstruierte er dann im Jahr 1877 einen Vierradwagen, der 1936 mit Hilfe Söhnleins für das Deutsche Museum nachgebaut wurde. Da sich weder die genannten Baujahre noch die Existenz der Söhnlein-Wagen überhaupt nachweisen lassen, müssen sie aus geschichtlicher Perspektive als bedeutungslos eingestuft werden. Die relativ vagen Aussagen Julius Söhnleins reichen nicht aus, einen Anspruch auf die Erfindung des ersten Automobils glaubhaft zu begründen.[113]

Edouard Delamare-Deboutteville und Léon Maladin

Das Jahr 1984 wurde in Frankreich unter das Motto: „100 Jahre französisches Automobil“ gestellt. Frankreich würdigte damit die beiden Erfinder Edouard Delamare-Deboutteville und seinen Mitarbeiter Léon Maladin. 1883 entwickelte Delamare-Deboutteville einen Motor, den er vom anfänglichen Leuchtgasbetrieb auf Benzin umstellte. Dieser Motor wurde zwecks Erpro-

---

[111] Vgl. Krebs 1994, S. 329f.

[112] Vgl. Krebs 1994, S. 329f., Seper 1968, S. 289ff. sowie Seper 1974, S. 1ff.

[113] Vgl. Krebs 1994, S. 330f.

bung auf einem Dreirad montiert. Wenig später konstruierten die beiden Erfinder den sogenannten „Break“, für den sie am 12. Februar 1884 die Patentschrift Nr. 160267 erhielten. Dieses Fahrzeug wurde jedoch niemals auf einer öffentlichen Straße erprobt. Es wurde schließlich bei einem Werkstattversuch irreparabel beschädigt und mußte verschrottet werden. Der Wagen von Delamare-Deboutteville und Maladin war zwar das erste patentierte Automobil der Welt, nicht aber der Prototyp eines Automobils, das einen speziellen Industriezweig ins Leben gerufen hätte. Frankreich präsentierte auf seiner 100-Jahr-Feier zwar den funktionsfähigen Nachbau des motorisierten „Breaks“, gefeiert wurde jedoch nur das erste Patent auf ein Automobil, das zweifelsohne aus Frankreich stammt.[114]

Gottlieb Daimler, Wilhelm Maybach und Karl Benz

Es wären falsch gesetzte Prioritäten, wollte man die Erfindung des Automobils einer der drei Personen zuweisen. Fast gleichzeitig, aber unabhängig voneinander, gelang es Daimler und Maybach in Cannstadt und Benz in Mannheim, ein funktionsfähiges Automobil zu konstruieren. Das Lebenswerk Gottlieb Daimlers ist untrennbar mit dem seines Mitarbeiters und Freundes Wilhelm Maybach verbunden. Zusammen entwickelten sie einen leichten schnellaufenden Explosionsmotor, für den Daimler 1883 sein erstes Patent erhielt. Maybach drängte darauf, den Motor in ein Straßenfahrzeug einzubauen und so die Vision eines motorisierten Automobils zu verwirklichen. Zur Erprobung des Motors wurde zunächst ein Motorrad konstruiert, mit dem Daimlers ältester Sohn Paul am 4. November 1885 die Strecke von Cannstadt nach Untertürkheim nonstop zurücklegte. 1885/86 wurde der ständig verbesserte Motor mit Erfolg in einen Schlitten und später in ein Boot eingebaut. Am 4. März 1887 wurde schließlich der Daimler-Motorwagen mit einem 1,1 PS-Motor zum ersten Mal auf einer öffentlichen Straße erprobt. Daimler baute in der folgenden Zeit seinen Motor in den ersten Stahlrohrwagen ein, der anläßlich der Weltausstellung 1889 in Paris vorgeführt wurde.[115]

„Die Sternstunde des Automobils war jene eines abendlichen Herbsttages 1885, als es Karl Benz gelang, sein dreirädriges »Velociped« mit eigener Motorkraft einige hundert Meter fortzubewegen. Dieses erste, durch einen Explosionsmotor angetriebene Fahrzeug, das Benz im Laufe des Jahres 1885 fertig-

---

[114] Vgl. Krebs 1994, S. 331ff.

[115] Vgl. von Fersen 1976, S. 118ff. sowie von Frankenberg/Matteucci 1976, S. 26f.

gestellt hatte, war der Urahn des Automobils.“[116] Am 29. Januar 1886 wurde Benz für seinen Motorwagen das Patent mit der Nummer 37435 über ein »Fahrzeug mit Gasmotorenbetrieb« erteilt.[117] Es handelte sich hierbei zwar nicht um das erste Patent für ein Automobil, wohl aber um den ersten wirklich funktionsfähigen Motorwagen der Welt, der auf einer öffentlichen Straße mit Erfolg gefahren ist. Erwähnenswert erscheint noch die Tatsache, daß die erste längere Überlandfahrt von Karl Benz` Frau Berta unternommen wurde. 1888 fuhr sie mit ihren beiden Söhnen von Mannheim nach Pforzheim, was einer Entfernung von rund 180 Kilometern entsprach.[118]

Der Benz-Motorwagen ist somit der Anfangspunkt einer langen Entwicklung, die zur motorisierten Gesellschaft von heute geführt hat. Im folgenden soll dieser Prozeß näher analysiert werden, wobei das Hauptaugenmerk auf die Entstehung der Automobilindustrie in Deutschland gerichtet sein soll.

3.2.3. Von der ersten Serienproduktion zum Wirtschaftsfaktor

Bei den ersten Automobilen handelte es sich ausschließlich um Einzelstücke, die in kleinen Erfinderwerkstätten Stück für Stück konstruiert und montiert wurden. Es ging auch in erster Linie nicht darum, für die breite Öffentlichkeit ein neues Fortbewegungsmittel zu entwickeln, vielmehr sollte das technisch Machbare ausgelotet werden. Sicher wäre es nicht falsch zu glauben, daß nicht der eine oder andere Erfinder bereits im Vorfeld die kommerzielle Nutzung des Automobils vor Augen gehabt hätte, primäres Anliegen war dies jedoch nicht, es entwickelte sich erst mit der erfolgreichen Erprobung der Automobile.

Der erste Wagen, der in einer Kleinserie produziert wurde, war der »Viktoria« von Benz. Er erschien im Frühjahr 1893 und wurde sechs Jahre unverändert gebaut. Der Preis betrug je nach Ausstattung zwischen 4000 und 6000 Mark, was für die damalige Zeit ein sehr hoher Betrag war. Um den Erwerb eines Automobils etwas günstiger zu gestalten und somit einer breiteren Käuferschicht zugänglich zu machen, wurde 1894 der Benz »Velo« , ein kleiner Zweisitzer, konstruiert, der rund 2000 Mark kosten sollte. Der Benz »Velo«

[116] von Fersen 1976, S. 59.
[117] Vgl. u.a. Kruk/Lingnau 1986, S. 13.
[118] Vgl. von Frankenberg/Matteucci 1976, S. 31.

war mit produzierten 1200 Stück das erste wirkliche Serienauto der Welt. Bei dieser Art von Serienproduktion handelte es sich jedoch nicht um eine moderne Fließbandfertigung, die Automobile wurden alle einzeln gefertigt und montiert.[119]

Nach 1898 setzte in vielen Staaten eine erste Welle der Motorisierung ein. In dieser »Pionierzeit« des Automobils lagen die Produktionsziffern in Frankreich mit deutlichem Abstand vor denen der anderen Länder. Abbildung 9 zeigt die Entwicklung der Produktionszahlen in den wichtigsten Industrieländern bis 1906.

Abb. 9: Produktion von Kraftfahrzeugen 1898-1906

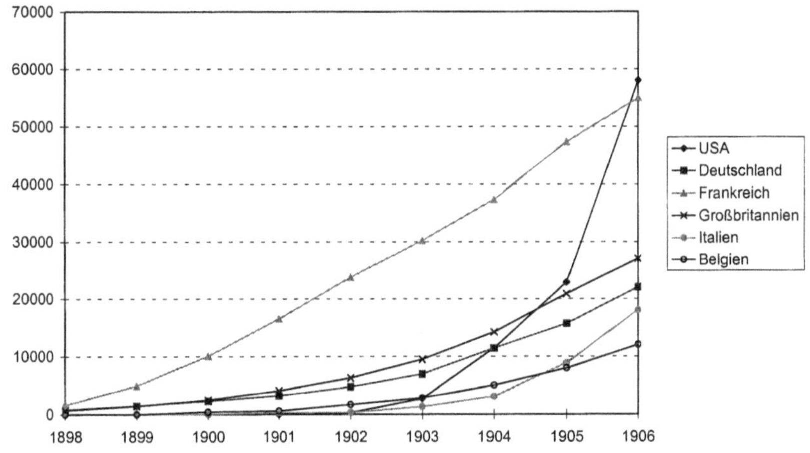

Quelle: eigene Darstellung, nach Angaben aus: von Frankenberg/Matteucci 1976, S. 383.

Ein wesentlicher Grund für die überdurchschnittlich schnelle Motorisierung in Frankreich dürfte die Aufgeschlossenheit der Gesellschaft gegenüber technischen Neuerungen sein. In Deutschland hatte zur gleichen Zeit der Adel seine Stellung gegenüber dem aufstrebenden Bürgertum verteidigt und sah in einer Motorisierung der Gesellschaft eine Gefahr für die durch sie vertretenen traditionellen Wertvorstellungen. Frankreich besaß hingegen noch einen weiteren Vorteil, der die Einführung von Automobilen erleichterte: Aus der napoleonischen Zeit war ein relativ gut ausgebautes Straßennetz vorhanden, das

[119] Vgl. von Frankenberg/Matteucci 1976, S. 24 sowie Kruk/Lingau 1986, S. 21ff.

neben Fahrradrennen auch den Einsatz von Autos ermöglichte. Dem französischen Volk war es ein besonderer Nervenkitzel, Automobilrennen zuzuschauen. Daimler und Benz verkauften daher die meisten ihrer Wagen nach Frankreich. Zugleich erwarben französische Firmen Lizenzen für den Bau von Daimler-Motoren. Im ausgehenden 19. Jahrhundert entwickelte sich sehr schnell eine eigenständige französische Automobilindustrie, die mit den Namen Peugeot, De Dion-Bouton und anderen verbunden werden kann. Die französischen Automobilhersteller konnten durch die in den Autorennen erworbenen technischen Kenntnisse in der Folgezeit nun ihrerseits Lizenzen an deutsche Hersteller verkaufen, denn auch in Deutschland setzte nach französischem Vorbild ein reger Automobilbau ein.[120]

Am bemerkenswertesten ist jedoch die Entwicklung in den USA. Nachdem anfänglich nur sehr vereinzelt Automobile Eingang in die amerikanische Gesellschaft gefunden hatten, setzte 1903/04 ein regelrechter Boom in Produktion und Nachfrage ein. Bereits 1906 übertrafen die Produktionsziffern die französischen Zahlen und machten die USA zum größten Automobilproduzenten der Welt.

Das seiner Zeit am stärksten nachgefragte Automobil war das »Modell T« von Henry Ford, das 1908 vorgestellt wurde. Schon bald danach stand Ford vor dem Problem, einen größeren Tagesausstoß zu produzieren, um die Nachfrage decken zu können. 1913 wurde daher in der Produktion des »Modell T« die Fließbandfertigung eingeführt, was die Komplettierungszeit eines Fahrgestells mit Achsen, Federn und Motoren von 12,5 Stunden auf 2,6 Stunden senkte. Die Rationalisierung nach Taylor sowie die Standardisierung und Normierung von Einzelteilen drückte die Herstellungskosten so stark, daß es auch ärmeren Bevölkerungsschichten möglich wurde, einen Pkw zu kaufen. Das »Modell T« wurde bis 1927 insgesamt 15.007.033 mal gebaut, ein bis 1972 nicht wieder erreichter Produktionsrekord.[121]

Die Zeit von Beginn der 30er Jahre bis 1945 ist durch weltweite politische und wirtschaftliche Krisen gekennzeichnet. Neben der Weltwirtschaftskrise ist es vor allem der Zweite Weltkrieg, der die Automobilproduktion erheblich beeinflußt hat. Abbildung 10 veranschaulicht den Produktionsverlauf von Pkw zwischen 1931 und 1945. Einzig in Deutschland und den USA kann in den

---

[120] Vgl. Eckermann 1981, S. 52ff.

[121] Vgl. von Frankenberg/Matteucci 1976, S. 383ff. sowie Eckermann 1981, S. 66ff.

30er Jahren ein kontinuierlich steigender Verlauf der Produktionszahlen beobachtet werden. Deutlich zeigt sich die US-amerikanische Überlegenheit auf dem Weltmarkt. Bereits Ende der 30er Jahre ist die Automobilproduktion auf einem Niveau, das in Deutschland erst Mitte der 80er Jahre erreicht wird.

Abb. 10: Produktion von Personenkraftwagen 1931-1945

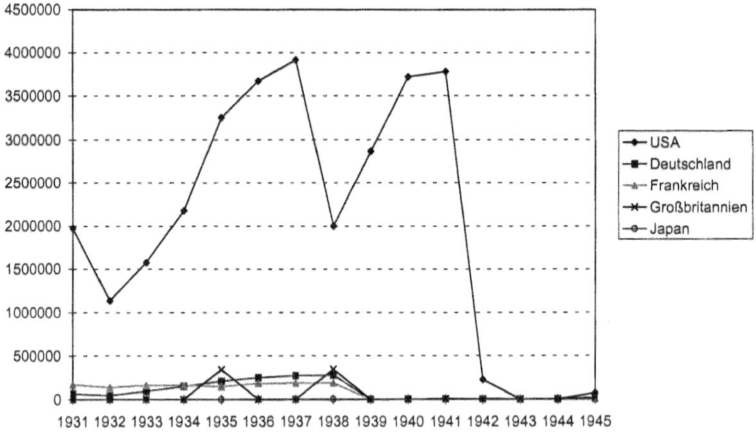

Quelle: eigene Darstellung, nach Angaben aus: United Nations (verschiedene Jahrgänge): Statistical Yearbook, New York.

Der Zweite Weltkrieg führte zu einem fast vollständigen Produktionsstopp von privaten Pkw in Europa. Sämtliche Kapazitäten wurden von 1939 bis 1945 für die Produktion von militärischen Fahrzeugen verwendet. Selbst in den USA wurden ab 1942 kaum noch Pkw für den privaten Markt gebaut.

Nach Beendigung des Krieges erreichten die Produktionszahlen schnell wieder ihre alte Höhe. 1948 wurde in den Vereinigten Staaten bereits wieder das Vorkriegsniveau erreicht. Abbildung 11 zeigt die Entwicklung der Produktionszahlen von 1946 bis zum Ende der 50er Jahre.

Abb. 11: Produktion von Personenkraftwagen 1946-1959

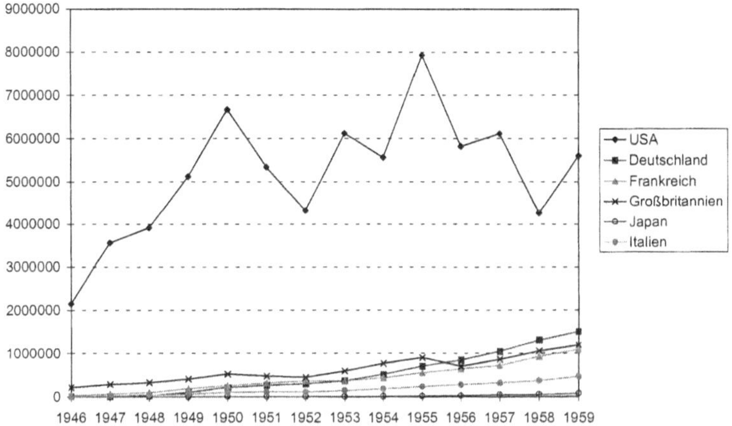

Quelle: eigene Darstellung, nach Angaben aus: United Nations (verschiedene Jahrgänge): Statistical Yearbook, New York.

Nachdem in den 30er Jahren rund 2/3 aller Pkw in den USA produziert worden waren, konnte dieser Anteil in den ersten Nachkriegsjahren noch deutlich gesteigert werden. 1950 wurden ca. 82% aller weltweit gefertigten Pkw in den Vereinigten Staaten hergestellt, ein Wert, der bis heute nicht wieder erreicht wurde.

In Europa mußte die in den Kriegsjahren zum Teil zerstörte Automobilindustrie wieder aufgebaut werden. Das betraf in erster Linie die neu entstandene Bundesrepublik Deutschland, die das Vorkriegsniveau daher auch erst 1952 wieder erreichte. Ab 1953 ist in allen europäischen Ländern ein kontinuierlicher Anstieg der Produktionsziffern zu verzeichnen. Bemerkenswert ist die Tatsache, daß die Bundesrepublik bereits seit 1956 europaweit die meisten Pkw produzierte und diese Spitzenstellung bis heute gehalten hat. Eine Ausnahme bilden lediglich die Jahre 1974 und 1975, in denen Frankreich einige Pkw mehr herstellte. In den 40er und 50er Jahren spielte die japanische Automobilindustrie auf dem Weltmarkt noch keine erwähnenswerte Rolle.

Die 60er bis 90er Jahre sind durch sehr unterschiedliche Entwicklungen in den einzelnen Ländern gekennzeichnet. Abbildung 12 veranschaulicht die Produktionszahlen des genannten Zeitraums.

Abb. 12: Produktion von Personenkraftwagen 1960-1996

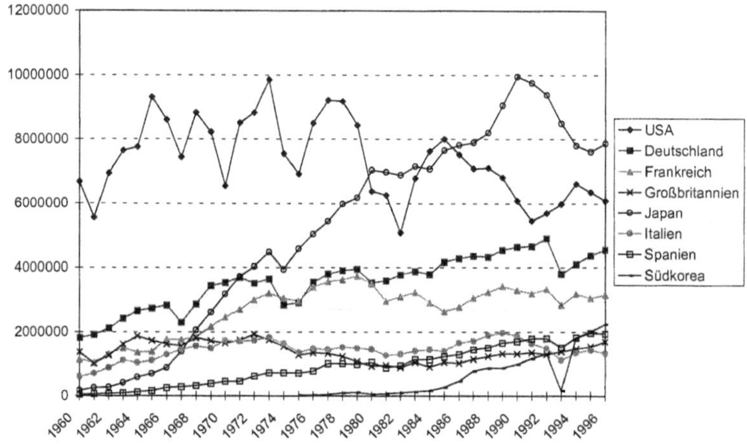

Quelle: eigene Darstellung, nach Angaben aus: United Nations (verschiedene Jahrgänge): Statistical Yearbook, New York.

Mitte der 60er Jahre begann der Aufstieg der japanischen Automobilindustrie. Im Laufe von drei Jahrzehnten sind die Produktionszahlen überdurchschnittlich stark angestiegen und machten Japan von Mitte der 80er Jahre an zum größten Pkw-Produzenten der Welt. Wenngleich die erste Hälfte der 90er Jahre für die japanische PKW-Produktion einen deutlichen Einbruch bedeutete, kann Japan dennoch seine Spitzenstellung gegenüber dem Rest der Welt behaupten. Bei den US-amerikanischen Unternehmen ist dagegen ein tendenzieller Rückgang über den gesamten Zeitraum zu beobachten. Italien und Großbritannien haben das Niveau ihrer Pkw-Produktion in den vergangenen dreißig Jahren stabilisiert, wohingegen Spanien immer stärker in die Produktion von Automobilen einstieg. Bis Anfang der 80er Jahre weitete Frankreich seine Pkw-Fertigung aus, um sie seitdem auf einem Niveau um die 3 Mio. Stück pro Jahr zu halten. In Deutschland setzt man weiterhin verstärkt auf die Automobilindustrie. Abgesehen von leichten konjunkturellen Schwankungen ist ein kontinuierlicher Anstieg zu verzeichnen, wobei zu beachten ist, daß seit 1991 die Produktionszahlen für das wiedervereinigte Deutschland gelten. Der Produktionseinbruch 1993 muß vermutlich auf die starke Anhebung der Mineralölsteuer im Jahr 1992 und den damit verbundenen Nachfragerückgang nach Pkw zurückgeführt werden. Eine interessante Entwicklung zeichnet sich in Südostasien ab. Seit einigen Jahren drängen auch zunehmend asiatische

Automobilhersteller auf den Markt. So hat beispielsweise Südkorea seine Pkw-Produktion von Beginn der 80er Jahre bis 1996 annähernd vervierzigfacht. Zweistellige Wachstumsraten sind aber auch in Indien, Taiwan, China und den ASEAN-Ländern[122] zur Zeit die Regel. Der Anteil dieser Länder an der Weltautomobilproduktion erhöhte sich 1995 auf 11 Prozent. Dabei muß jedoch berücksichtigt werden, daß der größte Produzent in den ASEAN-Ländern nicht einheimische Unternehmen sind, sondern die japanische Automobilindustrie. Japan ist derzeit im Begriff, seine Auslandspräsenz in Indien, Indonesien, Malaysia, auf den Philippinen, in Taiwan und Thailand stärker auszubauen, um die Kostenvorteile dieser Länder, insbesondere die niedrigen Lohnniveaus, zu nutzen.[123]

Im folgenden soll nun versucht werden, die Entwicklung der wirtschaftlichen Bedeutung des Automobilsektors in der Bundesrepublik Deutschland aufzuzeigen. Dabei sollen branchenspezifische Eckdaten im Straßenfahrzeugbau, wie Umsatzentwicklung, Beschäftigtenzahlen, Exportquote, Lohn- und Gehaltssumme etc., im Verhältnis zu gesamtwirtschaftlichen Werten wie Bruttosozialprodukt, Anzahl der Erwerbspersonen, Bruttolohn- und Gehaltssumme betrachtet werden. Auf die individuelle Entwicklung einzelner Unternehmen soll an dieser Stelle allerdings nicht eingegangen werden.[124]

Anzahl der Unternehmen

Betrachtet man die Anzahl der Unternehmen, die im Straßenfahrzeugbau, der Reparatur von Kraftfahrzeugen usw. tätig sind, so ist in den vergangenen 20 Jahren ein deutlicher Konzentrationsprozeß zu erkennen. Abbildung 13 visualisiert diesen Prozeß, der von 1975 bis zum Ende der 80er Jahre kontinuierlich verläuft. Die starke Zunahme der Unternehmen im Jahr 1991 ist auf die Einberechnung der neuen Bundesländer zurückzuführen. Projiziert man die Tendenzen der letzten 20 Jahre auf die Zukunft, so muß vermutlich mit einem weiteren Konzentrationsprozeß gerechnet werden, der sich jedoch vor allem in den neuen Bundesländern abspielen wird.

---

[122] ASEAN (Association of South East Asian Nations) ist eine Wirtschaftsgemeinschaft südostasiatischer Länder. In dieser Gemeinschaft haben sich die Länder Indonesien, Singapur, Malaysia, Thailand, Philippinen, Brunei und Papua-Neuguinea als Beobachter zusammengeschlossen.

[123] Vgl. Verband der Automobilindustrie e.V. - VDA 1996, S. 12.

[124] Eine sehr ausführliche Dokumentation über den Werdegang der einzelnen Automobilkonzerne in Deutschland für die Zeit von 1886 bis 1979 bietet: Seherr-Thoss, H. C. Graf von (1979): Die deutsche Automobilindustrie, Stuttgart.

Abb. 13: Anzahl der Unternehmen, die im Straßenfahrzeugbau, der Reparatur von Kraftfahrzeugen usw. tätig sind (ab 1991 einschl. neue Bundesländer)

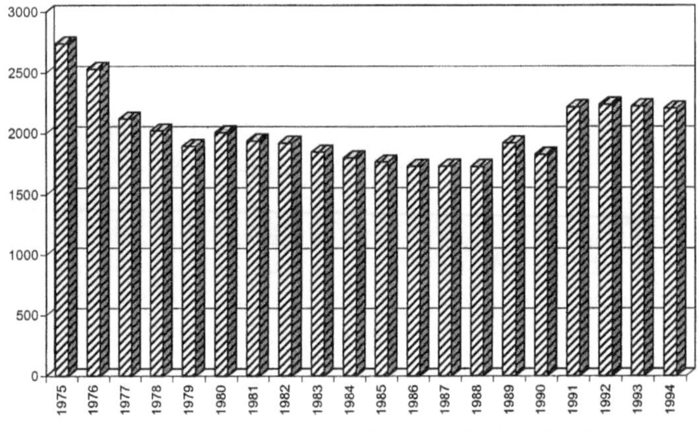

Quelle: Eigene Darstellung, nach Angaben aus: Statistisches Bundesamt (verschiedene Jahrgänge) sowie Statistisches Bundesamt 1992, S. 79f.

Nicht ganz unrealistisch ist die Annahme, daß in den kommenden 20 Jahren die Anzahl der Unternehmen wieder deutlich unter die Grenze von 2000 fallen wird. Diese Vermutung stützt sich auf die zunehmende Komplexität der Automobile, die gerade im Bereich der Reparatur von Kraftfahrzeugen den Einsatz teurer Spezialgeräte voraussetzt. Kleinere Werkstätten sind häufig finanziell nicht in der Lage, diese Geräte anzuschaffen und geschultes Personal zu beschäftigen.

Umsatzentwicklung

Der Umsatz ist neben dem Gewinn, der Produktivität etc. eine der wichtigsten Kennziffern zur Beurteilung des wirtschaftlichen Erfolgs einer Unternehmung, einer Branche oder eines Wirtschaftszweigs. Will man jedoch die Bedeutung eines Wirtschaftszweigs für die gesamte Volkswirtschaft ermessen, so muß der Umsatz im Verhältnis zum Bruttosozialprodukt bewertet werden. Nachdem sich die noch junge Bundesrepublik Deutschland von den Folgen des Zweiten Weltkriegs erholt hatte, stieg auch der Umsatz der Automobilindustrie kontinuierlich. In der Zeit von 1975 bis 1994 wuchs der Umsatz im Straßenfahrzeugbau, der Reparatur von Kraftfahrzeugen usw. von rund 70 Mrd. DM auf den bisherigen Höchstwert im Jahr 1992 von fast 300 Mrd. DM. Im gleichen Zeitraum stieg das Bruttosozialprodukt von gut einer Billion auf fast 3,5 Billionen DM. Abbildung 14 veranschaulicht den Anteil des Straßenfahrzeugbaus, der Reparatur von Kraftfahrzeugen usw. am Bruttosozialprodukt. Inwieweit das Bruttosozialprodukt geeignet ist, den wirtschaftlichen Erfolg einer Volkswirtschaft zu bewerten, soll an dieser Stelle nicht diskutiert werden. Doch es sind gerade die nicht mit eingerechneten externen Effekte, die im nächsten Kapitel näher untersucht werden, die die Aussagefähigkeit des Indikators Bruttosozialprodukt zur Messung des Wohlstands eines Landes erheblich in Frage stellen. Schon seit langem wird durch die Einbeziehung ökologischer Aspekte versucht, die Bruttosozialproduktsdefinition zu erweitern bzw. einen neuen Indikator zur Wohlstandsmessung zu finden.[125]

Abb. 14: Entwicklung des Umsatzes im Bereich Straßenfahrzeugbau, Reparatur von Kraftfahrzeugen usw. im Verhältnis zum Bruttosozialprodukt in den jeweiligen Preisen (ab 1991 einschl. neue Bundesländer)

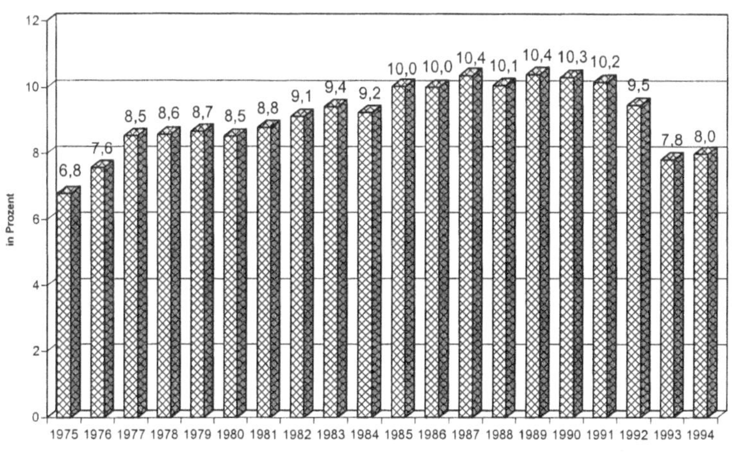

Quelle: Eigene Darstellung, nach Angaben aus: Statistisches Bundesamt (verschiedene Jahrgänge).

---

[125] Vgl. hierzu u. a. die Arbeiten von Ahmad et al. (1990) und Pearce (1994). Im deutschsprachigen Raum sind vor allem die Arbeiten von Leipert (1989 u. 1997) und Stahmer (1995) erwähnenswert. Einen kurzen, aber informativen Überblick zur Berechnung des Sozialprodukts unter Einbeziehung von Umweltfaktoren und eine erweiterte volkswirtschaftliche Gesamtrechnung bietet Cansier 1993, S. 309ff.

Von 1975 bis 1989 stieg der Anteil des Straßenfahrzeugbaus, der Reparatur von Kraftfahrzeugen usw. am Bruttosozialprodukt von 6,8 auf 10,4 %. Die zunehmende Motorisierung, insbesondere der Trend zum Zweit- bzw. Drittwagen, der Export von Kraftfahrzeugen sowie das ständige Wachstum beim Güterverkehr sorgten in den vergangenen zwanzig Jahren für einen regelrechten Boom in der Automobilindustrie. Mit der Wiedervereinigung und der Rezession zu Beginn der 90er Jahre ließ die Nachfrage nach Kraftfahrzeugen deutlich nach. Steuererhöhungen und Arbeitslosigkeit sorgten in Deutschland 1995 für eine konjunkturelle Flaute in der Automobilindustrie.[126] Der Anteil am Bruttosozialprodukt sank dementsprechend auf rund 8%. Ungeachtet dessen ist die Automobilindustrie auch weiterhin eine der größten Industriebranchen in Deutschland, ein Faktum, das vor rund 100 Jahren niemand auch nur im entferntesten geahnt hatte. Kurioserweise wurde 1890 Karl Benz von seinen damaligen Partnern Rose und Eßlinger verlassen, da diese der Produktion von Motorwagen keine Entwicklungschancen prognostizierten. Beim Abschied soll Rose Benz sogar noch nachdrücklich mit den Worten gewarnt haben: »Lassen sie die Finger vom Motorwagen«.[127]

Beschäftigtenzahl

Die Zahl derer, die im Straßenfahrzeugbau, der Reparatur von Kraftfahrzeugen usw. beschäftigt sind, ist von 1950 bis zum Beginn der 90er Jahre kontinuierlich gestiegen. 1990 waren in diesem Sektor insgesamt 892.152 Menschen beschäftigt. Die Einbeziehung der neuen Bundesländer im Jahr 1991 erhöhte diese Zahl um rund 80.000 auf den bisherigen Höchststand von 971.057 Beschäftigten. In der Zeit von 1975 bis 1988 hatte der Bereich Straßenfahrzeugbau, Reparatur von Kraftfahrzeugen usw. einen durchschnittlichen Anteil von 2,8 % an der Gesamtzahl der Erwerbspersonen in Deutschland. Dieser Prozentsatz konnte ab 1989 nicht mehr erreicht werden. Zwar stieg die absolute Zahl noch bis 1991 weiter, doch verlor dieser Wirtschaftssektor auf dem nationalen Arbeitsmarkt zunehmend an Bedeutung. 1994 waren nur noch rund 2,0 % aller Erwerbspersonen im Bereich Straßenfahrzeugbau, Reparatur von Kraftfahrzeugen usw. beschäftigt. Abbildung 15 veranschaulicht die Entwicklung von 1975 bis 1994.

---

126 Vgl. Verband der Automobilindustrie e.V. - VDA 1996, S.189.

127 Vgl. Kruk/Lingau 1986, S. 21.

Abb. 15: Entwicklung der Beschäftigtenzahlen im Bereich Straßenfahrzeugbau, Reparatur von Kraftfahrzeugen usw. im Verhältnis zur Gesamtzahl der Erwerbspersonen (ab 1991 einschl. neue Bundesländer)

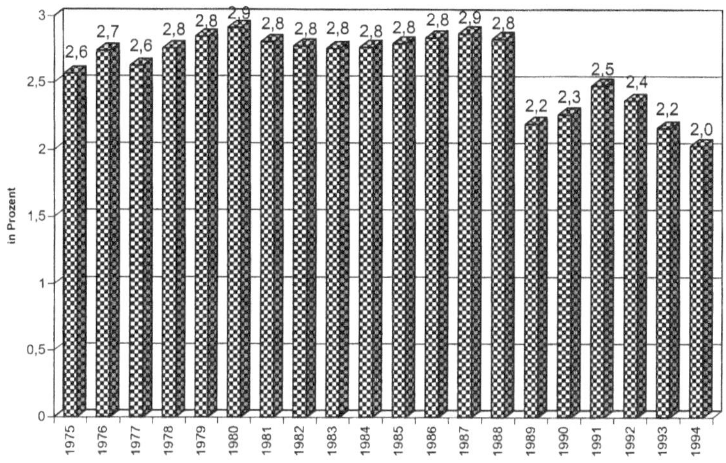

Quelle: Eigene Darstellung, nach Angaben aus: Statistisches Bundesamt (verschiedene Jahrgänge) sowie Institut der deutschen Wirtschaft (1996).

Der Verband der Automobilindustrie e.V. (VDA) stellt eine etwas andere Rechnung auf, die sich auf sämtliche Arbeitsplätze erstreckt, die mittelbar und unmittelbar vom Automobil abhängig sind. Nach dieser Rechnung waren 1995 insgesamt 661.000 Arbeitnehmer in der Automobilindustrie beschäftigt. 820.000 Menschen gehörten dem Bereich Vormaterialien und Dienstleistungen an. Zusammengenommen waren 1995 mehr als 1.480.000 Personen in der Automobilproduktion tätig. Begründet wird diese Differenzierung mit der geringen Fertigungstiefe in der Automobilindustrie und dem daraus resultierenden hohen und differenzierten Vorleistungsbedarf.[128] Darüber hinaus schätzt der VDA, daß die sekundäre Beschäftigungswirkung, die vom Automobil ausgeht, noch weitere 3,5 Mio. Arbeitsplätze umfaßt.[129] Rund um das Automobil waren nach VDA-Angaben 1995 ca. 5 Mio. Menschen beschäftigt,

---

[128] Zu den Branchen, die mittelbar an der Automobilproduktion partizipieren, zählen in erster Linie die chemische Industrie, die Elektroindustrie, der Maschinenbau, die Stahlindustrie sowie die Ziehereien und die Kaltwalzwerke.

[129] Zu diesem Sekundärbereich zählen der Handel mit Kraftfahrzeugen, das Versicherungswesen, das Tankstellennetz, die Arbeitsplätze im Personen- oder Güterverkehr etc. Inwieweit hier eine genaue Zurechnung erfolgen kann, sei dahingestellt.

was letztendlich bedeutet, daß etwa jeder 7. Arbeitsplatz in Deutschland vom Automobil abhängt.[130]

Lohn- und Gehaltssumme

Die Lohn- und Gehaltssumme im Straßenfahrzeugbau, der Reparatur von Kraftfahrzeugen usw. entwickelte sich annähernd parallel zu den Beschäftigtenzahlen in diesem Bereich. Der bisherige Höchstwert mit ca. 59 Mrd. DM wurde 1990 erreicht. Die mit Beginn der 90er Jahre einsetzende Rezession hinterließ auch hier ihre Spuren. Massenentlassungen und Nullrunden in der Tarifpolitik sorgten dafür, daß die Lohn- und Gehaltssumme in den folgenden Jahren deutlich hinter diesem Wert zurückblieben. Um weitere Entlassungen zu verhindern, führte beispielsweise die Volkswagen AG die 28-Stunden-Woche ohne vollen Lohnausgleich ein. Abbildung 16 zeigt die Lohn- und Gehaltssumme im Verhältnis zur Bruttolohn- und Gehaltssumme der Bundesrepublik Deutschland. Auch hier zeigt sich deutlich, daß der Bereich Straßenfahrzeugbau, Reparatur von Kraftfahrzeugen usw. bis 1990 an Bedeutung gewonnen hat. Bis zu 4,7 % der Bruttolohn- und Gehaltssumme konnten diesem Sektor zugeordnet werden. Im Jahr 1994 waren es dagegen nur noch 3,5 %. Weitere Rationalisierungs- und Automatisierungsmaßnahmen substituierten zudem den Faktor Mensch im Produktionsprozeß. Darüber hinaus verlagerten einige Konzerne Teile ihrer Produktion ins Ausland. Das trifft vor allem auf die Zulieferbetriebe zu, die aufgrund des hohen Kostendrucks und der starken internationalen Konkurrenz so billig wie möglich produzieren müssen. Neue Werke wurden daher fast ausschließlich in den Billiglohnländern des ehemaligen Ostblocks oder in Südostasien errichtet. Alle diese Maßnahmen trugen dazu bei, daß die Lohn- und Gehaltssumme der Automobilindustrie in Deutschland im Verhältnis zur Bruttolohn- und Gehaltssumme deutlich gesunken ist.

---

[130] Vgl. Verband der Automobilindustrie e. V. - VDA 1996, S. 187ff.

Abb. 16: Entwicklung der Lohn- und Gehaltssumme im Bereich Straßenfahrzeugbau, Reparatur von Kraftfahrzeugen usw. im Verhältnis zur Bruttolohn- und Gehaltssumme (ab 1991 einschl. neue Bundesländer)

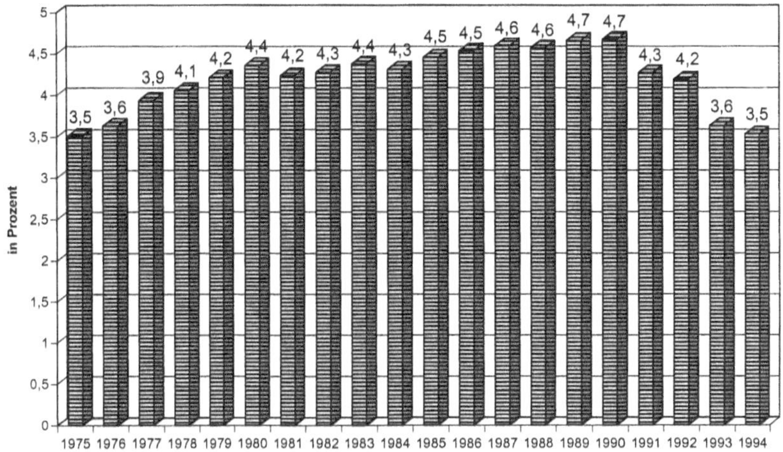

Quelle: Eigene Darstellung, nach Angaben aus: Statistisches Bundesamt (verschiedene Jahrgänge).

Exportquote

Als letzte der branchenspezifischen Eckdaten soll hier die Exportquote untersucht werden. 1995 wurden über 56 % aller fabrikneuen Kraftwagen und Straßenzugmaschinen ins Ausland ausgeführt. Bei Personen- und Kombinationskraftwagen betrug diese Quote 56,5 %. Analysiert man die Exportquoten der vergangenen 20 Jahre, so kann man feststellen, daß, abgesehen von wenigen Ausnahmen, über die Hälfte der jährlichen Produktion ins Ausland exportiert wurde.[131] Dies verhielt sich nicht nur bei Personen- und Kombinationskraftwagen so, sondern auch bei Nutzfahrzeugen. Die wichtigsten Abnehmerländer in Westeuropa sind Großbritannien, Frankreich und die Benelux-Staaten. Außerhalb Europas sind die USA und Japan die wichtigsten Handelspartner. Der Export ist für die Automobilindustrie somit wichtiger als der Inlandsabsatz ihrer Produkte.[132]

[131] Vgl. Bundesministerium für Wirtschaft 1996, S. 53.

[132] Vgl. Verband der Automobilindustrie e. V. - VDA 1996, S. 190.

Die Analyse dieser branchenspezifischen Eckdaten macht deutlich, daß die Automobilindustrie in Deutschland ein entscheidender Wirtschaftsfaktor ist. Aus Gründen der gesamtwirtschaftlichen Stabilität müssen Veränderungen der Rahmenbedingungen, wie etwa eine Erhöhung der Mineralölsteuer, langsam und moderat durchgeführt werden. Die Erhaltung von Arbeitsplätzen darf auch bei ökologisch motivierten Maßnahmen nicht außer acht gelassen werden. Angesichts der Massenarbeitslosigkeit finden Maßnahmen, die Arbeitsplätze in irgendeiner Form gefährden könnten, in der Gesellschaft keinen ausreichenden Konsens.

3.2.4. Die Kleinstwagenwellen und Krisen der Automobilindustrie in Deutschland

Nachdem die immense wirtschaftliche Bedeutung der Automobilindustrie für die Volkswirtschaft der Bundesrepublik Deutschland im vorangegangenen Kapitel herausgestrichen wurde, muß an dieser Stelle auf die Krisen und die daraus resultierenden technischen Innovationsschübe eingegangen werden. Unter der Bezeichnung Krisen sollen hier sowohl gesamtwirtschaftliche Zusammenbrüche als auch die Veränderung einzelner Einflußfaktoren zusammengefaßt werden. Im einzelnen geht es dabei um die Zeit nach Kriegen, Zeiten der wirtschaftlichen Depression sowie Zeiten, in denen die Verbraucher durch Verteuerungen einzelner Komponenten der individuellen Mobilität, wie z.B. Mineralölsteuererhöhungen, zum Verzicht bewegt werden. Die folgenden sechs Zeiträume gilt es näher zu analysieren:

- Die Jahre nach dem Ersten Weltkrieg (erste Kleinstwagenwelle),
- die Weltwirtschaftskrise - Die Jahre von 1932-1934 (zweite Kleinstwagenwelle),
- der VW-Käfer - Eine deutsche Besonderheit,
- die Jahre nach dem Zweiten Weltkrieg (dritte Kleinstwagenwelle),
- die Ölkrisen von 1973 und 1978-80,
- die Mineralölsteuererhöhungen von 1991 und 1994.

Die zu untersuchenden Krisen lassen sich generell in zwei Gruppen unterteilen. Die drei genannten Kleinstwagenwellen sind infolge gesamtwirtschaftlicher Zusammenbrüche entstanden, wohingegen die Ölkrisen und Mineralölsteuererhöhungen nur bestimmte Teilbereiche der Wirtschaft betrafen und zudem in erster Linie, zumindest kurzfristig, auf den Betrieb und weniger auf die Produktion von Automobilen Einfluß genommen haben.

Die Jahre nach dem Ersten Weltkrieg (erste Kleinstwagenwelle)

Die wirtschaftlichen Folgen des Ersten Weltkriegs waren nicht nur in Deutschland, sondern auch in den übrigen Ländern, die in den Krieg verwickelt waren, deutlich zu spüren. Aus dieser „Not" heraus wurde 1918 die Weimarer Republik gegründet. „Die erste deutsche Demokratie wurde nicht erkämpft von einer starken, in breiten Bevölkerungsschichten verwurzelten republikanischen Bewegung, die langfristig und planvoll eine demokratische Umgestaltung des monarchischen Obrigkeitsstaates anstrebte und schließlich in einer großen Kraftanstrengung durchsetzte; sie wurde vielmehr improvisiert als eine Notlösung, um die Folgen des verlorenen Weltkrieges für das deutsche Volk einigermaßen erträglich zu gestalten."[133] Neben den territorialen Regelungen, in deren Konsequenz das Deutsche Reich ca. 15% der landwirtschaftlichen Produktion, rund 20% des Bergbaus und der eisenerzeugenden Industrie sowie 6-7% der verarbeitenden Industrie verlor, wurde im Friedensvertrag die Leistung von Reparationszahlungen vereinbart.[134] Diese Reparationszahlungen waren für den industriellen Wiederaufbau Deutschlands eine außerordentlich starke Belastung. Nach zähen Verhandlungen wurde schließlich im April 1921 die endgültige Höhe der Zahlungen von der eigens dafür eingesetzten Reparationskommission festgelegt. Danach sollte Deutschland insgesamt 132 Milliarden Goldmark oder ca. 33 Milliarden Dollar an seine Gläubiger zahlen. Ein Betrag, der von den meisten namhaften US-Fachleuten, darunter auch John Maynard Keynes, als zu hoch erachtet wurde. Die hohen Zahlungsverpflichtungen führten schließlich zu einer beschleunigten Inflation, die 1923 in eine Währungsreform mündete. Neues gesetzliches Zahlungsmittel in Deutschland war fortan die Rentenmark.[135]

Der Krieg führte zu einer Verarmung breiter Bevölkerungsschichten in großen Teilen Europas. Besonders Mittel- und Osteuropa waren von den Kriegsauswirkungen am stärksten betroffen. Hier galt es in erster Linie Hungersnöte und Epidemien zu bekämpfen. In diesem Klima der wirtschaftlichen Depression gab es nur wenig Spielraum für den privaten Konsum von sogenannten Luxusgütern, zu denen in dieser Zeit auch die Automobile gezählt werden

---

133 Kolb 1988, S. 1.
134 Vgl. ebda, S. 30.
135 Vgl. Aldcroft 1978, S. 100ff.

mußten. Die individuelle Mobilität war jedoch schon in den 20er Jahren ein wichtiger Faktor im täglichen Leben. Aus finanziellen Gründen blieb dem Privatmann nichts anderes übrig als sich auf ein Motorrad zu setzen, da dieses Fortbewegungsmittel sowohl in der Unterhaltung als auch bei den Anschaffungskosten erschwinglich war.

Doch schnell wuchsen die Ansprüche an die Mobilität, und die sogenannten „Cycle-Cars" wurden entwickelt. Sie vereinigten die wirtschaftlichen Vorteile eines Motorrades mit dem Komfort eines Automobils. Diesen Konstruktionen lag die Idee zugrunde, ein relativ komfortables und zugleich wirtschaftliches Fortbewegungsmittel für breite Bevölkerungskreise zu schaffen. Wirtschaftlichkeit bedeutete dabei nicht nur geringe Anschaffungskosten, sondern auch niedrige Kosten in der Unterhaltung. Der Kraftstoffverbrauch einiger der damals konstruierten Gefährte betrug bei sparsamer Fahrweise nur zwischen drei und fünf Litern, und das bei einer Spitzengeschwindigkeit von rund 80 km/h. Auf eine genaue Untersuchung der einzelnen Marken und Typen soll an dieser Stelle verzichtet werden. Es sei nur kurz erwähnt, daß es allein in der Region Berlin über zweihundert Werkstätten gab, die in den 20er Jahren die sogenannten „Cycle-Cars" produzierten.[136] Sicherlich sind die damaligen Kleinstwagen weit von den heutigen Kleinwagen entfernt, und die leicht spöttische Bezeichnung der Cycle-Cars als Seifenkisten ist nicht ganz zu unrecht gewählt, doch sollte man berücksichtigen, daß zwischen damals und heute rund 70 Jahre technischer Entwicklungsgeschichte liegen. Dennoch sind Kraftstoffverbräuche von unter fünf Litern heute eher eine Seltenheit und auch bei äußerst sparsamer Fahrweise mit den derzeitigen Kleinwagen nur schwer zu realisieren.

Die Weltwirtschaftskrise - Die Jahre von 1932-1934 (zweite Kleinstwagenwelle)

Mitte der 20er Jahre waren die wirtschaftlichen Folgen des Ersten Weltkriegs in Deutschland fast vollständig überwunden. Ab 1925 boomte die Wirtschaft in bis dahin nie dagewesener Weise. Rückblickend auf diesen Zeitabschnitt wird sogar von den „goldenen 20er Jahren" gesprochen. Auch die Automobile wurden wieder größer und komfortabler, was sich natürlich negativ auf den Benzinverbrauch auswirkte. Als sichtbares Zeichen des neu gewonnenen Wohlstandes avancierte das Automobil zum Statussymbol.

---

[136] Vgl. Moll 1997, S. 47f.

Doch die „goldenen 20er Jahre“ dauerten nicht sehr lange. Bereits Ende der 20er Jahre setzte eine weltweite wirtschaftliche Rezession ein, deren Auswirkungen besonders stark in Deutschland zu spüren waren. Die letztendlichen Ursachen und Gründe, die zu dieser wirtschaftlichen Talfahrt geführt haben, sind unter den Experten umstritten. Da hier nur die Auswirkungen auf die Automobilentwicklung untersucht werden sollen, wird auf einen Einstieg in die Ursachenanalyse verzichtet.[137]

Die zunehmende Arbeitslosigkeit in Deutschland, die 1933 mit über 6 Millionen Erwerbslosen ihre Spitze erreichte, führte zu einer Verarmung weiter Bevölkerungskreise. Auch diejenigen, die noch einen Arbeitsplatz besaßen, mußten jederzeit mit ihrer Entlassung rechnen. Unter diesen ökonomischen Bedingungen versuchten die Menschen ihre Finanzen so gut es ging einzuteilen und eine gewisse Rücklage für eine mögliche Arbeitslosigkeit zu bilden. Es wurde nur das Allernotwendigste angeschafft, und ein Automobil gehörte nur in den seltensten Fällen dazu. Ebenso wie nach dem Ersten Weltkrieg waren die wirtschaftlichen Rahmenbedingungen sehr schlecht. Demzufolge mußten auch die privaten Automobile wieder verbrauchsgünstig und billig in der Anschaffung sein, damit sich der Normalverbraucher überhaupt einen Pkw leisten konnte.

Der Motorenbau war im Laufe der 20er Jahre weiter fortgeschritten, und man war mittlerweile in der Lage, aus einem relativ kleinen Hubraum eine einigermaßen brauchbare PS-Zahl zu erzielen. Zudem bürgerte sich der Zweitaktmotor ein, der für viele der Kleinstwagenkonstruktionen eine ideale Lösung war. Neben dem relativ geringen Kraftstoffverbrauch und den niedrigen Anschaffungskosten hatten die Kleinstwagen in Deutschland den Vorteil, von der Steuer befreit zu sein. Interessanterweise gab es Kleinstwagen überwiegend in Deutschland und weniger in den übrigen Industrieländern. Der durchschnittliche Deutsche setzte sich aus Prestigegründen lieber in einen relativ unzuverlässigen Kleinstwagen als auf ein Motorrad.[138]

Als der Aufschwung nach der Weltwirtschaftskrise wieder einsetzte, verschwanden die Kleinstwagenkonstruktionen sehr schnell von den Straßen. Der

---

[137] Eine detaillierte Analyse der politischen und wirtschaftlichen Ereignisse sowie der gesellschaftlichen Rahmenbedingungen, die zur Weltwirtschaftskrise geführt haben, bieten unter anderen James (1988) und Kindleberger (1979).

[138] Vgl. von Frankenberg/Matteucci 1976, S. 355.

Wunsch nach einem „richtigen“ Automobil wurde noch dadurch unterstützt, daß fortan auch größere Fahrzeuge von der Kraftfahrzeugsteuer befreit waren.[139]

Der VW-Käfer - Eine deutsche Besonderheit
1933 wurde in Deutschland vom NS-Regime eine neue Ära der Motorisierung eingeleitet. „23. September 1933: Südlich von Frankfurt tritt Adolf Hitler mit seinen blankgewichsten Schaftstiefeln an einen Erdhaufen und beginnt wie besessen zu schaufeln. Der erste Spatenstich zu diesem bislang größten Bauvorhaben Deutschlands war meisterlich inszeniert. [...] Über alle Volksempfänger wurde Hitlers Ausruf: «Fangt an! Deutsche Arbeiter ans Werk!» übertragen.“[140] Dieser symbolische Auftakt, der die Umsetzung des Reichsautobahngesetzes vom 23. Juni 1933 einleitete, war eine mit Bedacht gewählte Propagandaveranstaltung, denn schließlich sollten in den folgenden Jahren noch rund 3800 Autobahnkilometer - das leistungsfähigste Schnellstraßensystem außerhalb Amerikas - nach überwiegend strategischen Gesichtspunkten gebaut werden.[141] Um die schlecht bezahlten Arbeitskräfte zu motivieren, glorifizierten die Nationalsozialisten den Autobahnbau und erhoben ihn gar zu einem Kunstwerk. „Nicht Straßen also sollten entstehen, sondern Kunstwerke. So wie einst Tempel entstanden und keine Hütten, Dome und keine Bethäuser, Pyramiden und keine Grabsteine. So will es der Führer. Zum ersten Mal in der Geschichte der Menschheit erhebt er die Straße aus den Bereichen des naturhaften Pfades und des künstlichen Wegebaus in die edleren Sphären der Kunst.“[142] Bei all dieser Verherrlichung sollte nicht vergessen werden, daß die Pläne zum Autobahnbau keineswegs von den Nazis stammten, sondern bereits in den 20er Jahren entwickelt worden waren. Als erste Versuchsstrecke wurde 1923 die Berliner Avus eingeweiht. Die Weimarer Regierung setzte in dieser Zeit jedoch die Schwerpunkte auf eine Erweiterung des Eisenbahnnetzes und den Ausbau der vorhandenen Straßen.[143]

Anfänglich wurde der nationalsozialistische Größenwahn allerdings von einer simplen Tatsache gebremst. Die damals in großer Anzahl vorhandenen Kleinstwagen waren für längere Autobahnfahrten völlig untauglich. Es mußte

---

139 Vgl. von Frankenberg/Matteucci 1976, S. 355f.
140 Sachs 1984, S. 64.
141 Vgl. Glaser 1986, S. 38.
142 Bade 1938, S. 316f.
143 Vgl. Sachs 1984, S. 66.

also zunächst ein Automobil entwickelt werden, daß sowohl sparsam und preiswert in der Anschaffung war als auch die technischen Voraussetzungen mitbrachte, um längere Autobahnfahrten durchzustehen. Denn das gesetzte Ziel war die Motorisierung breiter Massen und nicht die Förderung der Mobilität einiger weniger. Im Auftrag der Nationalsozialisten wurde Mitte der 30er Jahre schließlich der KdF-Käfer[144] konstruiert.

Die nennenswertesten Eigenschaften dieses Automobils waren folgende:

- Relativ geringer Anschaffungspreis,
- durchschnittlicher Verbrauch auf 100 Kilometer ca. 6 bis 7 Liter bei 24,5 PS,
- Platzangebot für 4 bis 5 Personen zuzüglich Gepäck,
- relativ hoher Fahrkomfort im Vergleich zu anderen Kleinwagen der damaligen Zeit,
- verhältnismäßig hohe Zuverlässigkeit im Betrieb.[145]

Im Laufe der Jahre wurde an der Karosserieform des Käfers nur sehr wenig verändert. Selbst der in den 80er Jahren gebaute Mexiko-Käfer unterschied sich nur unwesentlich vom ersten KdF-Wagen der VW 38-Serie. Dagegen wurde der ursprüngliche Motor wiederholt durch neuere Konstruktionen ersetzt. Nach dem Zweiten Weltkrieg, während der sogenannten Wirtschaftswunderzeit, wurden leistungsstärkere Motoren für den VW-Käfer entwickelt. Aufgrund dieser stärkeren Motorisierung konnte sich der VW-Käfer beim deutschen Autofahrer auch weiterhin großer Beliebtheit erfreuen. 1972 überrundete der Volkswagen-Käfer mit 15.007.034 gebauten Exemplaren das Modell T von Ford als bisherigen Stückzahlenweltmeister.[146] Seit Anfang der 80er Jahre wird der Käfer nicht mehr in Deutschland produziert. Die weitere Fertigung wurde von einer Tochterfirma des Volkswagenkonzerns in Mexiko übernommen. Im Herbst 1985 wurde in Deutschland schließlich das Ende der Käfer-Produktion gefeiert, wobei jedoch nur der Exportstopp aus Mexiko gemeint war. Die Produktion in Mexiko lief indes weiter. In der rund 60-jährigen Produktionsgeschichte des VW-Käfers veränderte sich der Benzinverbrauch eher negativ. Während das erste Modell noch mit gut 7 Litern auf 100

---

[144] KdF steht für: Kraft durch Freude. Ein von den Nationalsozialisten benutzter Propagandaslogan und zugleich eine Parteiorganisation, um die Arbeitskräfte trotz geringen Verdienstes zu motivieren.

[145] Vgl. Moll 1997, S. 48.

[146] Vgl. Eckermann 1981, S. 166.

Kilometern auskam, verbrauchte das wesentlich später gebaute Modell 1303 schon über 11 Liter. Tabelle 4 gibt eine detaillierte Übersicht zu Leistung und Verbrauch der unterschiedlichen Modellvarianten.

Tab. 4: Leistung und Verbrauch der VW-Käfer-Modelle von 1937 bis 1978

Jahr	Modell	PS	km/h	0-100 km (sec)	Liter/100 km (DIN)
1937	VW 38	22	105	-----	7,25
1946	VW Standard	25	105	50	ca. 7,2
1948	VW Standard	30	112	38	ca. 7,3
1961	VW Export	34	115	33	8,5
1965	VW 1300	40	122	28	9,5
1966	VW 1500	44	128	23	10
1967	VW 1200	34	116	32	9
1968	VW 1300 Automatik	40	117	33	10,5
1971	VW 1302	44	125	32	8,5
1972	VW 1300 S / LS	50	135	21	11
1977	VW 1300 LS Cabrio	50	132	20	11,5
1978	Mexiko-Käfer	34	116	32	9

Quelle: Kubisch 1986, S. 64

Nach Angaben der Volkswagen AG in Wolfsburg wird der Käfer auch heute noch in Mexiko hergestellt. Eine Einstellung der Produktion ist für die nächste Zeit nicht geplant. Zudem versucht VW an den alten Erfolg des Käfers durch den sog. „New Beetle“ anzuknüpfen. Der Beetle ist zwar dem alten VW-Käfer äußerlich nachempfunden, ansonsten sind aber nur wenige Gemeinsamkeiten zu finden.

Wieder einmal waren die gesamtwirtschaftlichen Rahmenbedingungen in Deutschland so schlecht, daß nur technische Innovationen einen Ausweg boten. Daß es bei der Konstruktion eines sparsamen Automobils in den 30er Jahren nicht um ökologische Aspekte ging, steht natürlich außer Frage.

Die Jahre nach dem Zweiten Weltkrieg (dritte Kleinstwagenwelle)

Als am 8. Mai 1945 das Deutsche Reich vor den alliierten Mächten kapitulierte, war der Zweite Weltkrieg in Europa beendet. Beinahe alle kriegsführenden Länder hatten militärische Niederlagen und Besatzung durch feindliche

Truppen hinnehmen müssen. Der Schaden, der durch Besetzung und Befreiung entstand, war sehr groß. Plünderungen, Demontage von Fabriken, Brandschatzung sowie die Zerstörung der industriellen Komplexe und der Infrastruktur beim Rückzug sorgten dafür, daß weite Teile Europas verwüstet waren. Die Luftangriffe sorgten in Großbritannien dafür, daß ein Großteil der Gebäude zerstört wurde. Auch die Länder, denen es gelungen war, ihre Neutralität zu wahren, waren durch die mittelbaren Kriegsfolgen in vielen Bereichen unterversorgt.[147]

Die Auswirkungen des Kriegs waren in Deutschland, der eigentlichen Verlierernation neben Japan, für Bevölkerung und Wirtschaft verheerend. Rund 10 Millionen Wohnungen, das sind 40 Prozent des gesamten Häuserbestands, waren vernichtet oder schwer beschädigt worden. Viele Deutsche mußten mit einer täglichen Lebensmittelration von weniger als 1000 Kalorien auskommen, und während des kalten Winters 1946/47 gab es nicht annähernd genug Steinkohle für private Heizzwecke und die Energieversorgung der Industrie. Aufgrund der immensen Zerstörung in Deutschland wurde das Jahr 1945 auch als das „Jahr Null" bzw. die „Stunde Null" bezeichnet.[148]

Die deutsche Automobilindustrie war am Ende des Kriegs ebenfalls an einem Nullpunkt angelangt. Die alliierten Luftangriffe zerstörten fast alle Automobilwerke nahezu vollständig. Die Werke von Mercedes in Sindelfingen, Gaggenau und Untertürkheim waren mit bis zu 85% Zerstörung am stärksten betroffen. Aber auch die übrigen Unternehmen wie Volkswagen, Opel, Borgward etc. waren größtenteils unbrauchbar und mußten nach 1945 neu aufgebaut werden.[149] Kraftfahrzeuge für den privaten Gebrauch wurden schon seit Kriegsbeginn nicht mehr produziert. Die Herstellung militärischer Fahrzeuge hatte ab 1939 oberste Priorität. Im Laufe des Kriegs wurden die meisten Kraftfahrzeuge zerstört, so daß es 1945 in Europa und Asien kaum noch funktionsfähige Fahrzeuge gab. Der Bestand privater Pkw war in Deutschland im Vergleich zur Vorkriegszeit stark dezimiert. Wer noch über einen Pkw verfügte, hatte große Schwierigkeiten, Kraftstoff und Ersatzteile zu bekommen.

Zum dritten Mal wiederholte sich die Geschichte des Kleinstwagenbaus in Deutschland. Aus der wirtschaftlichen Not heraus kreierte die Automobilindu-

---

[147] Vgl. Cameron 1992, S. 229.
[148] Vgl. van der Wee 1984, S. 16f.
[149] Vgl. Rosellen 1977, S. 6ff.

strie kleine sparsame Fahrzeuge, um überhaupt Pkw in Deutschland verkaufen zu können. Oberstes Kriterium bei der Konstruktion war ein geringer Kraftstoffverbrauch, denn in den ersten Nachkriegsjahren war der Benzinpreis mit etwa 50 Pfennig pro Liter fast unerschwinglich hoch. Zum Vergleich: Der durchschnittliche Stundenlohn eines Facharbeiters betrug 1,50 Reichsmark.[150] Zudem gab es aufgrund der Benzinknappheit amtlich festgesetzte Benzinzuteilungen. 1948 konnte jeder Autofahrer nur mit 15,3 Litern Benzin pro Monat rechnen. Es entstand ein regelrechter Schwarzmarkt für Benzinmarken, die ähnlich wie Zigaretten zu einer eigenen Währung wurden. Bei einer derartigen Benzinknappheit hatte ein Kleinstwagen, der mit einem Minimum an Treibstoff auskam, die besten Absatzchancen.[151] Der technischen Fantasie waren in dieser Zeit keine Grenzen gesetzt. Eine Vielzahl von Automobilkonstrukteuren entwickelte in den folgenden Jahren Kleinstwagen für die deutsche Nachkriegsgesellschaft. An dieser Stelle sollen jedoch nur einige der bekanntesten dieser Gefährte kurze Erwähnung finden.

Als erster Kleinstwagen muß der Messerschmitt-Kabinenroller, der Prototyp der Kabinenroller, genannt werden. Im Januar 1952 wurden sich Fritz M. Fend, der die Konstruktionspläne des ersten Kabinenrollers entwickelte, und Professor Willy Messerschmitt aus Regensburg handelseinig und bauten das erste Modell eines Kabinenrollers, das im März 1953 auf dem Genfer Automobilsalon vorgestellt wurde. Das Charakteristische am Kabinenroller waren die beiden hintereinander angeordneten Sitze und die seitlich aufklappbare Plexiglashaube. Da dieses Fahrzeug aufgrund der verwendeten Materialien und der geringen Größe relativ leicht und windschnittig war, reichte für den Antrieb ein kleiner Motor mit zwischen 6,5 und 13 PS, je nach Ausstattung, um den Messerschmitt-Kabinenroller auf eine Geschwindigkeit von rund 100 km/h zu beschleunigen. In der Fachpresse war man voll des Lobes und bezeichnete das Gefährt gar als den „Düsenjäger des kleinen Mannes“. Beachtlich war aber in erster Linie der geringe Kraftstoffverbrauch, der mit 3,5 bis 4 Litern bei sparsamer Fahrweise außerordentlich gering war. Der Anschaffungspreis betrug ca. 2.500,- DM, was für die damalige Zeit durchaus erschwinglich war. Man schätzt die Gesamtproduktion des Messerschmitt-Kabinenrollers auf ungefähr 40.000 Stück.[152]

[150] Vgl. Moll 1997, S. 48.
[151] Vgl. Rosellen 1977, S. 15f.
[152] Vgl. Rosellen 1977, S. 32ff., von Frankenberg/Matteucci 1976, S. 361 sowie Moll 1997, S. 48.

Ein anderes Kleinstwagenkonzept verfolgte BMW. Mit der Isetta hofften die Bayrischen Motorenwerke, am Kleinstwagenmarkt partizipieren zu können. Das Isetta-Mobil wurde allerdings nur in Lizenz gebaut, die BMW von der italienischen Firma Iso erwarb. Die BMW-Isetta wurde im Vergleich zur italienischen Originalkonstruktion nur wenig verändert. Die Vorderlampen wurden an die Kotflügel angebracht, und als Antrieb wurde ein 12 PS starker Viertaktmotor verwendet, der aus dem BMW-Motorrad R 25 stammte. So ausgestattet reichten 5,5 bis 6 Liter Benzin auf 100 Kilometern aus, bei kraftstoffsparender Fahrweise war der Verbrauch sogar noch niedriger. Die BMW-Isetta kostete nur wenig mehr als der Messerschmitt-Kabinenroller und wurde vom deutschen Autofahrer beinahe ebenso positiv aufgenommen. Bis 1962 wurden insgesamt 36.372 Isettas gebaut.[153]

Als letzter Kleinstwagen soll hier noch das Goggomobil genannt werden, das von der Hans Glas GmbH entwickelt wurde und 1955 in Serienfertigung ging. Das Goggomobil war anfangs mit einer Fronttür ausgestattet, die aber später durch zwei Seitentüren ersetzt wurde und dem Goggo das Aussehen eines „normalen" Kleinwagens verliehen. Unterschiedliche Motorvarianten, die von 13,6 bis 20 PS reichten, wurden in die verschiedenen Modelle eingebaut. Am stärksten wurde allerdings die 13,6 PS-Maschine mit ihren 250 ccm nachgefragt, was zum Teil daran lag, daß hierfür nur die Führerscheinklasse vier benötigt wurde. Von 1955 bis 1965 wurden insgesamt 245.000 Exemplare gebaut. Das Goggomobil war damit der erfolgreichste Kleinstwagen der damaligen Zeit in Deutschland.[154]

In der deutschen Nachkriegszeit wurde noch eine Vielzahl weiterer Kleinstwagen gebaut. Zu nennen ist hier der Lloyd, der unter der Bezeichnung „Leukoplast-Bomber" in die Automobilgeschichte eingegangen ist, die Heinkel-Kabine, der Viktoria-Spatz, das Fulda-Mobil, das in Hessen gebaut wurde, und viele andere Konstruktionen. Allen gemeinsam sind der geringe Kraftstoffverbrauch, der durch die minimale Motorisierung zustande kam, und der niedrige Anschaffungspreis. Zudem wurden leichte Materialien verwendet, wie das bereits erwähnte Plexiglas oder das mit Kunstleder überzogene Sperrholz des Lloyd[155].

---

[153] Vgl. Rosellen 1977, S. 24 sowie von Frankenberg/Matteucci 1976, S. 358f.

[154] Vgl. Rosellen 1977, S. 22ff. sowie von Frankenberg/Matteucci 1976, S. 361f.

[155] Eine umfangreiche Darstellung der einzelnen Kleinstwagen in Deutschland bietet Rosellen (1977).

Die dritte Kleinstwagenwelle war vorerst die letzte in Deutschland. Nachdem die ersten Nachkriegsjahre überstanden waren und das sogenannte „Wirtschaftswunder“ einsetzte, nahm der Wunsch nach stärker motorisierten, größeren Fahrzeugen zu. Die Bürger wurden konsumfreudiger und die Benzintanks wieder größer. Der Durchschnittsverbrauch stieg bis 1978 kontinuierlich auf 10,2 Liter an. Ein erneuter Zwang zum Energiesparen wurde erst wieder durch die Ölkrisen ausgelöst.[156]

Die Ölkrisen von 1973 und 1978-80

Im September 1960 wurde durch die Länder Irak, Iran, Kuwait, Saudi-Arabien und Venezuela in Bagdad die OPEC[157] gegründet. Später kamen noch die Länder Algerien, Ecuador, Gabun, Indonesien, Qatar, Libyen, Nigeria und die Vereinigten Arabischen Emirate hinzu. Das eigentliche Ziel der OPEC-Staaten war eine Verhinderung des Preisverfalls für Erdöl. Während des Sechs-Tage-Krieges zwischen Israel und Ägypten, Syrien und Jordanien im Juni 1967 wurde Öl erstmals als politische Waffe gegen israelfreundliche Staaten eingesetzt, was jedoch nicht von allen Mitgliedern der OPEC befürwortet wurde. Daraufhin gründeten Saudi-Arabien, Kuwait und Libyen am 9. Januar 1968 die OAPEC[158], die das Öl verstärkt als politische Waffe einzusetzen gedachte. Weitere Mitglieder wurden in der Folgezeit Algerien, Bahrain, Irak, Qatar, Syrien und die Vereinigten Arabischen Emirate. Während des Yom-Kippur-Krieges zwischen Israel und Ägypten lösten die OAPEC-Staaten durch ihren Ölboykott die „erste Ölkrise“ aus. Die Vervierfachung des Ölpreises löste in den Industriestaaten die stärkste Wirtschaftsrezession nach dem Zweiten Weltkrieg aus. Die Preispolitik der OPEC zwischen 1978-1980 führte zu einer weiteren Verdreifachung des Ölpreises und zur „zweiten Ölkrise“, die eine noch stärkere Weltrezession auslöste als die erste.[159] Auf eine detailliertere Analyse der politischen und wirtschaftlichen Hintergründe, die zu den Ölkrisen geführt haben, wird hier verzichtet.[160]

Die Auswirkungen, die beide Ölkrisen auf den Verkehrssektor in der Bundesrepublik Deutschland hatten, waren unübersehbar. Nachdem der Mineralölverbrauch von 1950 bis 1973 kontinuierlich gestiegen ist, setzte nach der star-

[156] Vgl. Moll 1997, S. 48 sowie Deutsches Institut für Wirtschaftsforschung 1996, S. 298.
[157] OPEC = Oraganization of Petroleum Exporting Countries.
[158] OAPEC = Organization of Arabian Petroleum Exporting Countries.
[159] Vgl. u. a. Dichtl/Issing 1993, S. 1580f.
[160] Eine ausführliche Darstellung zur Ölpreispolitik der OPEC bietet u. a. Ian Skeet (1988).

ken Verteuerung im Zuge der „ersten Ölkrise" 1974 erstmals ein Nachfragerückgang ein. Im Laufe der 70er Jahre stieg der Mineralölverbrauch wieder leicht an, bis zum Beginn der 80er Jahre die sogenannte „zweite Ölkrise" einen weiteren deutlichen Nachfragerückgang auslöste. Fortan stabilisierte sich der Mineralölverbrauch auf einem sichtlich niedrigen Niveau als vor den Ölkrisen. Abbildung 17 veranschaulicht diese Entwicklung, wobei zu berücksichtigen ist, daß von 1950 bis 1970 ein Intervall von fünf Jahren gewählt wurde, was den überdurchschnittlich starken Anstieg der Kurven in diesem Zeitraum erklärt.

Abb. 17: Mineralölverbrauch in Deutschland (Inlandsabsatz von 1950 - 1995)

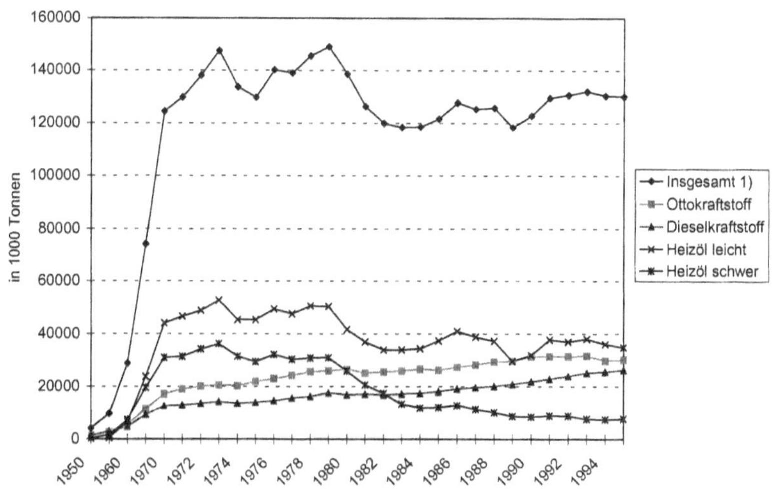

1) bis 1954 einschl. Schmierstoffablieferungen an deutsche Schiffe; ab 1965 einschl. Inlandsabsatz der ehemaligen DDR; allerdings bis einschl. 1979 ohne Militärabsatz. Der Gesamtabsatz ist ab 1980 brutto zu verstehen, d.h. ohne Abzug der Doppelzählungen aus Recycling von Altöl und Chemierücklauf.

Quelle: Eigene Darstellung, nach Angaben aus: Mineralölwirtschaftsverband e.V. (1996), S. 29.

Unterschiedlich ist die Entwicklung bei Motorkraftstoffen und Heizölen. Fast über den gesamten Zeitraum hat der Verbrauch von Otto- und Dieselkraftstoff tendenziell zugenommen, was sich vor allem aus dem wachsenden Personen- und Güterverkehrsaufkommen begründen läßt. Leichte Nachfragerückgänge sind lediglich in den Jahren der Ölkrisen zu verzeichnen. Grund hierfür sind

Maßnahmen wie die autofreien Sonntage, die erstmals 1973 eingeführt wurden sowie private Sparinitiativen, wie etwa Fahrgemeinschaften oder die Nutzung öffentlicher Verkehrsmittel. Nach einer kurzen Gewöhnungsphase kehrten die meisten Autofahrer wieder zu ihren alten Gewohnheiten zurück und konsumierten im gleichen oder sogar noch größeren Umfang Kraftstoff wie vor den Ölkrisen. Das höhere Preisniveau für Kraftstoff wurde schnell in das individuelle Kostenkalkül integriert. Die kurzfristige Nachfrage nach Kraftstoff ist somit elastisch, wohingegen die langfristige Nachfrage unelastisch ist.

Beim Heizöl ist eine ganz andere Entwicklung zu beobachten. Seit der ersten Ölkrise 1973 hat der Verbrauch von schwerem und leichtem Heizöl kontinuierlich abgenommen. Auch hier kann von kurz- und langfristigen Elastizitäten gesprochen werden. Kurzfristig griffen zunächst die Sparmaßnahmen bei der Raumheizung in den privaten Haushalten. Neben einer einfachen Wärmedämmung konnte auch die Abkehr von gewohnten Verhaltensweisen, wie z. B. das Heizen bei geöffnetem Fenster, zu einer Reduzierung des privaten Verbrauchs beitragen. Langfristig wurde das Heizöl durch andere Energieträger verdrängt. Als Substitute zur Ölheizung wurden in erster Linie Gas- und Stromheizungen verwendet. Aber auch die industrielle Verstromung von Öl in Kraftwerken wurde zunehmend eingeschränkt. Die Nachfrage nach leichtem und schwerem Heizöl verhielt sich somit kurzfristig elastisch, wenn auch nicht im gleichen Maße.

Befaßt man sich mit den Auswirkungen beider Ölkrisen, ist es unabdingbar, die Entwicklung der Verbraucherpreise für Mineralölprodukte näher zu betrachten. Abbildung 18 veranschaulicht den Preisverlauf von 1950 bis 1995, wobei zu beachten ist, daß von 1950 bis 1970 ein Intervall von fünf Jahren gewählt wurde.

Abb. 18: Verbraucherpreise für Otto- und Dieselkraftstoff von 1950 - 1995 in Deutschland

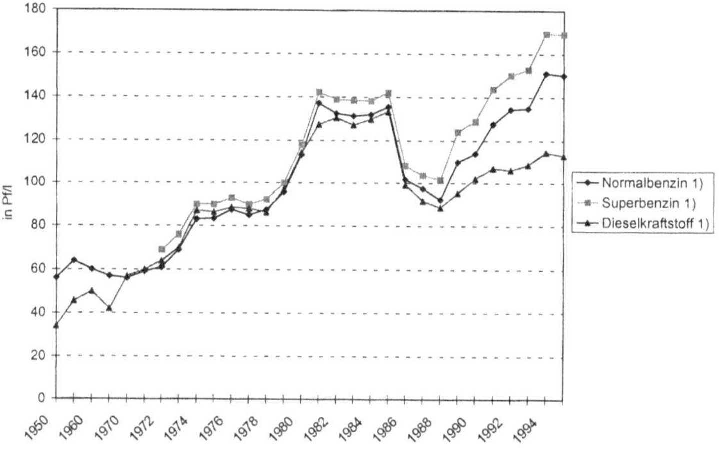

1) Markenware, verbleit, Selbstbedienung; Normalbenzin ab 1988 unverbleit.

Quelle: Eigene Darstellung, nach Angaben aus: Mineralölwirtschaftsverband e.V. (1996), S. 43.

Der Preisanstieg für Kraftstoffe während der „ersten Ölkrise" fiel relativ moderat aus. Von 1973 bis 1974 stieg der Preis für Ottokraftstoff um 14 Pf/l und für Dieselkraftstoff um 17 Pf/l, auf den Jahresdurchschnitt gerechnet. Die „zweite Ölkrise" führte zu einem wesentlich stärkeren Anstieg der Preise, der sich zudem noch auf einen längeren Zeitraum erstreckte. Von 1979 bis 1980 stieg der Preis von Ottokraftstoffen um 17 Pf/l und von 1980 bis 1981 nochmals um 24 Pf/l. Bei Dieselkraftstoff war die erste Preiserhöhung ähnlich, der zweite Anstieg fiel dagegen mit 13 Pf/l wesentlich gemäßigter aus. Insgesamt führte die "zweite Ölkrise" zu Benzinpreiserhöhungen von über 40 Pf/l bei Ottokraftstoffen und rund 30 Pf/l bei Dieselkraftstoff.

Trotz dieses starken Preisanstieges ist die Situation mit keiner der oben angeführten Kleinstwagenwellen vergleichbar. Die gesamtwirtschaftlichen Rahmenbedingungen waren durch die Ölkrisen nicht so stark betroffen wie durch die Kriege oder die Weltwirtschaftskrise. Zwar wurde in den Industrienationen durch beide Ölkrisen eine spürbare Rezession ausgelöst, doch mußten die Menschen dadurch nicht um ihre Existenz fürchten. Technische Innovationen waren nicht unbedingt erforderlich, da ein Großteil der Bevölkerung bereits über einen Pkw verfügte und nicht gewillt war, sofort wieder einen neuen zu kaufen. Im Unterschied dazu dienten die Kleinstwagenwellen in erster Linie dazu, die Bevölkerung zu motorisieren, d. h. sie zunächst mit Pkw auszustatten. Betrachtet man die Entwicklung des Durchschnittsverbrauchs von Pkw in den Jahren unmittelbar nach einer Ölkrise, so ist festzustellen, daß es keinen nennenswerten Rückgang der Werte gibt. Es wurden zwar kleinere Wagen gebaut, wie beispielsweise der VW Polo, doch lagen die Verbrauchswerte dieser Kleinwagen deutlich höher als die der Kleinstwagen einige Jahrzehnte früher. Resümierend kann festgehalten werden, daß sowohl die erste als auch die zweite Ölkrise keine technischen Innovationsschübe in Richtung verbrauchsgünstigerer Fahrzeuge ausgelöst hat. Ebenso wurde die Tendenz zur fortschreitenden Motorisierung der Gesellschaft nicht gebrochen. Somit kann von einer Krise in der Automobilindustrie, ausgelöst durch die Ölkrisen, nicht gesprochen werden.

Die Mineralölsteuererhöhungen von 1991 und 1994

Die Mineralölsteuer ist nach der Einkommen- und Mehrwertsteuer die drittgrößte Einnahmequelle des Staates in Deutschland. Im Jahr 1995 flossen dem Staat allein aus der Mineralölsteuer rund 61,5 Mrd. DM zu, was etwa 6-8% der gesamten Staatseinnahmen ausmacht. Die Hauptfunktion der Mineralölsteuer liegt daher auch im Finanzierungseffekt der Staatsausgaben.[161] Rechtsgrundlage für die Erhebung ist das Mineralölsteuergesetz (MinöStG), das u. a. neben der Steuerhöhe auch die verschiedenen Sätze für leichtes, mittelschweres und schweres Heizöl (letzteres getrennt nach der Verwendung Wärme und Stromerzeugung) festlegt.[162] Im Bereich der Motorkraftstoffe sind die Steuersätze unterteilt nach Dieselkraftstoff sowie verbleitem und unverbleitem Ottokraftstoff. Die derzeitige Höhe[163] beträgt für:

- Dieselkraftstoff: 0,62 DM/l,
- bleifreies Benzin: 0,98 DM/l,
- verbleites Benzin: 1,08 DM/l.[164]

---

[161] Vgl. Walter/Schlüter/Koch 1995, S. 81ff.
[162] Näheres zum Steuerrecht findet sich u. a. bei Arndt (1988).
[163] Stand: 30.6.1997.
[164] Vgl. Deutsche Shell AG (Hrsg.) 1996a, S. 24f.

Die Unterscheidung zwischen bleifreiem und verbleitem Benzin, die 1985 eingeführt wurde, hat eine lenkende Wirkung hin zu emissionssenkendem bleifreiem Kraftstoff, da dieser vom Gesetz her steuerlich begünstigt ist.[165]

Nachdem der Staat die Mineralölsteuer als ergiebige Einnahmequelle entdeckt hatte, stiegen die Steuersätze kontinuierlich an. Defizite im Bundeshaushalt, die überwiegend im Zusammenhang mit der Finanzierung der deutschen Wiedervereinigung gesehen werden müssen, führten zu überdurchschnittlich starken Anhebungen der Steuersätze. Im einzelnen sehen diese Erhöhungen folgendermaßen aus:

Tab. 5: Mineralölsteuersätze

	unverbleites Benzin	**verbleites Benzin**	**Dieselkraftstoff**
1. Januar 1991	0,60 DM/l	0,67 DM/l	0,44 DM/l
	+ 0,22 DM/l	*+ 0,25 DM/l*	*+ 0,11 DM/l*
1. Juli 1991	0,82 DM/l	0,92 DM/l	0,55 DM/l
	+ 0,16 DM/l	*+ 0,16 DM/l*	*+ 0,07 DM/l*
1. Januar 1994	0,98 DM/l	1,08 DM/l	0,62 DM/l

Quelle: Eigene Darstellung, nach Angaben aus: Deutsche Shell AG (Hrsg.) 1996a, S. 24.

Insgesamt erhöhte sich somit seit 1991 die Mineralölsteuer für Ottokraftstoffe um über 60% und für Dieselkraftstoffe um über 40%.[166] Die Erfahrungen aus der Vergangenheit haben gezeigt, daß sich die Nachfrage nach Benzin bis zu einer unbestimmten Grenze unelastisch verhält. Die beiden drastischen Steuererhöhungen in den 90er Jahren lagen deutlich unterhalb der Schwelle, die die Verbraucher veranlaßt hätte, ihre Fahrleistung einzuschränken. Nebenbei muß noch erwähnt werden, daß der Benzinpreis im Vergleich zu den übrigen Lebenshaltungskosten seit den 50er Jahren nicht gestiegen, sondern sogar deut-

---

[165] Zur Einordnung der Mineralölsteuer in das deutsche Steuersystem vgl. u. a. Zimmermann/Henke (1990) sowie Andel (1990).

[166] Vgl. Deutsche Shell AG (Hrsg.) 1996a, S. 24.

lich gesunken ist. So hat sich z.B. das Realgehalt der Angestellten in Industrie und Handel von 1950 bis 1998 etwa verdreifacht, der Reallohn der Arbeiter in der Industrie sogar verfünffacht.[167] Dagegen stieg der durchschnittliche Benzinpreis im gleichem Zeitraum um weniger als das dreifache. Wie aus Abbildung 17 ersichtlich, ist der Verbrauch von Ottokraftstoffen in den 90er Jahren leicht gesunken, wohingegen der Verbrauch von Dieselkraftstoff leicht gestiegen ist. Grund hierfür ist nicht der sinkende Durchschnittsverbrauch von Pkw mit Ottomotoren, der ohnehin durch die Zunahme des Kraftfahrzeugbestandes kompensiert wird, sondern die Tatsache, daß immer mehr Lkw auf den Straßen unterwegs sind. Zudem setzt die deutsche Automobilindustrie bei der Entwicklung umweltfreundlicherer, benzinsparenderer Fahrzeuge in jüngster Zeit verstärkt auf den Dieselmotor, da dieses Antriebskonzept ohnehin mit weniger Kraftstoff auskommt als der Ottomotor. Die Erhöhungen der Mineralölsteuer hatten ähnlich wie die Ölkrisen keinen nennenswerten Einfluß auf die Automobilindustrie. Der Produktionsrückgang von Pkw 1993 kann nicht ausschließlich auf die Mineralölsteuererhöhungen zurückgeführt werden, vielmehr trugen gesamtwirtschaftliche Veränderungen zum Produktionsrückgang bei. Zudem setzte auf dem ostdeutschen Markt eine temporäre Sättigung bei Neuwagen ein, die sich in den Produktionsziffern von 1993 widerspiegelt.

Zusammenfassend kann festgehalten werden, daß sich gesamtwirtschaftliche Rezessionen kurzfristig wesentlich stärker auf die Innovationsfreude der Automobilindustrie ausgewirkt haben als eine Erhöhung der Kraftstoffpreise. Langfristig gesehen hatten beide Einflüsse keine nachhaltige Auswirkung auf den Durchschnittsverbrauch von Personenkraftwagen.

3.3. Einschränkung der Mobilität versus Innovationsanreize zur Entwicklung verbrauchsgünstiger Fahrzeugkonzepte

Grundsätzlich können umweltpolitische Instrumente und damit auch Zertifikatemodelle im Verkehrssektor unterschiedliche Strategien zur Verfolgung eines Ziels anwenden. Will man beispielsweise die spezifischen Schadstoffemissionen und/oder den Endenergieverbrauch im Individualverkehr senken, so kann dies auf zwei unterschiedliche Arten geschehen. Zum einen kann darauf hingewirkt werden, daß die Gesamtfahrleistung aller Verkehrsteilnehmer reduziert wird, und zum anderen, daß das einzelne Fahrzeug

[167] Vgl. Institut der deutschen Wirtschaft (Hrsg.) 1999, S. 59f.

weniger verbraucht bzw. weniger Schadstoffe produziert. Die erste Strategie bedeutet für den einzelnen Autofahrer eine Einschränkung seiner individuellen Mobilität und kann eher als kurzfristige Maßnahme angesehen werden, die zweite Variante fordert dagegen die Automobilindustrie auf, technische Verbesserungen an den Fahrzeugen durchzuführen, um langfristig die individuelle motorisierte Mobilität zu gewährleisten. Eine Einschränkung der Mobilität ist aus wirtschaftlicher und gesellschaftlicher Sicht problematisch. Dies wird klar, wenn man den Begriff der Mobilität näher analysiert.

Nach einer soziologischen Definition bedeutet Mobilität (lat. „Beweglichkeit") die Fähigkeit des Menschen, Freiraum zu nutzen und zu erleben. Dies bezieht sich auf die räumliche Erschließung von Lebensraum wie auch auf das Überwinden von geistigen und sozialen Grenzen.[168] Eng mit der Mobilität verbunden ist der Begriff des Verkehrs. „Die Entwicklung der Mobilität und damit auch die Verkehrsentwicklung ist vor dem Hintergrund der wirtschaftspolitischen Zielsetzungen Wirtschaftswachstum, Vollbeschäftigung, Verbesserung der Einkommensstruktur, gesteigerter Wohlstand bei gleichzeitig verkürzter Arbeitszeit und damit verbunden größerer Freizeit zu sehen."[169]

Mit zunehmendem Wohlstand in der Gesellschaft findet der Wunsch des einzelnen nach individueller Freiheit im Erwerb eines eigenen Pkw seine Realisierung. Wie bereits oben gezeigt wurde, ist der Bestand an Pkw in der Bundesrepublik Deutschland in den 80er und frühen 90er Jahren stark gestiegen. Eine derartig lange Phase konjunkturellen Aufschwungs hat es in der Bundesrepublik noch nicht gegeben. Steigende Mobilität und Wirtschaftswachstum haben sich dabei in einem Interaktionsprozeß selbst bedingt.

Eine Studie der Deutschen Shell AG geht davon aus, daß der Pkw-Bestand auch in den kommenden 25 Jahren weiter steigen wird. Seit 1992 haben wirtschaftliche Rezession und unsichere Zukunftserwartungen, aber auch höhere Belastungen der Autofahrer sowie Sättigungseffekte nach dem vereinigungsbedingten Boom zu einem fast 20%igen Rückgang der jährlichen Neuzulassungen geführt. 1994 wurden in Deutschland nur noch 3,2 Mio. Pkw neu zugelassen.[170]

---

[168] Vgl. Tiefentahler/Zimmeter 1990, S. 35.
[169] Ebda, S. 36.
[170] Vgl. Deutsche Shell AG (Hrsg.) 1995a, S. 5.

Shell stellt zwei Zukunftsszenarios bis zum Jahr 2020 auf, die sich hinsichtlich ihrer sozio-ökonomischen Annahmen und Rahmenbedingungen unterscheiden. Im Szenario „Neue Horizonte“ wird von einer weiteren Ausbreitung der weltweiten Liberalisierungstendenzen ausgegangen. Das Wirtschaftswachstum in Deutschland wird auf jährlich 3% nach dem Jahr 2000 geschätzt, und die Bevölkerung wird bis 2020 von heute 82 auf 84 Mio. Einwohner steigen. Im Szenario „Barrieren“ gerät die weltweite Liberalisierung ins Stocken. Die Länder schotten sich ab, und der Staat greift zunehmend in den Wirtschaftsprozeß ein. Das Wirtschaftswachstum wird mit 2% prognostiziert und die Bevölkerung geht nach anfänglichen Zuwächsen bis 2020 auf 78,6 Mio. Einwohner zurück.[171]

Für den Individualverkehr werden daraus die in Tabelle 6 zusammengefaßten Schlußfolgerungen gezogen. In beiden Szenarios steigt die Pkw-Dichte von heute 6 auf knapp 7 Pkw auf 10 Erwachsene. Im Szenario „Barrieren“ werden die 7 Pkw nicht ganz erreicht, hier wird die Zahl vermutlich zwischen 6 und 7 liegen. Der erwartete Pkw-Bestand liegt im Szenario „Neue Horizonte“ bei etwa 50 Mio. im Jahr 2020, beim Alternativ-Szenario dagegen nur bei 44 Mio. Zusammenfassend kann festgehalten werden, daß das Wachstum des Pkw-Bestands im wesentlichen auf die steigende Bevölkerung und die zunehmende Motorisierung der Frauen und der älteren Bevölkerung zurückgeführt werden kann.[172] Die Studie der Deutschen Shell AG geht von einem relativ kontinuierlich wachsenden Pkw-Bestand bis 2020 aus, bestimmt aber letztendlich keinen Endpunkt. Dennoch kann davon ausgegangen werden, daß die Motorisierung sich einer Sättigungsgrenze nähert, die jedoch niemand genau bestimmen will.[173]

---

[171] Vgl. Deutsche Shell AG (Hrsg.) 1995a, S. 5.
[172] Vgl. ebda, S. 5.
[173] Vgl. Grevsmähl 1990, S. 197.

Tab. 6: Pkw-Bestand, Kraftstoffverbrauch und Fahrleistung

		Szenario „Neue Horizonte"		Szenario „Barrieren"	
	1994	**2010**	**2020**	**2010**	**2020**
Pkw-Bestand (in Mio.)	39,9	48,6	49,6	45,0	44,1
davon Diesel	5,4	10,2	12,4	8,1	8,8
davon alternativ		1,1	2,4	0,9	3,4
Durchschnittsverbrauch (1/100 km) (Otto-/Diesel-Pkw)					
Bestand	9,5	7,9	6,7	7,8	6,4
Neuzulassungen	9,2	6,4	5,2	6,0	4,5
Fahrleistung pro Jahr (km)	12.400	12.500	12.200	10.800	10.100
Gesamtfahrleistung (Mrd. km) (alle Otto-/Diesel-Pkw)	491	602	596	481	431
Gesamtverbrauch Pkw (Mio. t) (Otto- und Dieselkraftstoff)	35,7	36,7	31,0	28,8	21,7
CO_2-Emissionen* (Mio. t) (Otto-/Diesel-Pkw)	111	114	96	89	67

* nur direkt zurechenbare CO_2-Emissionen

Quelle: Deutsche Shell AG (Hrsg.) 1995a, S. 5.

Die Probleme, die mit einer Einschränkung der Mobilität verbunden wären, können nicht genau abgeschätzt werden. Die wirtschaftliche Bedeutung des Automobils für die moderne Volkswirtschaft, wie sie bereits in Kapitel 3.2.3. dargestellt wurde, darf dabei nicht unterschätzt werden. Gerade in Zeiten wirtschaftlicher Rezession sind solche Maßnahmen schwer durchsetzbar, die in irgendeiner Weise die Einkommen einer Person oder einer Gruppe schmälern und dadurch weitere Einschränkungen des Lebensstandards mit sich bringen. Vorschläge zur Erhöhung der Mineralölsteuer, wie etwa von Bündnis 90/Die Grünen oder der SPD gefordert, brächten für die Autofahrer starke finanzielle Belastungen. Nach den Zielvorstellungen von Bündnis 90/Die Grünen soll der

Benzinpreis nach einer stufenweisen Erhöhung über 11 Jahre schließlich bei 5,00 DM/l liegen.[174] Die Vorschläge der SPD gehen in eine ähnliche Richtung, sind dabei jedoch etwas moderater angelegt.[175]

Um nicht näher auf die Ökosteuer-Diskussion der politischen Parteien in Deutschland einzugehen, sei hier nur so viel gesagt: Eine drastische Erhöhung der Mineralölsteuer hat zum Ziel, den motorisierten Individualverkehr einzuschränken. Die Autofahrer sollen über einen hohen Benzinpreis veranlaßt werden, andere Wege der Fortbewegung einzuschlagen. Zur Erhaltung der individuellen Mobilität soll der öffentliche Personenverkehr ausgebaut werden. Inwiefern diese Lenkungsfunktion mittels einer Anhebung der Mineralölsteuer erreicht werden kann und ob der öffentliche Personenverkehr überhaupt in der Lage ist, die benötigten Kapazitäten zu schaffen, bleibt äußerst fragwürdig. Erst in zweiter Linie soll die Automobilindustrie über die Nachfrageseite veranlaßt werden, technische Verbesserungen in Richtung verbrauchsgünstigerer und schadstoffärmerer Fahrzeuge zu entwickeln.

Die zweite Möglichkeit richtet sich an die Adresse der Automobilindustrie. Der Kraftstoffverbrauch und die Schadstoffemissionen lassen sich auch durch technische Innovationen reduzieren. Wobei natürlich immer zu bedenken ist, daß dies vor dem Hintergrund einer steigenden Motorisierung erfolgt und Reduzierungen bei einzelnen Fahrzeugen schnell durch eine Zunahme der Automobile kompensiert werden.

Zunächst erscheint es sinnvoll, die Ausgaben der Automobilindustrie für Forschung und Entwicklung näher zu untersuchen. In den vergangenen 20 Jahren sind die Ausgaben kontinuierlich gestiegen; allein seit 1990 um mehr als 40%. In absoluten Zahlen ausgedrückt: 1975 wurden rund 3 Mrd. DM ausgegeben und 1995 schon über 13 Mrd. DM. Betrachtet man die Ausgaben der gesamten Industrie in Deutschland für Forschung und Entwicklung, so kann man feststellen, daß der Anteil der Industrie von ca. 7% in 1975 auf über 20% in 1995 gestiegen ist.[176]

---

[174] Vgl. für eine ausführliche Darstellung der Konzepte von Bündnis90/Die Grünen: Bündnis 90/Die Grünen 1995.

[175] Die Vorschläge der SPD sind nachzulesen unter: SPD-Bundestagsfraktion 1995.

[176] Vgl. Verband der Automobilindustrie e.V. - VDA 1996, S. 192f.

Interessant ist nun herauszufinden, in welche Projekte die Forschungs- und Entwicklungsausgaben der deutschen Automobilindustrie geflossen sind. Sicher ist, daß sich der Durchschnittsverbrauch der Pkw in den vergangenen 20 Jahren nicht entscheidend verändert hat. Abbildung 19 illustriert den durchschnittlichen Kraftstoffverbrauch von Pkw und Kombi mit Otto- und Dieselmotor.

Abb. 19: Durchschnittlicher Kraftstoffverbrauch von Pkw und Kombi mit Otto- und Dieselmotor von 1976 bis 1997 in Deutschland

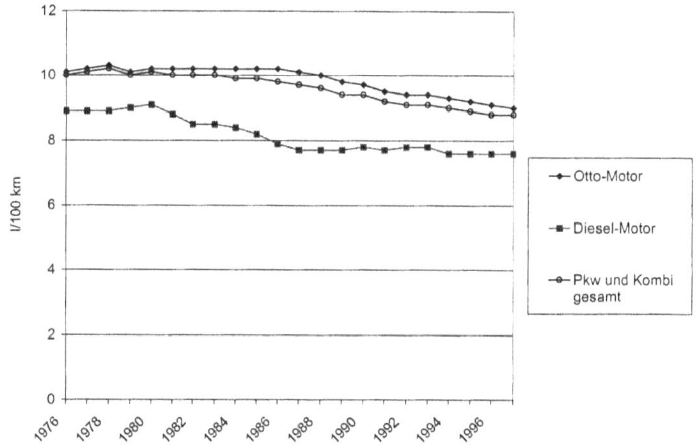

Quelle: Deutsches Institut für Wirtschaftsforschung - DIW 1996, S. 282f.

Von 1976 bis 1997 ist der durchschnittliche Kraftstoffverbrauch von Pkw mit Ottomotoren nur um ca. 1,1l/100 km gesunken. Bei Dieselmotoren bietet sich ein ähnliches Bild. Hier sank der Durchschnittsverbrauch um ca. 1,3l/100 km. Da es sich bei diesen Werten um den gemittelten Durchschnitt aller Pkw handelt, sollte noch kurz erwähnt werden, daß es neben der großen Zahl PS-starker Fahrzeuge auch solche gibt, die mit sehr viel weniger Kraftstoff auskommen als der Durchschnitt. In diesem Zusammenhang muß auch die Forschung im Bereich der Aerodynamik gesehen werden, denn verringerte cw-Werte der Karosserie tragen zu Kraftstoffeinsparungen bei.

Ein anderes Bild zeigt sich bei den Schadstoffemissionen der Fahrzeuge. Ganz entscheidend hat sich hier die Entwicklung des Katalysators ausgewirkt, durch den die spezifischen Luftschadstoffemissionen zum Teil erheblich gesenkt werden konnten. Letztendlich wurde der Katalysator aufgrund des gesellschaftlichen Drucks erfunden, der durch die Waldsterbensberichte Mitte der 80er Jahre ausgelöst wurde. In Zusammenarbeit mit der Mineralölindustrie wurden ferner Kraftstoffe entwickelt, die sauberer und rückstandsloser im Motor verbrannt werden können.[177]

Ein Großteil der Forschungs- und Entwicklungsausgaben wurde für die Verbesserung der Fahrzeugsicherheit verwendet. Zu nennen sind hier:

- Entwicklung verschiedenartiger Airbags,
- Seitenaufprallschutz,
- verstärkte Fahrgastzelle,
- Anti-Blockier-System (ABS),
- Anti-Schlupf-System (ASS),
- Sicherheitsfahrwerke, etc.

Darüber hinaus flossen etliche Gelder in Maßnahmen, die den Fahrkomfort der Automobile erhöhen sollen. Zu denken ist hierbei an:

- Klimaanlagen,
- Reinluftfiltersysteme,
- Cockpitdesign,
- vergrößerter Innenraum,
- Bordcomputer, etc.

Viele dieser Maßnahmen wirken sich ungünstig auf den Kraftstoffverbrauch aus, da das Fahrzeuggewicht zum Teil erheblich erhöht wird.

Resümierend kann festgehalten werden, daß die Automobilindustrie mehr Ausgaben in die Entwicklung von Sicherheits- und Komforteinrichtungen gesteckt hat als in Maßnahmen zur Verbesserung der Umweltverträglichkeit. Diese Situation ist letztendlich aufgrund mangelnder Anreize entstanden, die einen gezielteren Einsatz der Forschungs- und Entwicklungsgelder für Umweltmaßnahmen ermöglicht hätten. Ein lenkender Eingriff in das System müßte von der Art sein, daß die Automobilindustrie einen finanziellen Anreiz erhält, mehr Forschungs- und Entwicklungsmittel in die Bereiche Kraftstof-

---

[177] Vgl. u.a. Deutsche Shell AG (Hrsg.) 1995b und Deutsche Shell AG (Hrsg.) 1996b.

feinsparung und Schadstoffreduzierung zu lenken. Zusätzliche Kosten für die Automobilhersteller dürften bei einem solchen System nicht entstehen, da sofort die Standortdiskussion im Zusammenhang mit der internationalen Wettbewerbsfähigkeit als Gegenargument ins Feld geführt werden würde. Zertifikate, die nach der „Grandfathering-Methode" vergeben werden und den spezifischen Flottenverbrauch zertifizieren, scheinen eine ideale Lösung zu sein, um technische Innovationen zu forcieren. Im Verlauf dieser Arbeit soll geklärt werden, ob ein derartiges Modell die gewünschten Lenkungseffekte bewirken kann.

Unter den gegenwärtigen gesellschaftlichen, wirtschaftlichen und politischen Rahmenbedingungen sind Maßnahmen, die Kosten verursachen und die Mobilität einschränken, vermutlich zum Scheitern verurteilt. Aus diesem Grund wird von der Möglichkeit, die Gesamtfahrleistung zu reduzieren, um den Energieverbrauch und die Schadstoffemissionen zu senken, Abstand genommen. Verfolgt wird vielmehr die Linie, durch technische Verbesserungen zu einem ähnlichen Ziel zu gelangen.

3.4. Moderater Übergangszeitraum und nachhaltige Konzepte

Von entscheidender Bedeutung ist die zeitliche Perspektive eines möglichen Modells im Individualverkehr. Die Abkehr vom konventionellen Verbrennungsmotor als Antriebsaggregat ist auf lange Sicht unverzichtbar. Dies hängt ursächlich mit dem Einsatz fossiler Brennstoffe zusammen, die in absehbarer Zeit erschöpft sein werden.[178] Um Energie zu erzeugen, werden derzeit vor allem erschöpfliche natürliche Ressourcen in einem Umwandlungsprozeß in Energie überführt. Dies trifft auf Kraftwerke genauso zu wie auf Automobile. Bei letzteren wandelt der Motor durch die Verbrennung den eingesetzten Kraftstoff in kinetische Energie um, die dann mittels eines Getriebes auf die Räder übertragen wird.

Zur Beurteilung der zeitlichen Reichweite erschöpflicher natürlicher Ressourcen, vordringlich von Erdöl, müssen zunächst einige Begriffe definiert und abgegrenzt werden.

---

[178] Unter absehbar sind hier Zeiträume zu verstehen, für die menschliche Planungen relevant sind.

Erschöpfliche natürliche Ressourcen sind dadurch charakterisiert, daß ihr von der Erde „bereitgestellter" Gesamtbestand konstant ist. Eine in der Gegenwart abgebaute Einheit mindert den künftig verfügbaren Bestand um genau eine Einheit. Gegenwart und Zukunft rivalisieren hier vollständig um die Ressourcen.[179] Für die Energieerzeugung sind die folgenden vier natürlichen Ressourcen relevant: Erdöl, Erdgas, Uran und Kohle (Braunkohle und Steinkohle). Im Zusammenhang mit einer dauerhaften Energieversorgung, insbesondere im Individualverkehr, ist die Frage nach der zeitlichen Verfügbarkeit des Erdöls von erheblicher Bedeutung. Dazu sind zunächst einige Vorabinformationen zum besseren Verständnis der Thematik erforderlich.

„Eine wichtige geologische Eigenschaft einer Rohstofflagerstätte ist neben der Lage (z.B. der Teufe) und anderen Merkmalen die Konzentration des Vorkommens."[180] Je geringer die Konzentration des Vorkommens ist, desto schwieriger ist der Abbau. Im Zuge technischer Innovationen auf dem Feld der Abbaumethoden ist die verfügbare Menge des Vorrats an Ressourcen ständig größer geworden. Diesen Sachverhalt kann man sich klarmachen, indem man an die schwierigen Ölförderbedingungen in den Weltmeeren denkt. Nachdem man festgestellt hatte, daß es beispielsweise in der Nordsee Öllagerstätten gibt, hat man mit Hilfe technischer Innovationen (Ölbohrplattformen) die Vorkommen erschlossen, wodurch der Ressourcenvorrat an Erdöl gestiegen ist. In der Nordsee stehen zur Zeit mehrere Hundert solcher Plattformen, vor den Küsten der Vereinigten Staaten sind es sogar mehr als 4000. Von einer monoton-fallenden Beziehung zwischen Rohstoffkonzentration und Stoffmenge, wie früher angenommen, kann also nicht die Rede sein.[181] In Anlehnung an A.C. Fisher (1981) lassen sich die aktuellen Reserven und Ressourcen in einem Konzentrationsdiagramm bestimmen.

---

[179] Vgl. Endres 1993, S. 1.

[180] Ebda, S. 9ff.

[181] Vgl. hierzu Müller (1981), Peterson/Fisher (1977) und Smith (1980).

Abb. 20: Konzentrationsdiagramm

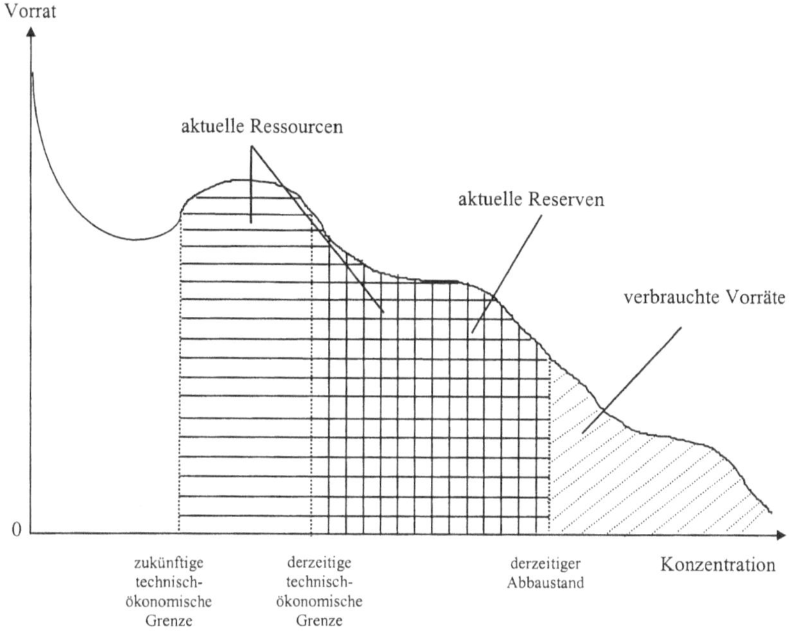

Quelle: Entnommen aus: Endres 1993, S. 11.

Weltweit herrscht eine erhebliche Verwirrung in der Definition der Begriffe „Vorräte/Reserven“ und „Ressourcen“. Einerseits werden Reserven/Vorräte als derjenige Teil der Ressourcen angesehen, der wirtschaftlich gewinnbar ist. Andererseits sind Reserven/Vorräte aber nicht in den Ressourcen enthalten. Um sich diesem definitorischen Dilemma zu entziehen, werden die Begriffe im Rahmen dieser Arbeit analog zu einer Studie der Bundesanstalt für Geowissenschaften und Rohstoffe verwendet, die in einer Zusammenfassung vom Bundesministerium für Wirtschaft 1995 herausgegeben wurde.[182]

Bei den Kohlenwasserstoffen Erdöl und Ergas sind Vorräte/Reserven jene Anteile von ursprünglich in einer Lagerstätte vorhandenen Kohlenwasserstoffen, die mit Bohrungen nachgewiesen bzw. wahrscheinlich sind und die mit heutiger Technik wirtschaftlich gewinnbar sind. Kohlenwasserstoffe, die bereits nachgewiesen wurden, aber zur Zeit technisch und/oder wirtschaftlich

[182] Vgl. Bundesministerium für Wirtschaft 1995c.

noch nicht abbaubar sind, werden als Ressourcen bezeichnet. Ferner werden zu den Ressourcen die gewinnbaren Mengen von zwar noch nicht nachgewiesenen, geologisch aber möglichen Lagerstätten gerechnet, also z.B. von zu erwartenden Neufunden. Eine genaue Abschätzung der Menge an Kohlenwasserstoff-Ressourcen ist nicht nur mit großer geologischer Unsicherheit behaftet, sondern auch preisabhängig.[183] Die Frage nach der zeitlichen Verfügbarkeit von Erdöl ist demnach schwer zu beantworten.

Darüber hinaus gibt es verschiedenartige geologische Vorkommen von Erdöl. Unterschieden wird grundsätzlich zwischen konventionellem und unkonventionellem Erdöl. Unter konventionellem Erdöl wird das flüssige, in unterirdischen geologischen Formationen eingelagerte Erdöl verstanden, das mittels Pumpen an die Oberfläche befördert werden kann. Dieses so gewonnene Rohöl kann dann direkt in Raffinerien weiterverarbeitet werden.

Der Entstehungsprozeß von Erdöl konnte bisher noch nicht abschließend geklärt werden. Erdöl ist ein aus natürlichen Lagerstätten stammendes Gemisch aus flüssigen Kohlenwasserstoffen, das zumeist gemeinsam mit Erdgas vorkommt. Es wird vermutet, daß Erdöl vor 20 bis 200 Mio. Jahren auf Basis mariner Organismen und höherer Pflanzen entstand. Unter Mitwirkung anaerober Bakterien wurden diese Organismen und Pflanzen zu Erdöl in der heutigen Form transformiert. Einer alternativen Theorie zufolge, die gerade in jüngster Zeit diskutiert wird, könnte Erdöl auch einen anorganischen Ursprung haben.[184]

Unter dem Begriff „unkonventionelles Erdöl" werden Ölschiefer, Ölsand und Schweröl zusammengefaßt. Vor allem die Nutzung von Ölschiefer und Ölsand ist derzeit aus wirtschaftlicher Sicht nicht möglich. Technisch stehen der Nutzung jedoch keine größeren Hindernisse im Wege. Momentan wird überwiegend Schweröl gefördert, da die Gewinnungskosten hierfür, im Vergleich zu Ölschiefer und Ölsand, verhältnismäßig niedrig liegen.[185]

Das Gesamtpotential[186] an Erdöl (einschließlich Kondensat), also den flüssigen Kohlenwasserstoffen, wird in einer Studie der Bundesanstalt für Geowissen-

---

[183] Vgl. Bundesministerium für Wirtschaft 1995c, S. 8.
[184] Vgl. KATALYSE e.V. - Institut für angewandte Umweltforschung (Hrsg.) 1993, S. 222.
[185] Vgl. Bundesministerium für Wirtschaft 1995c, S. 32.
[186] Gesamtpotential = kum. Förderung + Vorräte + Ressourcen.

schaften und Rohstoffe, die im Auftrag des Bundesministeriums für Wirtschaft 1995 erstellt wurde, mit 312,9 Mrd. t beziffert. Im einzelnen sind das:

- 100,8 Mrd. t (32,2%) gefördertes Erdöl,
- 135,9 Mrd. t (43,4%) Vorräte und
- 76,2 Mrd. t (24,4%) Ressourcen.

Zu beachten ist dabei, daß die 76,2 Mrd. t Ressourcen eine konservative Zahl ist, die sich um weitere 35 Mrd. t erhöhen könnte, so daß das Gesamtpotential zwischen 340 und 350 Mrd. t (optimistische Version) liegen würde. Dies trifft vor allem bei höheren Ölpreisen zu.[187]

Bezüglich der zeitlichen Verfügbarkeit konventionellen Erdöls kommt die Bundesanstalt für Geowissenschaften und Rohstoffe zu folgendem Ergebnis: „Gemessen an dem derzeitigen Verbrauch würden die landeseigenen bzw. regionalen Vorräte in Westeuropa (trotz der Ölprovinz Nordsee) nach 3,5 Jahren, in der OECD nach 3,6 Jahren, in Osteuropa nach 5,1 Jahren, in Nordamerika nach 11,6 Jahren (USA: 8,8 Jahre), in der GUS nach 28,2 Jahren, in der OPEC aber erst nach 456 Jahren und im Nahen bzw. Mittleren Osten gar erst nach 521 Jahren verbraucht sein."[188] Aufgrund dieser ungleichen Verteilung ergibt sich zwangsläufig eine immer stärker werdende Erdölimportabhängigkeit der Industrienationen von der OPEC und damit vom Nahen Osten. Nicht zuletzt liegen 2/3 der Vorräte in den Golfstaaten, und nur 5% der Vorräte entfallen auf die OECD-Mitgliedsstaaten.[189]

Was das unkonventionelle Erdöl anbelangt, so kann festgehalten werden, daß das Gesamtpotential mit 320 Mrd. t beinahe so groß ist wie das des konventionellen Erdöls. Unter Einbeziehung der Umweltverträglichkeit kommen bei einer subjektiven Einschätzung ca. 80 Mrd. t als Vorräte und rund 240 Mrd. t als mögliche Vorräte in Frage. Aufgrund der hohen Gestehungs- und Verarbeitungskosten ist eine wirtschaftliche Nutzung derzeit noch nicht möglich. Dennoch stellen vor allem Ölschiefer und Ölsand eine bedeutsame strategische Ressource für die ferne Zukunft dar, insbesondere, wenn beim Auslaufen des

---

[187] Vgl. Bundesministerium für Wirtschaft 1995c, S. 20.

[188] Ebda, S. 25.

[189] Eine tabellarische Übersicht zur Verteilung der gewinnbaren Erdölvorräte und zusätzlichen Ressourcen auf die einzelnen Regionen befindet sich in: Bundesministerium für Wirtschaft 1995c, S. 21.

konventionellen Erdöls und einem wesentlich höheren Ölpreis und weiteren technologischen Entwicklungen Abbau und Nutzung umweltverträglicher vollzogen werden können.[190] Die derzeitigen Fördermöglichkeiten sind allerdings noch mit erheblichen Umweltverschmutzungen beim Abbau und der Aufbereitung verbunden und sind daher aus ökologischer Sicht inakzeptabel. Da viele Faktoren mit erheblicher Unsicherheit behaftet sind, kann über die zeitliche Verfügbarkeit des unkonventionellen Erdöls nur spekuliert werden.

Geht man von einem jährlichen Erdölverbrauch von zwischen 3,1 und 3,2 Mrd. t aus (dieser Wert hat sich seit 1989 eingependelt), so kommt man unweigerlich zu dem Ergebnis, daß das verfügbare konventionelle Erdöl in weniger als 100 Jahren erschöpft sein wird. Nach gegenwärtigen geologischen Kenntnissen ist davon auszugehen, daß in Zukunft keine neuen „giant"-Ölfelder entdeckt werden. Zu erwarten ist vielmehr die Entdeckung einer großen Zahl kleinerer Felder, die jedoch aus logistischer Sicht nur mit hohen Kosten erschlossen werden können.[191]

Die Schlußfolgerungen für den Verkehrssektor liegen auf der Hand. Auch ohne Mineralölsteuererhöhungen muß langfristig mit einem kontinuierlichen Anstieg der Benzinpreise, der Ausdruck der zunehmenden Verknappung ist, gerechnet werden. Dieser Prozeß wird zwar noch nicht in den nächsten Jahren eintreten, wohl aber im Zeitraum von Dekaden. Die Perspektiven bei der Nutzung des konventionellen Verbrennungsmotors sind zwar kurzfristig noch relativ gut, langfristig muß jedoch ein adäquater Ersatz gefunden werden. Mit erschöpflichen natürlichen Ressourcen, da bildet das Erdöl keine Ausnahme, ist ein dauerhaftes Nutzungskonzept nicht zu realisieren. Energieeinsparpotentiale beim konventionellen Verbrennungsmotor sorgen zwar für eine zeitliche Streckung der Erdölvorräte, können das Knappheitsproblem jedoch nicht nachhaltig lösen. Ebenso zeigt das Ausmaß der durch das Automobil verursachten Umweltschäden, daß das heutige Autokonzept langfristig keine Zukunft hat. Müller und Schwenke fassen das Problem folgendermaßen zusammen:

„Es erscheint wenig sinnvoll, wenn die Automobilindustrie verspricht, alle Benziner mit Katalysator und alle Dieselmotoren mit Rußfiltern auszurüsten und diese so strengste Abgasnormen erfüllen, wenn gekapselte Motoren die

[190] Vgl. Bundesministerium für Wirtschaft 1995c, S. 32f.
[191] Vgl. ebda, S. 25.

Lärmemissionen verringern, wenn Staub- und Geruchsfilter die vom Autoverkehr selbst erzeugten Schadstoffe zurückhalten sollen, oder wenn herkömmliche Motoren und Getriebe auf niedrige Geschwindigkeiten und niedrigen Verbrauch optimiert werden. Hier handelt es sich immer nur um Teil- oder Übergangslösungen, nicht aber um grundlegende notwendige Innovationen."[192]

Innovationen sind also das Schlüsselwort für eine umweltgerechte Problemlösung. Neue alternative Antriebskonzepte sind vonnöten, damit der Verkehr, insbesondere der Individualverkehr, weiterhin reibungslos funktionieren kann. Umweltzertifikate im Verkehrsbereich müssen zunächst versuchen, die beschränkten Erdölvorräte zu strecken, um so Zeit für die Erforschung alternativer Antriebsquellen zu gewinnen, mit denen ein nachhaltiges Automobilkonzept möglich ist.

An nachhaltige Energieträgerkonzepte im Verkehrsbereich sind erhöhte Anforderungen geknüpft, die nicht so ohne weiteres und schon gar nicht in kürzester Zeit gleichzeitig erfüllt werden können. Aus technischer Sicht sind die folgenden Kriterien zu nennen, die Thielemann (1987) bereits vor über 10 Jahren zusammengestellt hat und die noch heute aktuell sind:

- „Möglichst geringes Energiegewicht, bezogen auf die Masse des Speichermediums.
- Möglichst geringes Volumen, bezogen auf das Speichersystem.
- Der Energieträger sollte unter allen Bedingungen, unter denen ein Fahrzeug betrieben wird - insbesondere den atmosphärischen Bedingungen - einzusetzen sein.
- Der Energieträger sollte über längere Zeiträume lagerfähig sein.
- Transport und Verteilung des Energieträgers sollten möglichst kostengünstig durchzuführen sein.
- Die Übertragung des Energieträgers auf das Fahrzeug sollte schnell und unkompliziert möglich sein.
- Sicherheitsrisiken dürfen nicht über denen liegen, wie sie bereits beim Benzin- und Dieselbetrieb zu verzeichnen sind.
- Der Energieträger sollte mit möglichst geringen Änderungen am Fahrzeug in den heutigen Fahrzeugen zu implementieren sein."[193]

---

[192] Müller/Schwenke 1992, S. 50.
[193] Thielemann 1987, S. 167.

In einem weniger technisch formulierten Anforderungskatalog stellt Vester (1990) Kriterien für ein sogenanntes „Ökomobil" zusammen. Ein echtes Ökomobil darf danach weder mit einem Explosionsmotor ausgestattet sein, noch mit fossilen Treibstoffen angetrieben werden. Seine Forderungen für ein zukunftsfähiges Konzept lauten:

„Das ideale Individualfahrzeug muß
- bequem, hoch und kurz sein,
- lautlos fahren,
- keine Abgase erzeugen,
- recyclingfähig sein,
- Fehler verzeihen und
- sicheres Fahren garantieren.

Weiterhin sollte es (vor allem als Stadtmobil)
- extrem leicht sein (superleichte Werkstoffe),
- voll wendig sein (Räder bis zu 90 Grad lenkbar),
- steuerbare Hinterräder haben (zum seitwärts Einparken),
- nicht schneller als 50 km/h fahren,
- für die schnelle Überbrückung von Langstrecken zur Querverladung auf der Bahn geeignet sein.

Es darf darüber hinaus
- schön, elegant und luxuriös sein,
- eine raffinierte Elektronik haben,
- durch automatische Leitsysteme bestechen,
- variabel und vielseitig kombinierbar sein,
- als Statussymbol von spottbillig bis sündhaft teuer sein."[194]

Dieser Forderungskatalog mutet sehr utopisch an und wird in absehbarer Zeit nicht zu realisieren sein, da er die Übergangsprobleme nicht erfaßt und die zeitlichen Dimensionen von Produktinnovationen ausblendet. Antriebskonzepte ohne einen Verbrennungsmotor sind derzeit theoretisch zwar denkbar, praktisch jedoch noch nicht im großen Maßstab umsetzbar. Es müssen vielmehr neue Kraftstoffe gefunden werden, die die traditionellen Erdölprodukte Benzin und Diesel vollständig substituieren können.

---

[194] Vester 1990, S. 356.

Zu den alternativen Kraftstoffen gehören alle, die nicht aus Erdöl gewonnen werden. Es sind auch diejenigen mit einbezogen, die aus den fossilen Primärenergieträgern Kohle und Erdgas gewonnen werden, und jene, die aus Biomasse, Wasserkraft, Solar- und Kernenergie gewonnen werden.[195] Abbildung 21 zeigt die alternativen Kraftstoffe im Überblick, wobei auf den Umwandlungsprozeß hier nicht näher eingegangen werden soll.

Abb. 21: Alternative Kraftstoffe im Überblick

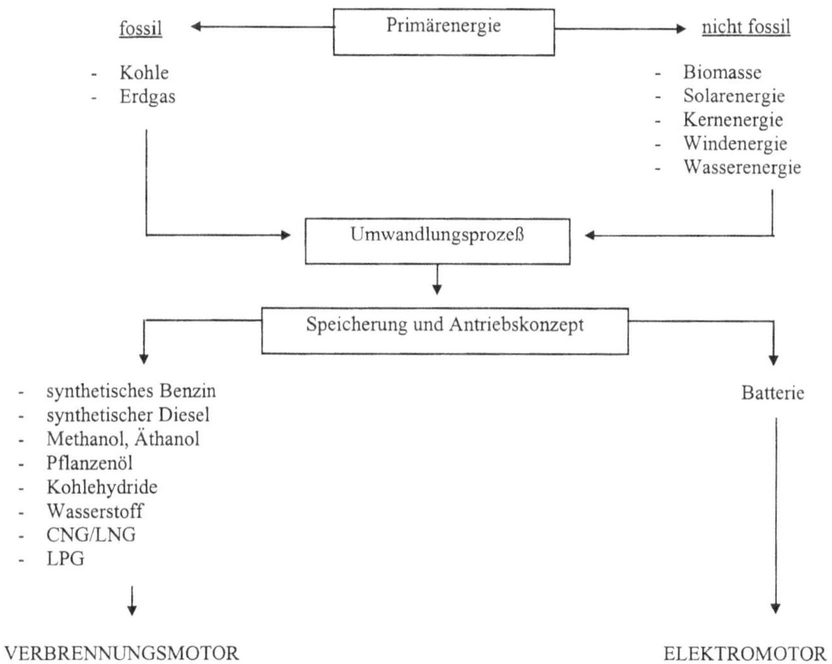

Quelle: Nach Bochmann 1992, S. 10.

Die aufgeführten alternativen Kraftstoffe[196] können zum Teil im konventionellen Verbrennungsmotor eingesetzt werden. Möchte man jedoch den her-

[195] Vgl. OTA (Congress of the United States Office of Technology Assessment) 1991, S. 2.

[196] Zum besseren Verständnis seien an dieser Stelle noch die Abkürzungen CNG, LNG und LPG erläutert.

kömmlichen Otto- bzw. Dieselmotor durch alternative Antriebsmotoren ersetzen, so kann man verschiedene Technologien wählen. Diese Technologien sollen hier nur kurz genannt werden, wobei die Aufstellung keinen Anspruch auf Vollständigkeit erhebt, da gerade bei der Entwicklung alternativer Antriebsquellen dem Erfindergeist keine Grenzen gesetzt sind. Folgende Konzepte sind mehr oder weniger aussichtsreich zu bewerten:

- Gasturbine,
- Stirlingmotor,
- Elektromotor,
- Alkoholmotor,
- Wasserstoffmotor,
- Hybridantrieb.[197]

Einzelne Antriebskonzepte können auch in Kombination mit anderen verwirklicht werden. Spezifische Probleme sind aber bei fast allen zu verzeichnen. Eine nähere Untersuchung der verschiedenen Konzepte ist im Rahmen dieser Arbeit nicht vorgesehen.[198] Betrachtet man jedoch den Anforderungskatalog, der an alternative Fahrzeugkonzepte geknüpft ist, so kommt man zu dem Schluß, daß in absehbarer Zeit mit keinem der genannten Konzepte ein nachhaltiges Verkehrsmodell realisiert werden kann. Am aussichtsreichsten, zumindest auf lange Sicht, scheinen der Wasserstoff- und der Elektromotor zu sein. Die übrigen Konzepte stellen dagegen eher Übergangslösungen dar, die den Zeitraum bis zu einer nachhaltigen Wirtschaftsweise im Verkehr moderat gestalten sollen.

CNG = Compressed Natural Gas. Komprimiertes Erdgas läßt sich als Kraftstoff ver wenden. Das Erdgas wird hier in Hochdruckflaschen (z.B 200bar) gespeichert.

LNG = Liquefied Natural Gas. Ist durch Tiefkühlung auf -162°C verflüssigtes Erdgas. Hauptbestandteil von Erdgas ist Methan (CH_4).

LPG = Liquefied Petroleum Gas. Ein durch Druck verflüssigtes Gemisch von Propan (C_3H_8) und Butan (C_4H_{10}), bekannt als Flüssiggas oder Autogas. Es entsteht als Nebenprodukt beim Entgasen von Rohöl, Verarbeiten von nassem Erdgas und Behandeln von Erdöl in der Raffinerie. Vgl. Drewitz 1987, S 79f.

[197] Diese Zusammenstellung wurde vorwiegend aus Thielemann 1987 entnommen.

[198] Für nähere Informationen, insbesondere zu den Vor- und Nachteilen einzelner Antriebskonzepte, sei auf die folgende Literatur verwiesen: Müller/Schwenke 1992, Seiffert/Walzer 1989, Goeudevert 1990, Sporckmann 1990, Menrad/König 1982 und Wagner 1990. Neuere Informationen zu technischen Fahrzeugentwicklungen, die international diskutiert werden, befinden sich u.a. in: OECD (Hrsg.) 1996.

Ein Zertifikatemodell muß demnach eine kurz- und eine langfristige Wirkung haben, die sowohl den Übergangszeitraum moderat gestaltet als auch nachhaltige Konzepte einleitet. In Kapitel 5 werden diese und weitere Vorüberlegungen näher untersucht, damit ein Zertifikatemodell im Individualverkehr auch den Effekt erzielen kann, für den es geschaffen wurde.

3.5. Zusammenfassung

Eine detaillierte Analyse des Verkehrssektors in der Bundesrepublik hat gezeigt, daß der motorisierte Individualverkehr der mit Abstand größte Endenergieverbraucher und Schadstoffemittent ist. Es erscheint daher sinnvoll, ein Zertifikatemodell für diesen Sektor zu entwerfen, da hier die größten Umweltprobleme zu finden sind.

Die historische Entwicklungsgeschichte des konventionellen Verbrennungsmotors und des Automobils läßt erahnen, welche revolutionäre gesellschaftliche Bedeutung dieser Erfindung zugerechnet werden muß. Nachdem die ersten Automobile zur Serienreife gebracht waren, setzte eine rasante Motorisierung der Gesellschaft ein, die die Automobilindustrie zu einem der bedeutendsten Wirtschaftssektoren der westlichen Volkswirtschaften machte. Dieser Aufstieg verlief jedoch nicht gänzlich ohne Rückschläge. Neben den beiden Weltkriegen führten wirtschaftliche Depressionen zu erheblichen Produktionseinbrüchen. Um den Absatz weiterhin zu sichern, wurden technische Innovationen realisiert, die viele Automobile der ersten Hälfte dieses Jahrhunderts bereits zu „Ökomobilen“ machten. Hieraus läßt sich schließen, daß bei richtig gewählten ökonomischen Anreizmechanismen frühzeitig Innovationspotentiale erschlossen werden können, die sonst erst lange Zeit später, durch den Druck der Notwendigkeit, hervorgerufen werden würden.

Grundsätzlich kann man auf zwei unterschiedliche Weisen die Schadstoffemissionen und den Endenergieverbrauch senken. Es kann darauf hingewirkt werden, daß die Fahrleistung reduziert wird oder das durch technische Neuerungen der spezifische Schadstoffausstoß und der Kraftstoffverbrauch des einzelnen Fahrzeugs gesenkt werden. Aufgrund der immensen Bedeutung der individuellen berufsbedingten Mobilität in der modernen Gesellschaft erscheint eine Einschränkung der Mobilität, vor dem Hintergrund einer schlechten gesamtwirtschaftlichen Lage, äußerst problematisch. Ein

Zertifikatemodell im Individualverkehr darf daher nicht mit zusätzlichen Kosten für den Adressatenkreis verbunden sein, da hierdurch eine Gefährdung von Arbeitsplätzen nicht auszuschließen ist. Bleibt letzten Endes nur noch die Möglichkeit, durch gezielte Anreize technische Innovationen hervorzurufen. Bei einer Vergabe nach der „Grandfathering-Methode“ würden der Automobilindustrie in der Einführungsphase keine Kosten entstehen, was die Akzeptanz eines Zertifikatemodells deutlich erhöhen würde.

Der zeitliche Rahmen eines Zertifikatemodells im Individualverkehr muß vor dem Hintergrund der Erschöpfbarkeit des Erdöls festgesetzt werden. Es müssen zunächst Übergangszeiträume moderat gestaltet werden, um schließlich nachhaltige Antriebskonzepte zu realisieren.

4. Identifizierung der Umweltauswirkungen des motorisierten Individualverkehrs

Wird in der Öffentlichkeit von den Umweltauswirkungen des motorisierten Individualverkehrs gesprochen, so beschränkt sich dies in der Regel auf die spezifischen Schadstoffemissionen, vordringlich auf das Kohlendioxid-Problem und den Kraftstoffverbrauch. Diese Betrachtung blendet eine Vielzahl weiterer „externer Effekte" des Individualverkehrs aus. Es erscheint daher notwendig, eine detaillierte Analyse der wesentlichen Umweltauswirkungen durchzuführen. Die folgende Darstellung erhebt keinen Anspruch auf Vollständigkeit, da die Erforschung einiger Problemfelder, wie beispielsweise die Fernwirkung der Platinemissionen des geregelten Katalysators, noch zu keinen gesicherten Erkenntnissen geführt hat. Die nachfolgende Abbildung 22 gibt einen Überblick zu den wichtigsten externen Effekten des Individualverkehrs.

Seit zu Beginn der 80er Jahre die Gesellschaft in der Bundesrepublik für die akuten Umweltprobleme sensibilisiert wurde, rückte auch das wachsende Straßenverkehrsaufkommen mit seinen spezifischen Folgen für die Umwelt in das Bewußtsein der Menschen. Infolgedessen erschienen etliche Studien und Veröffentlichungen, die sich mit der Erfassung, Quantifizierung und Monetarisierung der verkehrsbedingten Umweltschäden befaßten. Eine Übersicht zu diesen Studien, die im deutschsprachigen Raum von 1980-1991 veröffentlicht wurden, bieten Becker/Bertram (1992). Da neue wissenschaftliche Erkenntnisse und verbesserte Meßmethoden zu immer neuen Bewertungen der Umweltschäden führen, ist der Prozeß der Erforschung von externen Effekten im Straßenverkehr noch längst nicht abgeschlossen. Dieses Kapitel versucht, den derzeitigen Kenntnisstand wiederzugeben, beschränkt sich dabei jedoch auf die wesentlichen und vordringlichsten Umweltauswirkungen.

Abb. 22: Die wesentlichen Umweltauswirkungen des Individualverkehrs

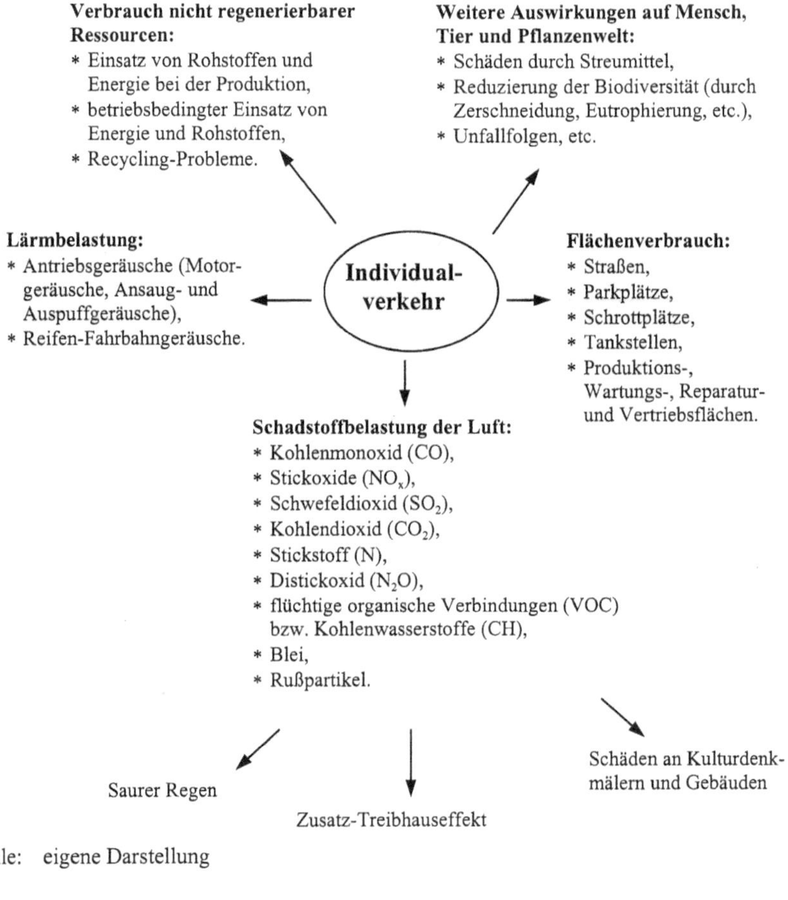

Quelle: eigene Darstellung

4.1. Luftschadstoffbelastung durch Kraftfahrzeuge

Kraftfahrzeuge belasten durch die von ihnen produzierten Schadstoffe auf vielfältige Weise die Umwelt. Die größte Gruppe bilden die Luftschadstoffe, die durch die Verbrennung von Kraftstoff in Form von Abgasen aus dem Auspuff entweichen. Darüber hinaus gibt es eine Reihe weiterer Schadstoffe wie Betankungs- und Schmierölverluste, Abrieb von Reifen und Bremsbelägen sowie

Schwermetallabgaben aus den Katalysatoren, die jedoch nicht Gegenstand der Untersuchung sein sollen.[199]

Bei der Verbrennung von Kraftstoffen aus fossilen Rohstoffen entstehen im konventionellen Verbrennungsmotor einige mehr oder weniger schädliche Emissionen. Die Hauptbestandteile der Autoabgase sind Stickstoff (N), Wasserdampf (H_2O) und Kohlendioxid (CO_2). Jeder dieser Stoffe ist für sich genommen unschädlich und Bestandteil der Atmosphäre. Auf die spezifischen Probleme, die mit der anthropogenen Anreicherung von Kohlendioxid in der Atmosphäre einhergehen, wurde bereits in Kapitel 3.1. eingegangen.

Daneben werden Stoffe freigesetzt, die in ihrer Wirkung unterschiedlich schädlich für die Umwelt sind. Dazu gehören in erster Linie die durch Grenzwert beschränkten Stoffe Kohlenmonoxid (CO), Kohlenwasserstoffe (CH) und Stickoxide (NO_x).[200]

Kohlenmonoxid (CO) entsteht bei der Verbrennung von fossilen Brennstoffen, die aufgrund von Sauerstoffmangel oder zu niedriger Temperatur unvollständig ist. Wird Kohlenmonoxid eingeatmet, so verbindet es sich mit hoher Affinität mit dem roten Blutfarbstoff Hämoglobin und blockiert diesen für die Aufnahme von Sauerstoff.[201]

Die nachfolgende Abbildung 23 veranschaulicht die Entwicklung der Kohlenmonoxid-Emissionen, die von Pkw ausgestoßen werden. Seit 1980 ist eine sinkende Tendenz bei Pkw mit Ottomotor deutlich zu erkennen, wohingegen bei Dieselmotoren ein leichter Anstieg verzeichnet werden kann, der sich jedoch auf einem sehr geringen Niveau bewegt.

---

[199] Vgl. KATALYSE e.V. - Institut für angewandte Umweltforschung (Hrsg.) 1993, S. 610.
[200] Vgl. ebda, S. 610f.
[201] Vgl. Teufel et al. 1995a, S. 26.

Abb. 23: Entwicklung der Kohlenmonoxid-Emissionen aus Pkw in Deutschland

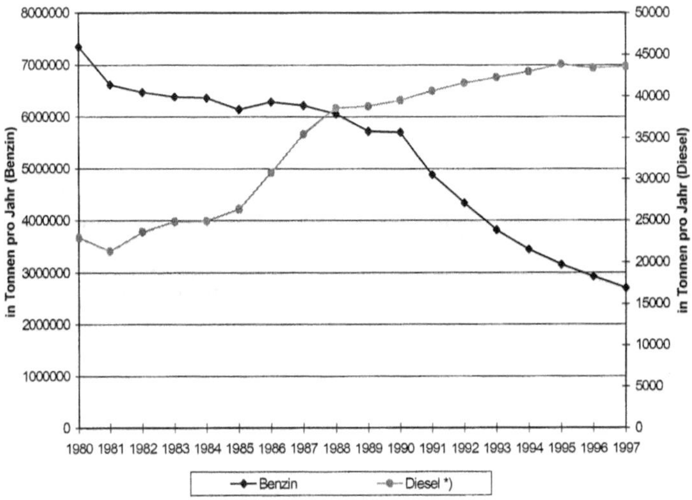

*) 1980 bis 1989 nur alte Bundesländer

Quelle: Umweltbundesamt 1998b.

Kohlenwasserstoffe (CH) werden auch als VOC (Volatile Organic Compound = flüchtige organische Verbindungen) bezeichnet. Es handelt sich hierbei um einen Sammelbegriff für mehrere hundert organische Verbindungen, von denen die meisten mehr oder weniger gesundheitsschädigend wirken. Ebenso wie Kohlenmonoxid entstehen Kohlenwasserstoffe bei unvollständiger Verbrennung oder durch Verdunstung von Kraftstoff. Als besonders toxisch haben sich polyzyklische organische Verbindungen wie Benzypren oder Benzol erwiesen, da sie beim Menschen Krebs verursachen können.[202]

Abbildung 24 visualisiert die Entwicklung der VOC-Emissionen aus Pkw in Deutschland für den Zeitraum von 1980 bis 1997. Ähnlich wie beim Kohlenmonoxid wurden auch die VOC-Emissionen von Ottomotoren deutlich gesenkt. Dieselmotoren emittieren nur in sehr geringem Umfang flüchtige organische Verbindungen (VOC), wobei auch hier aufgrund der wachsenden Zahl von Dieselfahrzeugen ein leichter Anstieg beobachtet werden kann.

[202] Vgl. Teufel et al. 1995a, S. 26.

Abb. 24: Entwicklung der VOC-Emissionen aus Pkw in Deutschland

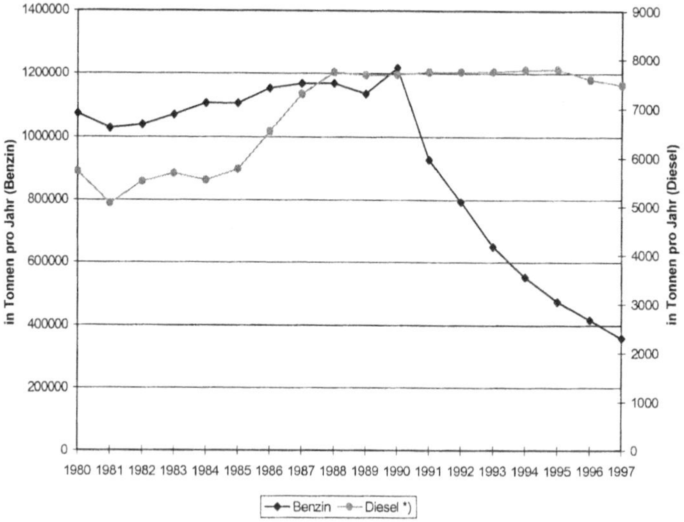

*) 1980 bis 1989 nur alte Bundesländer

Quelle: Umweltbundesamt 1998b.

Stickoxide (NO_x) bilden den Oberbegriff für Stickstoff-Sauerstoff-Verbindungen, die bei Verbrennungsvorgängen durch Oxidation des Luftstickstoffs und des im Brennstoff vorhandenen chemisch gebundenen Stickstoffs entstehen.[203] Bei höheren Temperaturen nimmt die NO_x-Bildung stark zu. Um den Wirkungsgrad möglichst hoch und damit den Kraftstoffverbrauch möglichst niedrig zu halten, arbeitet man mit hohen Verdichtungen und hohen Verbrennungstemperaturen im Motor. Dies führt jedoch zu höheren NO_x-Emissionen als in weniger stark verdichteten Motoren mit geringeren Verbrennungstemperaturen.[204] Die NO_x-Emissionen sind auch eines der Hauptprobleme bei der Entwicklung umweltfreundlicherer und effizienterer Kraftstoffe. Insbesondere stellt sich die wünschenswerte Absenkung des Aromatengehalts[205] im Ottokraftstoff als problematisch heraus, denn bei einer Reduzie-

[203] Vgl. Teufel et al. 1995a, S. 21.

[204] Vgl. KATALYSE e.V. - Institut für angewandte Umweltforschung (Hrsg.) 1993, S. 611f.

[205] Aromaten sind aromatische Kohlenwasserstoffe, die als Grundkörper einen Kohlenwasserstoff der Summenformel C_6H_6 enthalten. Benzol, Benzopyren und polyzyklische aromatische Kohlenwasserstoffe zählen zu dieser Gruppe und stehen in Verdacht, Krebser-

rung der Aromaten gehen zwar die CO- und CH-Emissionen zurück, die Stickoxidemissionen steigen jedoch in beinahe gleichem Umfang.[206] Die Stickoxide in den Abgasen von Verbrennungsmotoren bestehen zu 95% aus Stickstoffmonoxid (NO) und zu 5% aus Stickstoffdioxid (NO_2). In relativ kurzer Zeit wandelt sich das NO durch Anreicherung mit Luftsauerstoff zu NO_2 um und bildet in der Atmosphäre ein chemisch aggressives Reizgas, das auf mehreren Wegen die Umwelt belastet:

1. Wird Stickstoffdioxid mit einer Konzentration von mehr als 30 Mikrogramm im Jahresmittel und 80 Mikrogramm als Kurzzeitwert eingeatmet, so kommt es zu einer krankhaften Reizung der Atemwege und des Lungengewebes.[207]

2. NO_x spielen bei der Bildung des „sauren Regens“ eine entscheidende Rolle. Schätzungen für Europa ergaben, daß Stickoxide für rund die Hälfte des sauren Regens verantwortlich sind.[208] Die Stickoxide lösen sich in den Niederschlägen auf und wandeln sich dabei in Salpetersäure und salpetrige Säure um. Der Regen trifft auf den Boden und führt zu einer Versauerung und einer weiteren Herauslösung von Nährelementen (Magnesium, Calcium) und anderen toxischen Elementen wie Schwermetallen. Der saure Regen ist die Hauptursache für das „Waldsterben“, das insbesondere in weiten Bereichen Europas, Nordamerikas und Nord- und Südchinas stark zugenommen hat.[209] In diesem Zusammenhang muß noch erwähnt werden, daß in anderen Regionen der Erde der Waldbestand zugenommen hat. Zu nennen sind hier etwa die borealen Wälder in Kanada, Russland und Nordeuropa.

3. Stickoxide spielen eine wesentliche Rolle bei der Bildung von Ozon (O_3). Zusammen mit Kohlenwasserstoffen und Luftsauerstoff bilden sich die Ausgangssubstanzen für Photooxidantien, zu denen auch das Ozon gerechnet wird. Unter Einwirkung von UV-Strahlen der Sonne entsteht ein chemischer Kreislaufprozeß, in dem die Ausgangssubstanzen unter anderen

krankungen zu verursachen. (Vgl. KATALYSE e.V. - Institut für angewandte Umweltforschung (Hrsg.) 1993, S. 48.)

[206] Vgl. Deutsche Shell AG (Hrsg.) 1996c, S. 10.

[207] Vgl. Teufel et al. 1995a, S. 21f.

[208] Vgl. Greenpeace e.V. (Hrsg.) 1991, S. 34.

[209] Vgl. Teufel et al. 1995a, S. 21f.

zu Ozon umgewandelt werden.[210] Je stärker die UV-Strahlung der Sonne, desto stärker ist auch die Produktion von Ozon. Dieses bodennahe Ozon, das nicht mit dem Ozon in der Ozonschicht der Erde verwechselt werden darf, ist daher in den Sommermonaten ein besonderes Problem. Ozon ist eines der stärksten Oxidationsmittel und schädigt mit wachsender Konzentration in der Atemluft zunehmend die Atmungsorgane. „Als Folge einer Ozonbelastung treten u. a. folgende Symptome auf: Beeinträchtigung der Lungenfunktionen, Verringerung des Atemvolumens, Müdigkeit, Beeinträchtigung der physischen Leistungsfähigkeit, Husten, Engegefühl der Brust, Lungenschmerzen, Kopfschmerzen, Nasen-, Rachen- und Augenreizungen, Atemnot, morphologische und biochemische Veränderungen am Lungen- und Flimmerepithel. Auslösung entzündlicher Prozesse, Fibrosierung (Vernarbung) in der Lunge, Schädigung der für die Abwehr wichtigen Makrophagen, chronisch obstruktive Atemwegserkrankungen, Begünstigung von Allergien."[211] Daneben beeinträchtigt das sog. „Sommer-Ozon" das Wachstum der Pflanzen, wobei einzelne Arten unterschiedlich auf die Ozonbelastung reagieren. Aufgehellte oder eingerollte Blätter an Bäumen oder anderen Pflanzen während der Sommermonate sind ein sichtbares Anzeichen für eine schädigende Ozonkonzentration.[212]

Wie Abbildung 25 zeigt, sind die Emissionen von Stickoxiden aus Pkw mit Benzinmotor seit 1980 signifikant gesunken. Dagegen stiegen im gleichem Zeitraum die NO_x-Emissionen aus Dieselmotoren leicht an. Seit Beginn der 90er Jahre haben sich die Emissionen auf einem deutlich niedrigeren Niveau als noch in den 80er Jahren stabilisiert.

[210] Vgl. Teufel et al. 1995a, S. 24.
[211] Teufel et al. 1996a, S. 2.
[212] Vgl. Bund für Umwelt und Naturschutz Deutschland (BUND) (Hrsg.) 1994, S. 4.

Abb. 25: Entwicklung der Stickoxid-Emissionen aus Pkw in Deutschland

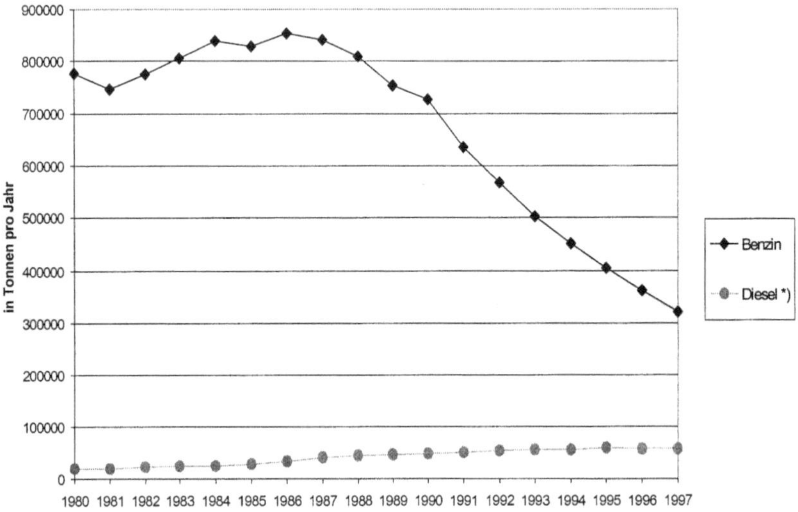

*) 1980 bis 1989 nur alte Bundesländer

Quelle: Umweltbundesamt 1998b.

Neben den aggressiven Stickoxiden NO und NO_2 wurde dem weniger aggressiven *Distickoxid (N_2O)* im Verkehrsbereich bisher wenig Beachtung geschenkt, da es in den emittierten Mengen für den Menschen ungefährlich ist.[213] Distickoxid entsteht überwiegend in der Landwirtschaft bei hoher Stickstoffdüngung des Bodens. Interessanterweise liegen die Distickoxid-Emissionen von Pkw ohne Katalysator 2-3 mal niedriger als bei Pkw mit Katalysator. N_2O ist ein direkt wirkendes Treibhausgas, das mit ca. 5% zum anthropogenen Treibhauseffekt beiträgt.[214] Das Treibhauspotential (GWP)[215] von N_2O ist 320 mal höher als das von Kohlendioxid, so daß schon eine sehr viel geringere Menge ausreicht, um zum globalen anthropogenen Treibhauseffekt beizutragen.[216]

---

[213] Vgl. Teufel et al. 1995a, S. 27.

[214] Vgl. Umweltbundesamt 1995a, S. 48.

[215] GWP=Global Warming Potential=Treibhauspotential eines Spurengases integriert über einen Zeitraum von 100 Jahren (Maß für die zeitlich integrierte Strahlungswirkung einer bestimmten Menge eines Stoffes zur relativen Wirkung derselben Menge CO_2). Vgl. Umweltbundesamt 1995, S. 372.

[216] Vgl. Umweltbundesamt 1995a, S. 372.

Durch seine Emissionen trägt der Verkehrssektor massiv zu einer Störung des globalen Stickstoffhaushalts bei. Hampicke (1992) gibt einen detaillierten Überblick zu diesem Problem und weist auf die Notwendigkeit von gesamtgesellschaftlichen Verhaltensänderungen hin, um einer wenn auch schleichenden Katastrophe zu entgehen.[217]

Die Emissionen von *Blei* entstehen nur in der Menge, in der Blei dem Benzin zugesetzt wird. Mit dem Benzinbleigesetz vom 1.1.1976 wurde in der Bundesrepublik der Bleigehalt im Benzin auf 0,15 g/Liter beschränkt. Am 1.2.1988 wurde bleihaltiges Normalbenzin schließlich verboten. Die derzeitigen Bleiemissionen sind auf den Verbrauch von verbleitem Superbenzin zurückzuführen, das von Pkw ohne geregelten Katalysator benötigt wird. Da Bleizusätze zum Benzin giftig sind und zur Zerstörung eines geregelten Drei-Wege-Katalysators führen, mit dem die meisten Automobile mittlerweile ausgerüstet sind, ist der Marktanteil von verbleitem Benzin ständig gesunken. Der Marktanteil von verbleitem Ottokraftstoff liegt in einer Größenordnung von ca. 5%, bei ständig sinkender Tendenz. Kraftstoff wird als bleifrei eingestuft, wenn dessen Bleigehalt 0,01 g/Liter nicht überschreitet. Der Zusatz von Blei diente in der Vergangenheit als Antiklopfmittel und wurde in der jüngeren Zeit durch einen erhöhten Anteil hochoktaner Kohlenwasserstoffverbindungen oder sauerstoffhaltiger Komponenten als Kraftstoffzusätze ersetzt.[218]

Zu erwähnen sind noch zwei weitere Schadstoffe, die speziell von Dieselmotoren emittiert werden. Ein größeres Problem stellt der Ausstoß von *Rußpartikeln* dar. Die Gesundheitsgefährdung, die von Rußpartikeln in der Luft ausgeht, ist noch nicht vollständig erforscht. In erster Linie löst Dieselruß jedoch Lungenkrebs aus. Sicher ist dagegen, daß sich die Rußteilchen an andere Schadstoffe anlagern, wie z.B. Metalloxide, organische Verbindungen und spezielle polyzyklische aromatische Kohlenwasserstoffe, die zum Teil kanzerogen sind.[219]

Die in Abbildung 26 dargestellten Entwicklungen von Blei-Emissionen aus Benzinmotoren und Rußpartikel-Emissionen aus Dieselmotoren waren im Zeitraum von 1980 bis 1997 gegenläufig. Das Benzinbleigesetz führte zu stark

---

[217] Vgl. Hampicke 1992, S. 329ff.

[218] Vgl. KATALYSE e.V. - Institut für angewandte Umweltforschung (Hrsg.) 1993, S. 83, 110f., 612.

[219] Vgl. edba, S. 612.

sinkenden Blei-Emissionen, wohingegen die quantitative Zunahme von Pkw mit Dieselmotor eine steigende Rußpartikelmenge zur Folge hatte. Seit Beginn der 90er Jahre haben sich die jährlichen Rußpartikel-Emissionen auf einem relativ hohen Niveau stabilisiert. Es sollte noch erwähnt werden, daß in der ehemaligen DDR Pkw mit Dieselmotor eine Seltenheit waren und erst nach der Wiedervereinigung 1990 in den neuen Bundesländern eingeführt wurden.

Abb. 26: Entwicklung der Blei- und Rußpartikel-Emissionen aus Pkw in Deutschland

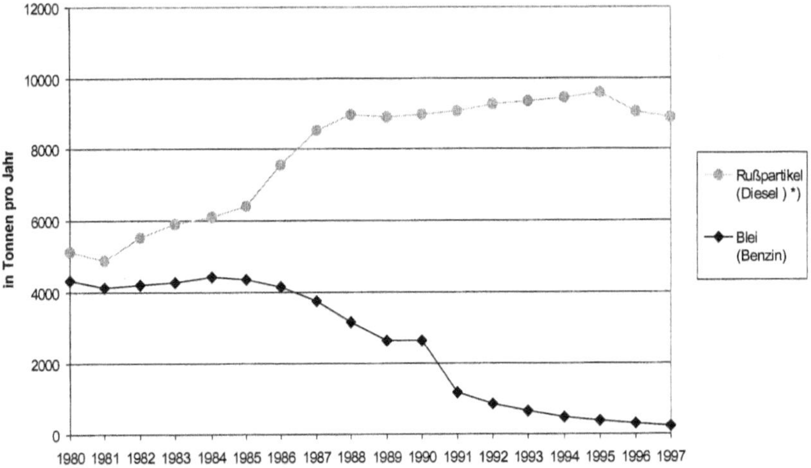

*) 1980 bis 1989 nur alte Bundesländer
Quelle: Umweltbundesamt 1998b.

Schwefeldioxid (SO_2) wird von Dieselfahrzeugen immer dann emittiert, wenn der Dieselkraftstoff Schwefel enthält. Per Gesetz wurde der Schwefelgehalt auf max. 0,05 Vol.-% festgelegt. Seit 1996 darf nur noch sog. „schwefelarmer" Dieselkraftstoff verkauft werden. Die Mineralölindustrie entwickelte zu diesem Zweck neue Additive, die neben der Reduktion des Schwefelgehalts auch eine Absenkung des Kraftstoffverbrauchs und eine Verminderung der Rußpartikel ermöglichen.[220] Daneben wird SO_2 auch von Benzinmotoren in einem deutlich geringeren Umfang emittiert.

[220] Vgl. Deutsche Shell AG (Hrsg.) 1996a, S. 40.

Ebenso wie Stickoxide gehört Schwefeldioxid zu den säurebildenden Luftschadstoffen. Das Umwelt- und Prognose-Institut Heidelberg hat 1995 den Versuch unternommen, die Umweltbelastungen in der Bundesrepublik Deutschland zu monetarisieren. Im Abschnitt über die Auswirkungen säurebildender Luftschadstoffe auf Materialien kamen die Forscher zu folgenden Ergebnissen: Säurebildende Luftschadstoffe führen

- „zu einem Abbau der Alkalireserven des Betons, zu einer Korrosion des Stahls in Stahlbetonkonstruktionen[221] und zu einem schnelleren Abtrag des Zinküberzuges feuerverzinkter Stahlkonstruktionen[222],
- zu einer Verschmutzung von Fassaden und Gebäuden,
- zu einer Auflösung der Bindungsmatrix verschiedener Gesteinsarten und dadurch zur Zerstörung von Gebäuden, jahrhundertealten Denkmälern und unwiederbringlicher Kunstwerke,
- zu einer Zerstörung mittelalterlicher Glasgemälde[223].“[224]

Auf die spezifischen Monetarisierungswertansätze, die in der Studie berechnet wurden, soll an dieser Stelle nicht eingegangen werden.

Abbildung 27 veranschaulicht die Entwicklung der Schwefeldioxid-Emissionen aus Pkw. Obwohl Benzinmotoren deutlich weniger SO_2 emittieren, führt die große Anzahl der Pkw mit diesem Motortyp zu einem den Dieselfahrzeugen vergleichbaren Gesamtniveau. Die Einführung des schwefelarmen Dieselkraftstoffs im Jahr 1996 konnte die Emissionen deutlich senken. Dennoch emittieren Dieselfahrzeuge sehr viel mehr Schwefeldioxid als Pkw mit Ottomotor.

---

[221] Die Informationen sind dem 3. Bundesimmessionsschutzberichtes der Bundesregierung entnommen.

[222] Vgl. auch Isecke 1986, S. 67ff.

[223] Weiterführende Informationen finden sich bei Fitz et al. 1984.

[224] Teufel et al. 1995b, S. 10.

Abb. 27: Entwicklung der Schwefeldioxid-Emissionen aus Pkw in Deutschland

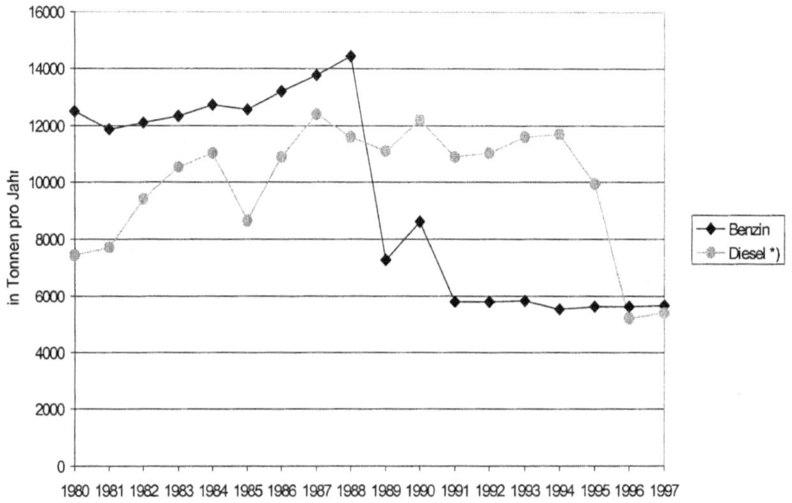

*) 1980 bis 1989 nur alte Bundesländer

Quelle: Umweltbundesamt 1998b.

Betrachtet man die einschlägigen Studien zur zukünftigen Entwicklung der Luftschadstoffemissionen des Verkehrssektors, so wird deutlich, daß mit Ausnahme des Kohlendioxids sämtliche Emissionen bis zum Jahr 2020 zum Teil erheblich reduziert werden können. Die nachfolgende Abbildung 28 visualisiert die Ergebnisse einer Zukunftsstudie der Prognos AG, die im Auftrag des Bundesministeriums für Wirtschaft durchgeführt wurde. Die angegebenen Werte beziehen sich auf den gesamten Straßenverkehr und sind nicht weiter in Pkw- bzw. Lkw-Verkehr untergliedert.

Seit zu Beginn der 80er Jahre die Gesellschaft in der Bundesrepublik für die akuten Umweltprobleme sensibilisiert wurde, rückte auch das wachsende Straßenverkehrsaufkommen mit seinen spezifischen Folgen für die Umwelt in das Bewußtsein der Menschen. Infolgedessen erschienen etliche Studien und Veröffentlichungen, die sich mit der Erfassung, Quantifizierung und Monetarisierung der verkehrsbedingten Umweltschäden befaßten. Eine Übersicht zu diesen Studien, die im deutschsprachigen Raum von 1980-1991 veröffentlicht wurden, bieten Becker/Bertram (1992). Da neue wissenschaftliche Erkenntnisse und verbesserte Meßmethoden zu immer neuen Bewertungen der Umweltschäden führen, ist der Prozeß der Erforschung von externen Effekten im Straßenverkehr noch längst nicht abgeschlossen. Dieses Kapitel versucht, den derzeitigen Kenntnisstand wiederzugeben, beschränkt sich dabei jedoch auf die wesentlichen und vordringlichsten Umweltauswirkungen.

Abb. 28: Geschätzte Entwicklung der Luftschadstoffemissionen des Straßenverkehrs bis zum Jahr 2020

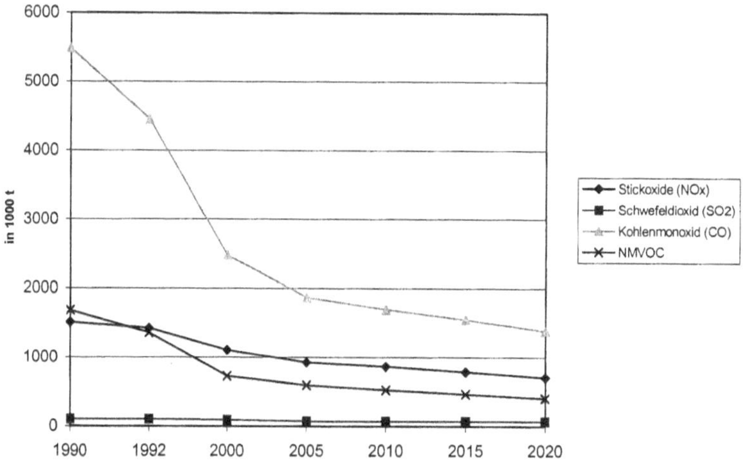

Quelle: eigene Darstellung, nach Angaben aus: Bundesministerium für Wirtschaft 1995b, S. 34.

Seit zu Beginn der 80er Jahre die Gesellschaft in der Bundesrepublik für die akuten Umweltprobleme sensibilisiert wurde, rückte auch das wachsende Straßenverkehrsaufkommen mit seinen spezifischen Folgen für die Umwelt in das Bewußtsein der Menschen. Infolgedessen erschienen etliche Studien und Veröffentlichungen, die sich mit der Erfassung, Quantifizierung und Monetarisierung der verkehrsbedingten Umweltschäden befaßten. Eine Übersicht zu diesen Studien, die im deutschsprachigen Raum von 1980-1991 ver-öffentlicht wurden, bieten Becker/Bertram (1992). Da neue wissenschaftliche Erkenntnisse und verbesserte Meßmethoden zu immer neuen Bewertungen der Umweltschäden führen, ist der Prozeß der Erforschung von externen Effekten im Straßenverkehr noch längst nicht abgeschlossen. Dieses Kapitel versucht, den derzeitigen Kenntnisstand wiederzugeben, beschränkt sich dabei jedoch auf die wesentlichen und vordringlichsten Umweltauswirkungen.

In allen Studien wird jedoch von einem relativ stabilen Niveau der Kohlendioxidemissionen ausgegangen. Die Effizienzgewinne beim Treibstoffverbrauch werden dabei durch die Zunahme des Straßenverkehrsaufkommens kompensiert. Derzeit existieren noch keine wirksamen Rückhaltetechnologien, um das CO_2 aus den Abgasen herauszufiltern.

Die in Abbildung 29 verdeutlichte Entwicklung der Kohlendioxid-Emissionen aus Pkw zeigt, daß sowohl bei Benzin- als auch bei Dieselfahrzeugen die Tendenz der CO_2-Emissionen seit 1980 eher steigend ist. Erst nach einer Sättigung des Marktes mit Pkw ist mit einer Stabilisierung des Niveaus zu rechnen. Eine Senkung des spezifischen Kraftstoffverbrauchs von Pkw kann momentan bestenfalls die Zunahme der Emissionen durch den wachsenden Pkw-Bestand annähernd ausgleichen.

Abb. 29: Entwicklung der Kohlendioxid-Emissionen aus Pkw in Deutschland

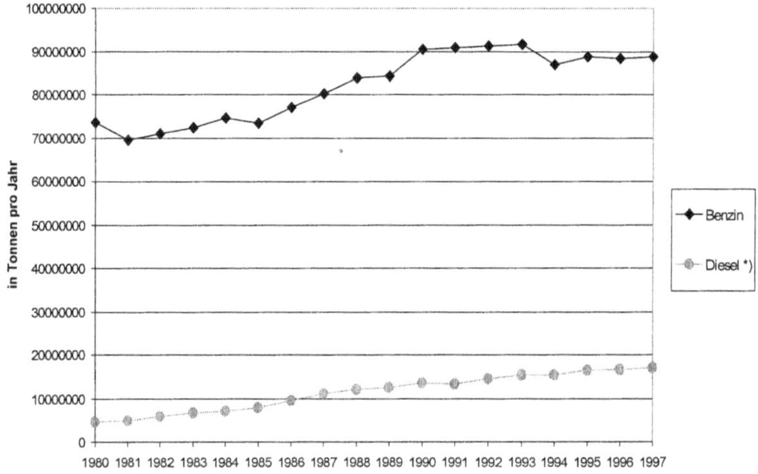

*) 1980 bis 1989 nur alte Bundesländer

Quelle: Umweltbundesamt 1998b.

Wie eingangs erwähnt, reichert sich das Kohlendioxid in der Atmosphäre an und bewirkt im Zusammenspiel mit weiteren Gasen den sog. „Treibhauseffekt". In diesem Zusammenhang muß zwischen dem natürlichen und dem zusätzlichen anthropogenen Treibhauseffekt differenziert werden. Das Klima auf der Erde wird maßgeblich durch die Strahlung der Sonne beeinflußt. Ein Teil der Sonneneinstrahlung wird von der Erde in Form von Infrarotstrahlung (Wärmestrahlung) reflektiert. Teile dieser Infrarotstrahlung werden durch die natürlicherweise vorkommenden Treibhausgase Wasserstoff, Kohlendioxid (CO_2), Ozon (O_3), Methan (CH_4) und Distickoxid (N_2O) sowie durch die Wolken zurückgestrahlt. Der so entstehende Erwärmungseffekt wird als „natürlicher Treibhauseffekt" bezeichnet.[225]

Menschliche Aktivitäten haben seit der Industrialisierung zu einem zusätzlichen anthropogenen Treibhauseffekt geführt. Tabelle 8 stellt die wesentlichen, durch menschliche Aktivitäten verursachten Treibhausgasemissionen zusammen. Der Anteil des Kohlendioxids am anthropogenen Treibhauseffekt beträgt ca. 55%.[226] An diesen 55% ist der Verkehrssektor mit über 20% und mit wachsender Tendenz beteiligt.

Tab. 7: Zusammenstellung der wesentlichen anthropogenen Treibhausgasemissionen

	CO_2	CH_4	N_2O	FCKW 12
Vorindustrielle Konzentration	280 ppm [1)]	700 ppb [2)]	275 ppb	0
Konzentration 1992	355 ppm	1714 ppb	311 ppb	503 ppt [3)]
Gegenwärtiger Konzentrationsanstieg p.A. (80er Jahre)	1,5 ppm 0,4%	13 ppb 0,8%	0,75 ppb 0,25%	20 ppt 4%
Atmosphärische Verweildauer (Jahre)	50-200	12-17	120	102

1. ppm = parts per million, Teile pro Millionen
2. ppb = parts per billion, Teile pro Milliarden
3. ppt = parts per trillion, Teile pro Billionen

Quelle: Zusammenstellung des IPCC 1994, entnommen aus Loske 1996, S. 45.

---

[225] Vgl. Loske 1996, S. 40, vgl. auch Enquete-Kommission „Vorsorge zum Schutz der Erdatmosphäre" des Deutschen Bundestages (Hrsg.) 1991, S. 139ff.

[226] Vgl. Loske 1996, S. 42.

Um jedoch nicht zu tief in die Theorie des Treibhauseffektes einzutauchen, sei hier nur noch soviel gesagt: Der prognostizierte Temperaturanstieg wird durch eine Reihe positiver Rückkoppelungen in exponentieller Weise verstärkt. Die steigenden Temperaturen bewirken beispielsweise ein Auftauen der Dauerfrost-Böden im nördlichen Rußland und in Alaska. Dadurch werden große Mengen Methan freigesetzt, die wiederum den Treibhauseffekt verstärken. Eine Vielzahl weiterer positiver Rückkoppelungseffekte sind in einer Studie des Umwelt- und Prognose-Instituts Heidelberg (1994)[227] genannt. An dieser Stelle soll die Analyse der Luftschadstoffemissionen schließen.

4.2. Der Einsatz von Rohstoffen in der Produktion und während des Betriebs von Kraftfahrzeugen

Neben dem herausragenden Problem der Luftschadstoffemissionen von Kraftfahrzeugen darf nicht vergessen werden, daß sowohl für die Produktion als auch für den Betrieb beträchtliche Mengen von zum Teil nicht-regenerierbaren Ressourcen eingesetzt werden müssen.

Einsatz von Rohstoffen und Energie bei der Produktion

Das Produkt Automobil setzt sich aus vielen Einzelteilen zusammen, die aus den unterschiedlichsten Stoffen bestehen. In den USA wurde Ende der 80er Jahre der durchschnittliche Materialanteil für einen Neuwagen im Detail ermittelt. Tabelle 9 vergleicht die Materialzusammensetzung eines Automobils 1980 und 1990 in den USA.

[227] Vgl. Teufel et al. 1994, S. 10f.

Tab. 8: Durchschnittlicher Materialanteil eines gekauften Neuwagens 1980 und 1990

Material	1980		1990	
	in kg	in %	in kg	in %
kohlenstoffarmer Stahl	643	50,4	530	46,3
Stahllegierung	83	6,5	91	7,9
Gußeisen	174	13,6	91	7,9
Aluminium	81	6,3	136	11,9
Kupfer, Blech	12	1,0	6	0,6
Zink	5	0,4	4	0,3
Blei	10	0,8	8	0,7
andere Metalle	9	0,7	16	1,4
Gummi	65	5,1	58	5,0
Glas	34	2,6	32	2,8
Polymere	85	6,7	105	9,2
andere Nichtmetalle	76	5,9	68	6,0
Total	1277	100	1145	100

Quelle: Henstock 1988, entnommen aus: Greenpeace e.V. (Hrsg.) 1991, S. 57.

Bei der Betrachtung der großen Anzahl von Materialien stellt sich schnell die Frage, wie hoch der benötigte Energieeinsatz ist, um die aufgeführten Stoffe zu gewinnen, sie zu transportieren und damit einen Pkw zu produzieren. Das Umwelt- und Prognose-Institut Heidelberg hat dazu 1995 eine Untersuchung veröffentlicht, in der die Umweltverträglichkeit der Gesamtprozeßkette Kraftfahrzeug ermittelt wurde. Tabelle 10 gibt einen Überblick über den Energieverbrauch und die Emissionen bei der Rohstoffgewinnung, dem Rohstofftransport und der Produktion eines Pkw. Die Werte sind umgerechnet auf einen durchschnittlichen Mittelklassewagen mit 13000 km Jahreslaufzeit und einer Gesamtlaufdauer von 10 Jahren.

Tab. 9: Primärenergieverbrauch und Emissionen bei der Rohstoffgewinnung und dem Rohstofftransport sowie Energieverbrauch und Emissionen bei der Produktion eines Pkw[228]

	Rohstoff-gewinnung	**Rohstoff-transport**	**Produktion des Pkw**
Primärenergie (t SKE / Pkw)	3,6	0,8	2,1
Kohlendioxid (t / Pkw)	9,6	1,8	3,5
Schwefeldioxid (kg / Pkw)	9,1	14,9	2,7
Stickoxide (kg / Pkw)	11,4	22,0	4,2
Staub (kg / Pkw)	1,6	1,6	0,4
Kohlenmonoxid (kg / Pkw)	30,5	10,2	0,7
Kohlenwasserstoffe (kg / Pkw)	21,1	4,2	0,4
Belastete Luft (Mio. m^3 / Pkw)	422	425	75
Abfälle: Abraum (kg / Pkw)	23400	---	---
Schlacke (kg / Pkw)	1600	---	---
Abfälle gesamt (kg / Pkw)	25000	---	1500
Rohöl in Weltmeere (Liter / Pkw)	---	13	---

Quelle: eigene Zusammenstellung, nach Angaben aus: Teufel et al. 1995c, S. 2f.

Bei der Betrachtung dieser Zahlen darf nicht vergessen werden, daß zu diesem Zeitpunkt der Pkw noch keinen Meter gefahren ist. Der Produktionsprozeß (mit allem was dazu gehört) wird in der Diskussion über die Umweltbelastung von Kraftfahrzeugen zumeist außen vor gelassen. Schenkt man einer ameri-

228 Um die unterschiedlichen Schadstoffemissionen quantitativ vergleichen zu können, wurde zusätzlich die kritische oder belastete Luftmenge berechnet. Um dies zu bewerkstelligen, wurden die Schadstoffemissionen (außer CO_2) durch den gesetzlich zulässigen Konzentrationsgrenzwert in der Atemluft dividiert und dadurch die Luftmenge errechnet, die durch die Emissionen bis zum gesetzlich zulässigen Grenzwert belastet wird. Die so erhaltenen kritischen Luftmengen der einzelnen Schadstoffe wurden addiert, wodurch sich eine Gesamtsumme belasteter Luft ergibt, die unterschiedlich gefährliche Emissionen quantitativ vergleichbar macht (Vgl. Teufel et al. 1995c, S. 2.).

kanischen Schätzung Glauben, so entsprechen die Energiekosten für die Herstellung von 10 Mio. Autos pro Jahr einem Energieverbrauch von 575.000 Faß Öl pro Tag. Berechnungen von Toyota aus dem Jahr 1984 gehen davon aus, daß 20% des Energiebedarfs eines Automobils bei der Material- und Fahrzeugproduktion verbraucht werden.[229]

Betriebsbedingter Einsatz von Energie und Rohstoffen
Für den Betrieb eines Pkw wird in erster Linie Kraftstoff benötigt. In Kapitel 3.1. wurde bereits ausführlich über den Energiebedarf bzw. die benötigte Kraftstoffmenge von Pkw berichtet. Aus diesem Grund beschränkt sich dieser Abschnitt auf die übrigen Betriebsmittel und Verschleißteile.
Um einen Explosionsmotor zum Laufen zu bringen, wird neben Kraftstoff auch Öl benötigt. Das Öl dient als Schmier- und Kühlmittel und muß von Zeit zu Zeit ersetzt werden. Der Schmierstoffabsatz in Deutschland lag 1991 bei ca. 1,2 Mio. t. Im gleichen Jahr fielen rd. 723.000 t Altöl an.[230] Aufgrund dieser Größenordnung und der Gefährlichkeit von Altöl für die Umwelt – ein Liter Altöl kann eine Million Liter Wasser verseuchen – wurde am 1. November 1987 die sog. „Altölverordnung" beschlossen, die das Sammeln und Wiederverwerten von Altöl verbindlich regelt.

Kühlmittel schützen den Motor während des Betriebs vor Überhitzung. Als Kühlmittel dient in der Regel Wasser, das mit Frostschutzmittel angereichert wird. Da es in einem relativ geschlossenen Kühlkreislauf zirkuliert, muß es nur gelegentlich nachgefüllt werden. Als letztes flüssiges Betriebsmittel ist die Bremsflüssigkeit zu nennen, die aus Sicherheitsgründen in periodischen Abständen ausgetauscht werden muß. Um nicht zu tief in die Fahrzeugtechnik einzudringen, endet hier die Aufzählung der flüssigen Betriebsmittel.

Zu den Verschleißteilen zählen vor allem Reifen und Bremsbeläge. Während der Lebenszeit eines Pkw müssen bei entsprechender Fahrleistung mehrfach die Reifen gewechselt werden. Der so entstehende Abfallberg aus Altreifen wird nur durch das Verfahren der Runderneuerung[231] etwas abgebaut. Etwa 20% der Altreifen werden auf diese Art wiederverwendet.[232] Bremsbeläge nutzen sich mit der Zeit ab und geben ihre Bestandteile an die Umwelt weiter. In

[229] Vgl. Greenpeace. e.V. (Hrsg.) 1991, S. 56.
[230] Vgl. Umweltbundesamt (Hrsg.) 1996, S. 34.
[231] Bei der Runderneuerung wird auf die Reifen ein neues Fahrprofil aufgeschweißt.
[232] Vgl. KATALYSE e.V. - Institut für angewandte Umweltforschung (Hrsg.) 1993, S. 601.

der Laufzeit eines Pkw sind dies durchschnittlich ca. 150 g Bremsabrieb. Auf diverse Ersatzteile, die ein Pkw braucht, z.B. Auspuffanlagen, Zündkerzen, Luft- und Benzinfilter etc., soll nicht weiter eingegangen werden.

Das Recycling-Problem
1996 wurden in der Bundesrepublik Deutschland rd. 3,1 Mio. Pkw[233] stillgelegt. Das Durchschnittsalter der Fahrzeuge betrug 11,6 Jahre.[234] Dieser immense Abfallberg wird nur zum Teil wiederverwertet. Große Teile werden auch verbrannt oder deponiert. Greenpeace (1991) hat für das Jahr 1989 die genauen Abfallmengen von Pkw in der Bundesrepublik Deutschland ermittelt.[235] Das Hauptproblem bei der Entsorgung von ausgedienten Pkw sind die vielen unterschiedlichen Materialien, die zunächst getrennt werden müssen, um sie recyceln zu können.

Mittlerweile hat auch die deutsche Automobilindustrie das Abfallproblem der ausgedienten Automobile erkannt. Der Verband der Automobilindustrie und weitere 15 Verbände angeschlossener Branchen haben am 21. Februar 1996 eine „Freiwillige Selbstverpflichtung zur umweltgerechten Altautoverwertung (Pkw) im Rahmen des Kreislaufwirtschaftsgesetzes“ beschlossen und den Bundesministern für Umwelt und Wirtschaft übergeben. Diese Selbstverpflichtung tritt jedoch erst mit der Schaffung einer Altautoverordnung durch den Gesetzgeber in Kraft.[236] Die angekündigten Selbstverpflichtungen sind weitreichend und machen vermutlich weitere Regelungen in diesem Bereich überflüssig.

4.3. Lärmbelastung durch den Straßenverkehr

Die Begriffe Lärm und Geräusche sind nicht physikalischer Natur, sondern sozial-psychologische Ausdrücke. Um Lärm bzw. Geräusche zu ermitteln, wird der von ihnen ausgehende Schalldruckpegel gemessen. Die Meßwerte, die mit einem Schallpegelmesser bestimmbar sind, werden in Dezibel (dB)[237]

[233] Einschl. Abmeldungen wegen Ausfuhr.
[234] Vgl. Deutsches Institut für Wirtschaftsforschung – DIW 1997, S. 147.
[235] Vgl. Greenpeace e.V. (Hrsg.) 1991, S. 60f.
[236] Vgl. Verband der Automobilindustrie e.V. – VDA 1997a, S. 169f.
[237] Da Schallpegel je nach Frequenz unterschiedlich laut empfunden werden, müssen diese frequenzabhängig bewertet werden. Beispielsweise wird ein Schallpegel von 70 dB bei einer Frequenz von 63 Hz ebenso laut empfunden wie ein Pegel von 45 dB bei 2000 Hz.

angegeben. Die Lärmemissionen von Kraftfahrzeugen sind in zwei Kategorien zu unterteilen. Zum einen sind es die Antriebsgeräusche, zu denen die Motorgeräusche sowie Ansaug- und Auspuffgeräusche gehören, und zum anderen die Reifen-Fahrbahngeräusche. Der Geräuschpegel ist jedoch nicht ausschließlich von der Motor- bzw. Reifentechnik abhängig, vielmehr spielt das Fahrverhalten eine entscheidende Rolle. Die Antriebsgeräusche sind von der Drehzahl des Motors abhängig und die Reifen-Fahrbahn-Geräusche von Geschwindigkeit und Fahrbahnbeschaffenheit. Für Pkw wurde ermittelt, daß im Durchschnitt aller Fahrzeuge im 1. und 2. Gang die Antriebsgeräusche überwiegen, im 3. Gang Antriebs- und Reifen-Fahrbahn-Geräusche etwa gleich sind und im 4. Gang die Reifen-Fahrbahn-Geräusche überwiegen.[238] In einer Untersuchung des Umwelt- und Prognose-Institutes Heidelberg (1996b), in der ein Umweltranking von 140 Pkw-Modellen vorgenommen wurde, zeigte sich, daß die Geräuschemissionen der einzelnen Fahrzeugtypen nur leicht voneinander abweichen.[239]

Um einen Eindruck vom Dezibelwert und dem dazugehörigen Geräusch zu bekommen, gibt Tabelle 10 einige Beispiele für Schalldruckpegel.

Um einen einheitlichen Bewertungsmaßstab zu finden, werden unterschiedliche Korrekturwerte eingeführt, die eine durchschnittliche Empfindlichkeit des menschlichen Gehörs simulieren sollen. Die am häufigsten durchgeführte Bewertung des Pegels ist die sog. „A-Bewertung". Der Schallpegelwert wird dementsprechend in dB (A) angegeben. Daneben gibt es noch weitere Bewertungen, die hier jedoch nicht weiter verfolgt werden sollen. (Vgl. KATALYSE e.V. - Institut für angewandte Umweltforschung (Hrsg.) 1993, S. 613f.)

[238] Vgl. Umweltbundesamt 1998a.

[239] Vgl. Teufel et al. 1996b, S. 7f.

Tab. 10: Beispiele für Schalldruckpegel

Lärmquelle	Dezibel
Düsenflugzeug	140 dB
Schwerer Lkw	90 dB
verkehrsreiche Straße	80 dB
Pkw	70 dB
normales Geräusch	60 dB
leise Musik	40 dB
raschelndes Blatt	10 dB
Hörschwelle	0 dB

Quelle: Umweltbundesamt 1998a.

Eine Abschätzung des Umweltbundesamtes aus dem Jahr 1992 hat ergeben, daß

- „mehr als 25 Millionen Bürger sich erst bei geschlossenen Schallschutzfenstern ungestört vom Straßenverkehrslärm unterhalten können,
- 13,5 Millionen Bürger erst bei geschlossenen Schallschutzfenstern ungestört von Straßenlärm schlafen können und
- ca. 12 Millionen Bürger einem erhöhten Gesundheitsrisiko (Beeinträchtigung des Herz-Kreislauf-Systems) durch Straßenverkehrslärm ausgesetzt sind.“[240]

Auch beim Lärm ist damit der Straßenverkehr die mit Abstand bedeutendste Belastungsquelle.

Die Lebensbeeinträchtigungen durch Straßenverkehrslärm dürfen nicht unterschätzt werden. Gesundheitliche Folgen sind u.a. Schädigung der Hörorgane, Bluthochdruck, Magengeschwüre und Depressionen. Zu den reinen Belästigungen durch Lärm zählen Schlafstörungen, Nervosität, Unwohlsein etc. Die Lärmbelastung interagiert mit einer Vielzahl anderer Faktoren wie z.B. Stimmungslage, Tageszeit, Tätigkeit und sonstige Streßfaktoren.[241]

---

[240] Umweltbundesamt (Hrsg.) 1996, S. 12f.

[241] Vgl. KATALYSE e.V. - Institut für angewandte Umweltforschung (Hrsg.) 1993, S. 421.

Die größte Lärmquelle in Städten ist der Kraftverkehr. Um diesem Problem beizukommen, hat der Ministerrat der EG im November 1992 eine Richtlinie verabschiedet, nach der die Geräusch-Grenzwerte für Pkw, Lkw und Busse festgelegt wurden. Für Pkw galt bis 1983 ein Grenzwert von 82 dB(A). Bis 1989 wurde er auf 80dB (A) gesenkt. Ab 1995/96 dürfen neu zugelassene Pkw nur noch 74 dB(A) Lärm emittieren.[242] Um diese verschärften Grenzwerte einhalten zu können, gibt es verschiedene Möglichkeiten, Lärmminderungsmaßnahmen an Kraftfahrzeugen durchzuführen.

Die bei höheren Geschwindigkeiten überwiegenden Reifen-Fahrbahn-Geräusche lassen sich durch die Wahl anderer Reifen oder Fahrbahnoberflächen beeinflussen. Die Geräuschunterschiede bei verschiedenen Reifentypen betragen bis zu 4 dB(A). Noch entscheidender wirkt sich die Beschaffenheit der Fahrbahnoberfläche aus. Bei herkömmlichen Asphalt-Beton-Fahrbahnen können Unterschiede von 5 dB(A) erzielt werden. Das Umweltbundesamt geht davon aus, daß es technisch möglich ist, die Lärmwerte von Personenkraftwagen um bis zu 8 dB(A) zu senken. Die Antriebsgeräusche lassen sich durch Verbesserungen der Auspuffanlage und des Ansaugsystems, durch Einbau abschaltbarer Ventilatoren, durch Einbau eines Automatikgetriebes sowie durch Kapselung des Motorraums und des Motors nachhaltig mindern.[243]

Bei der Beurteilung der einzelnen Lärmminderungsmaßnahmen ist zu berücksichtigen, daß bei ihrer Durchführung der Pkw mit zusätzlichem Gewicht belastet wird und somit mehr Kraftstoff benötigt. Dementsprechend muß bei jeder Maßnahme geprüft werden, inwiefern sie die übrigen Umweltauswirkungen von Pkw beeinflußt.

4.4. Flächenverbrauch

In der Diskussion über die Umweltauswirkungen des Verkehrs wird dem Flächenverbrauch zumeist nur wenig Beachtung geschenkt. Doch gerade im Hinblick auf Flächennutzungskonkurrenzen in Ballungsräumen ist der Verkehrssektor eine entscheidende Planungsgröße.[244] Bei der genaueren Analyse des Flächenbedarfs für Personenkraftwagen entsteht schnell eine lange Liste

---

242 Vgl. Umweltbundesamt 1998a.

243 Vgl. ebda.

244 Vgl. Umweltbundesamt 1995a, S. 383.

von Infrastruktureinrichtungen, die mehr oder weniger häufig von Kraftfahrzeugen frequentiert werden. Zu nennen sind hier in erster Linie Straßen und Parkplätze bzw. Stellflächen, die den größten Teil der beanspruchten Fläche ausmachen. Daneben dürfen Einrichtungen wie z.B. Tankstellen, Schrottplätze sowie Produktions-, Wartungs-, Reparatur- und Verkaufsflächen nicht vergessen werden. Im Rahmen dieser Arbeit sollen jedoch nur Straßen und Parkplätze näher untersucht werden.

Die verschiedenen Straßentypen beanspruchen einen Großteil der Fläche des Straßenverkehrs. Tabelle 11 gibt einen Überblick über die verschiedenen Straßentypen und ihre Gesamtlänge.

Tab. 11: Länge der Straßen des überörtlichen Verkehrs* in Deutschland 1991 und 1996

	1991	**1996**
Bundesautobahnen	10.955	11.246
Bundesstraßen	42.120	41.490
Landstraßen	84.940	86.790
Kreisstraßen	88.270	91.550
insgesamt	226.280	231.080
Gemeindestraßen**	410.000	---

*) Stand 31.12.; einschließlich Ortsdurchfahrten, ohne Fahrbahnäste
**) ohne Ortsdurchfahrten der Straßen des überörtlichen Verkehrs
Quelle: Deutsches Institut für Wirtschaftsforschung – DIW 1997, S. 112.

Neben dem Straßennetz werden große Flächen für Park- und Stellplätze benötigt. Da es sehr schwierig ist, die Straßennutzung nach Pkw und Lkw zu trennen, soll hier nur die Gesamtfläche ermittelt werden, die für den Kraftfahrzeugverkehr verwendet wird. Das Statistische Bundesamt gibt die Fläche, die für Straßen, Wege und Plätze genutzt wird, für 1993 mit 14.703 km² an.[245] Das sind ca. 4,1% der Gesamtfläche der Bundesrepublik Deutschland. Nach Be-

[245] Vgl. Statistisches Bundesamt (Hrsg.) 1997, S. 170.

rechnungen des Umwelt- und Prognose-Instituts Heidelberg benötigt ein Pkw bei einer mittleren Fahrleistung für Fahren und Parken an verschiedenen Standorten eine versiegelte Fläche von 160 m². Dieser Wert stellt jedoch nur einen Mindestbedarf dar, wobei die insgesamt versiegelte Fläche etwa doppelt so groß ist. Die Differenz wird damit begründet, daß ein großer Teil der Verkehrsfläche von Kraftfahrzeugen nur zeitweise genutzt wird und ein Teil der Verkehrsfläche auch anderen Funktionen (Fußgänger, Radfahrer, etc.) dient.[246]

Insgesamt kann festgehalten werden, daß der Flächenverbrauch für Straßen und Parkplätze seit den 50er Jahren ständig gestiegen ist und noch weiter ansteigen wird. Grund hierfür ist die zunehmende Motorisierung der Gesellschaft, die einen Auf- und Ausbau des Straßennetzes mit sich brachte. Es ist zu erwarten, daß im Hinblick auf die prognostizierte Zunahme des Pkw-Bestands bis zum Jahr 2020[247] das Straßennetz weiter ausgebaut werden muß. Ebenso wird die Fläche für Parkplätze und sonstige Stellflächen zunehmen. Die Wachstumsgeschwindigkeit wird zwar sinken, doch auch in naher Zukunft wird die Straßenverkehrsfläche ausgeweitet werden.

4.5. Sonstige Auswirkungen auf Mensch, Tier und Pflanzenwelt

Neben den bereits aufgeführten Umweltauswirkungen des Straßenverkehrs gibt es eine Reihe weiterer negativer Effekte, die in diesem Abschnitt nur exemplarisch behandelt werden sollen. Eine Umweltauswirkung hängt mit dem Einsatz von Streumitteln im Winter zusammen. Streumittel lassen sich in zwei Kategorien unterteilen: Zum einen die abstumpfenden Mittel (Split, Granulat, Sand, Kies, u.a) und zum anderen die auftauenden Mittel (Streusalz und Harnstoff). Beide Gruppen sind mit spezifischen Nachteilen behaftet, die mehr oder weniger schädliche Auswirkungen auf die Umwelt haben.[248]

Obwohl die abstumpfenden Mittel die umweltfreundlichere Alternative sind und von ihnen keine unmittelbare Schädigung der Pflanzenwelt ausgeht, so weisen sie dennoch Nachteile auf, die auf indirektem Wege die Umwelt negativ beeinflussen können. Auf der einen Seite führt ihr Einsatz zum verstärkten Abrieb der Fahrbahnmarkierungen und Autoreifen, und auf der anderen Seite

---

[246] Vgl. Teufel et al. 1995b, S. 48.
[247] Vgl. Kapitel 3.3.
[248] Vgl. KATALYSE e.V. - Institut für angewandte Umweltforschung (Hrsg.) 1993, S. 684.

müssen die Streumittel am Ende des Winters wieder aufgekehrt werden, um sie nach einer gründlichen Reinigung, die die anhaftenden Öl- und Schwermetallrückstände beseitigt, deponieren zu können.[249]

Sehr viel schwerwiegender sind die Umweltauswirkungen von auftauenden Streumitteln. Seit mehr als 20 Jahren wird Streusalz zur Bekämpfung der winterlichen Straßenglätte eingesetzt. Jährlich werden dabei zwischen 0,5 und 3 Mio. Tonnen auf Deutschlands Straßen gebracht.[250] Das verwendete Streusalz besteht hauptsächlich aus Kochsalz (NaCl = Natriumchlorid) oder einem Kochsalz-Kalziumchlorid-Gemisch (NaCl – $CaCl_2$).[251] Der Einsatz von Streusalz führt in der näheren Umgebung von Straßen und Gehwegen zu Schäden an der Vegetation, an Kraftfahrzeugen und Verkehrsbauwerken. Besonders stark ist der innerstädtische Raum betroffen. Die dort wachsenden Straßenbäume, die ohnehin schon starken Umweltbelastungen ausgesetzt sind, werden im Winterhalbjahr zusätzlich mit Streusalz geschädigt. Als Folge davon verfärben sich die Blätter frühzeitig und fallen vorzeitig ab. Der Blattaustrieb ist verzögert, und Pflanzenpartien oder ganze Pflanzen sterben ab. Die einzelnen Baumarten reagieren darüber hinaus unterschiedlich empfindlich auf die Schädigung.[252]

Als in den 70er und 80er Jahren massive Schäden an den Straßenbäumen auftraten, entwickelte sich eine zunehmend kritische Einstellung zum Streusalz. In den Städten und Gemeinden wird seitdem ein „differenzierter“ Winterdienst angestrebt, bei dem der Einsatz von Streumitteln auf die Verkehrsbedeutung, die Trassierung der Verkehrswege und die Witterungsbedienungen abgestimmt wird. Viele Städte und Gemeinden verzichten mittlerweile fast gänzlich auf Streusalz und verwenden stattdessen überwiegend abstumpfende Mittel. Streusalz wird in großem Umfang nur noch auf Autobahnen eingesetzt. Als Folge eines reduzierten Streusalzgebrauchs sank die Durchschnittsgeschwindigkeit der Autofahrer. Die Zahl der Schwerverletzten und tödlich Verunglückten sank, wohingegen die Anzahl der Blechschäden deutlich zunahm.[253]

---

[249] Vgl. KATALYSE e.V. - Institut für angewandte Umweltforschung (Hrsg.) 1993, S. 685.
[250] Vgl. Umweltbundesamt 1996, S. 168.
[251] Vgl. KATALYSE e.V. - Institut für angewandte Umweltforschung (Hrsg.) 1993, S. 684.
[252] Vgl. Umweltbundesamt 1996, S. 168.
[253] Vgl. ebda, S. 169.

Zuletzt soll noch auf ein Phänomen hingewiesen werden, daß erst seit kurzer Zeit genauer erforscht wird, die Biodiversität oder auch biologische Vielfalt. In der populären Diskussion beschreibt der Begriff Biodiversität die gesamte Vielfalt des Artenspektrums. Lerch (1996) stellt jedoch klar, daß der Begriff weit mehr umfaßt. „Im allgemeinen hat sich mittlerweile diese Definition durchgesetzt, wonach Biodiversität die drei Ebenen genetische Diversität, Spezies-Diversität und Ökosystem-Diversität umfaßt."[254] Die Bedeutung der Artenvielfalt, oder um es ökonomisch auszudrücken, die Nutzenstiftung einer möglichst großen Vielfalt, läßt sich an den folgenden Punkten fixieren. Biologische Vielfalt als ökonomische Ressource dient als

- Ernährungsgrundlage,
- natürliches Pharmalabor,
- Rohstofflager,
- Forschungsobjekt und Indikatorfunktion,
- Stabilitätsfaktor im Ökosystem,
- Befriedigung ästhetischer und emotioneller Bedürfnisse.[255]

Die Einflüsse des Straßenverkehrs auf die biologische Artenvielfalt sind im Vergleich zu anderen Einflüssen eher gering. Dennoch hat vor allem die Zerschneidung der natürlichen Lebensräume durch das Straßennetz Folgen für die einheimische Tierwelt. Die Tiere werden an ihren Wanderbewegungen gehindert und finden unter Umständen keinen Partner für die Fortpflanzung, was wiederum den Bestand der Art gefährdet. Darüber hinaus schädigen die Schadstoffemissionen der Kraftfahrzeuge viele empfindliche Pflanzenarten, die sogar bei einer anhaltenden Belastung aussterben können. In diesem Zusammenhang muß auf das besondere Problem der Stickstoffemissionen hingewiesen werden, die zu einer Eutrophierung der Böden führen können. Diese Überdüngung gefährdet den Bestand von Pflanzen, die auf stickstoffarme Böden angewiesen sind, wie z.B. Magerrasen.[256]

---

[254] Lerch 1996, S. 16. Lerch verweist bei seiner Feststellung auf Groombridge 1992, S. xiii, McNeely 1988, S. 3 und Swingland 1993, S. 188.

[255] Vgl. Lerch 1996, S. 35ff.

[256] Ausführliche Informationen zum globalen Stickstoffhaushalt finden sich unter anderen bei Hampicke 1992, S. 329ff.

Auf weitere Auswirkungen des Straßenverkehrs, wie z.B. Schäden aus Unfällen bei Mensch und Material, soll an dieser Stelle nicht weiter eingegangen werden.

4.6. Zusammenfassung

Die Analyse der Umweltauswirkungen des Straßenverkehrs, insbesondere des motorisierten Individualverkehrs, hat verdeutlicht, für welche Umweltprobleme vordringlich Lösungskonzepte gesucht werden müssen. Die Reduzierung der Emissionen von Luftschadstoffen aus Kraftfahrzeugen ist die bedeutendste Aufgabe, die mittels ökonomischer Anreizinstrumente bewerkstelligt werden muß. Verschiedene Studien[257] kamen zu dem Ergebnis, daß mit Ausnahme des Kohlendioxids sämtliche Schadstoffe in den nächsten 20 Jahren zum Teil deutlich gesenkt werden können. Das heißt jedoch nicht, daß dann die reduzierbaren Schadstoffe keine Gefahr mehr für die Umwelt darstellen werden. Da für CO_2–Emissionen derzeit keine technischen Rückhaltemöglichkeiten bestehen und sie nur durch eine Senkung des Benzinverbrauchs reduziert werden können, erscheint es sinnvoll, ein Zertifikatemodell im Verkehrsbereich so zu konzipieren, daß ein Anreiz besteht, verbrauchsgünstigere Pkw zu produzieren bzw. sie zu kaufen.

Der Einsatz von Rohstoffen in der Produktion und während des Betriebs von Kraftfahrzeugen ist erheblich. Es steht außer Frage, daß auch in diesem Bereich Maßnahmen ergriffen werden müssen, um Pkw umweltverträglicher zu produzieren und später wieder zu entsorgen. Ein erster Ansatz ist die freiwillige Selbstverpflichtung des Verbandes der Automobilindustrie und 15 weiterer angeschlossener Verbände zur umweltgerechten Altautoverwertung. Ebenso besteht bereits eine Altölverordnung, die das Sammeln und Wiederverwerten von Altöl verbindlich regelt. Allein beim Treibstoff als dem Hauptbetriebsmittel erscheinen, wie bereits im Zusammenhang mit den Kohlendioxid-Emissionen erwähnt, anreizorientierte Instrumente zur Reduzierung sinnvoll.

Die Lärmbelastung durch den Straßenverkehr ist ein Phänomen, das jedem geläufig sein dürfte. Um die Geräuschemissionen zu senken, wurde auf EU-Ebene eine Richtlinie verabschiedet, die für Pkw und Lkw verbindliche

[257] Vgl. z.B. Bundesministerium für Wirtschaft 1996b oder Deutsche Shell AG 1995a.

Grenzwerte vorschreibt. Um diese Grenzwerte einhalten zu können, wurden verschiedene technische Lärmminderungsmaßnahmen durchgeführt. Ein darüber hinaus gehender Regelungsbedarf durch ökonomische Instrumente besteht nicht, da sich die administrative Grenzwertsetzung als brauchbare Lösung erwiesen hat.

Der Flächenverbrauch für Kraftfahrzeuge ist seit den 50er Jahren im Zuge einer zunehmenden Motorisierung der Gesellschaft immens gestiegen. Will man aber auch weiterhin an dem derzeitigen Konzept der individuellen Mobilität festhalten, so wird auch in Zukunft das Straßennetz und die Stellplatzfläche ausgebaut werden müssen. Daß dies unter Berücksichtigung der jeweiligen ökologischen Gegebenheiten geschehen muß, dürfte selbstverständlich sein. Der Einsatz von Zertifikaten im Hinblick auf Flächennutzungskonkurrenzen in Ballungsräumen ist denkbar, soll an dieser Stelle jedoch nicht weiter vertieft werden.

Neben den bereits behandelten Problemfeldern gibt es eine Reihe weiterer Auswirkungen des Individualverkehrs auf Mensch, Tier und Pflanzenwelt. Zu nennen ist hier der Einsatz von Streusalz, der in den vergangenen Jahren aus der Erkenntnis heraus gesenkt wurde, daß der massive Streusalzgebrauch negative Folgen für die innerstädtische Vegetation hat. Darüber hinaus hat der Straßenverkehr negative Folgen für die biologische Artenvielfalt. Der Einsatz von Umweltzertifikaten speziell in diesem Bereich erscheint trotz der bestehenden Probleme ungeeignet oder zumindest problematisch.

Zusammenfassend kann festgehalten werden, daß die beiden eingangs erwähnten Hauptprobleme, nämlich der Kraftstoffverbrauch und die daraus resultierenden CO_2-Emissionen, den geeignetsten Ansatzpunkt für ein Zertifikatemodell bieten. Es kann davon ausgegangen werden, daß ein Modell zur Reduzierung des spezifischen Kraftstoffverbrauchs auch positive Effekte auf viele der übrigen diskutierten Umweltauswirkungen hat. Aus diesem Grund werden im folgenden Kraftstoffverbrauch bzw. CO_2-Emissionen ins Zentrum der Untersuchung gestellt.

5. Grundsätzliche Überlegungen im Vorfeld eines Zertifikatemodells für den Individualverkehr

Um ein funktionsfähiges Zertifikatemodell für den Individualverkehr zu kreieren, sind detaillierte Vorüberlegungen notwendig, die den Rahmen setzen, innerhalb dessen ein Modell angesiedelt werden kann. Die nachfolgenden Aspekte werden im Rahmen dieses Kapitels nur grundsätzlich behandelt. Sie bilden jedoch die Ausgangsbasis für ein Modell, das in Kapitel 6 genauer erläutert werden soll.

5.1. Der Gegenstand der Zertifizierung

Die Analyse der Umweltauswirkungen des Individualverkehrs in Kapitel 4 hat gezeigt, daß für ein Zertifikatemodell vielfältige Anknüpfungspunkte bestehen. Aufgrund der Komplexität der externen Umwelteffekte des Individualverkehrs ist es unmöglich, ein Zertifikatesystem zu entwickeln, das sämtliche negativen Umweltauswirkungen einbindet. Aus diesem Grund erscheint es sinnvoll, ein Modell an denjenigen Umwelteffekten anzusetzen, deren Reduzierung bzw. Vermeidung ein vordringliches Anliegen sein muß.

Im Bereich der Luftschadstoffe sind die steigenden CO_2-Emissionen eines der Hauptprobleme. Da, wie bereits erwähnt, für Kohlendioxid keine wirksamen Rückhaltetechnologien zur Verfügung stehen, können diese Emissionen nur gesenkt werden, indem der Kraftstoffverbrauch reduziert wird. Pkw, die weniger Kraftstoff benötigen, emittieren nicht nur weniger CO_2, sondern darüber hinaus auch weniger andere spezifische Luftschadstoffe, wie z.B. Kohlenmonoxid. Dies gilt jedoch nur bei technischen Verbesserungen am Pkw oder direkt am Motor. Wobei einige technische Neuerungen, wie z.B. der Katalysator, dem entgegenwirken können. Für die Qualität des Kraftstoffes gelten hingegen andere Gesetzmäßigkeiten. Hier besteht ein Zielkonflikt zwischen Klimaschutz auf der einen und sauberer Luft auf der anderen Seite. Obwohl dieser Zielkonflikt durch den verstärkten Einsatz von Additiven teilweise aufgehoben wurde, bedeuten weniger Schadstoffe immer noch einen Anstieg der Kohlendioxid-Emissionen.[258]

---

[258] Vgl. Deutsche Shell AG (Hrsg.) 1994, S. 5ff. oder Deutsche Shell AG (Hrsg.) 1995b, S. 4ff.

Das CO_2-Problem ist somit unmittelbar an den motorentechnisch bedingten Kraftstoffverbrauch gekoppelt, so daß es unerheblich ist, ob ein Modell direkt an den Emissionen oder am Kraftstoffverbrauch ansetzt. Die Beziehung zwischen Kraftstoffverbrauch und den daraus resultierenden CO_2-Emissionen ist direkt proportional. Die derzeit diskutierten Zertifikatemodelle im Umweltbereich setzen fast alle am CO_2-Ausstoß an. Für den Individualverkehr bietet sich jedoch der Kraftstoffverbrauch an, da auf diese Weise auch der sorgfältige Umgang mit nicht-regenerierbaren Ressourcen gewährleistet werden kann.

An dieser Stelle muß noch angemerkt werden, daß die Verbrennung von Dieselkraftstoff weniger Kohlendioxid freisetzt als die Verbrennung der gleichen Menge Benzin. Da der Unterschied jedoch nicht sehr groß ist, sollten beide Kraftstoffarten im Hinblick auf ihre CO_2-Emissionen gleich behandelt werden.

5.2. Das richtige Maß der zukünftigen Umweltnutzung

Einerseits kann das Instrument der Umweltzertifikate die Menge von Schadstoffemissionen oder anderen schädlichen Umweltauswirkungen und andererseits die Menge des Ressourceneinsatzes fixieren, der für die Umweltauswirkungen verantwortlich ist. In beiden Fällen ist eine zulässige Menge zu bestimmen, über deren Umfang zumeist wenig Klarheit besteht. Aus diesem Grund müssen zunächst Rahmenbedingungen entwickelt werden, innerhalb derer eine praktikable Mengenvorgabe zu ermitteln ist.

Eine in den vergangenen 10 Jahren zunehmend diskutierte Bedingung ist die nachhaltige Entwicklung von Prozessen, die im Rahmen der Umweltdiskussion zur Handlungsmaxime und zum Bewertungskriterium geworden sind. Eine sehr einfache und dazu eng am Begriff der „Sustainability“ (Nachhaltigkeit) anliegende Definition von Pearce (1987) lautet: „Making things last, making them permanent and durable.“[259] Allgemein sollen die wirtschaftlichen Prozesse so geregelt werden, daß sie dauerhaft und beständig sind.

1983 wurde die World Commission on Environment and Development (Weltkommission für Umwelt und Entwicklung) von den Vereinten Nationen be-

---

[259] Pearce 1987, S. 598.

auftragt, einen Bericht über die Zukunft der Menschheit zu erarbeiten.[260] Im Jahr 1987 erschien schließlich der sogenannte „Brundtland-Bericht“[261], in dem der Begriff der nachhaltigen Entwicklung folgendermaßen verwendet wurde: „Dauerhafte Entwicklung ist Entwicklung, die die Bedürfnisse der Gegenwart befriedigt, ohne zu riskieren, daß künftige Generationen ihre eigenen Bedürfnisse nicht befriedigen können.“[262]

Der Nachhaltigkeitsbegriff besitzt neben der sachlichen eine normative, zeitliche und räumliche Dimension. Der normative Aspekt richtet sich auf die Interessen spezifischer Lebewesen, auch wenn diese nicht immer menschliche Lebewesen sein müssen. In zeitlicher Hinsicht geht es um die intra- und intertemporale Verteilung -und eng damit verknüpft - das Finden einer Gerechtigkeitsregel. Letzterer veranschaulicht die räumliche Dimension des Begriffs, da es sich um Gerechtigkeitsfragen handelt, die neben dem intergenerationellen Aspekt vor allem die Verteilung zwischen erster und dritter Welt im Blickfeld haben.[263]

In der ökonomischen Diskussion zur Nachhaltigkeitsfrage bestehen im wesentlichen drei wissenschaftliche Grundpositionen. Hauptstreitpunkt, der die drei Lager trennt, ist die Frage der Substituierbarkeit verschiedener Formen des Kapitals, insbesondere die beliebig mögliche Aufrechnung von natürlichem durch reproduziertes Kapital.

Radikal- oder Fundamentalökologen

„Die sog. Radikal- oder Fundamentalökologen („deep ecologists“) bestreiten jede Form von Substituierbarkeit, sehen sich dann aber mit dem Problem konfrontiert, daß jede menschliche Inanspruchnahme von Natur letztlich nichtnachhaltig sein muß und daß es daher in ihrer Denkwelt keinen Maßstab der Abwägung zwischen verschiedenen Formen der (letztlich nachhaltigkeitswidrigen) Naturnutzung gibt.“[264]

---

[260] Vgl. Harborth 1989, S. 33.

[261] Brundtland-Bericht, benannt nach der Leiterin der Kommission, Gro Harlem Brundtland. Zitiert wird hier die deutsche Ausgabe, die von Volker Hauff, deutsches Mitglied der Kommission, unter dem Titel: „Unsere Gemeinsame Zukunft“, herausgegeben wurde. Im Original erschienen unter: WCED (World Commission on Environment and Development) (1987): Our common future, Oxford and New York.

[262] Brundland-Bericht 1987, S. 46.

[263] Vgl. Klemmer 1994, S. 14ff.

[264] Nutzinger/Radke 1995, S. 250.

Diesem Gedanken folgend ist jede Berechnung des Wirtschaftswachstums mittels des Bruttosozialproduktes sehr problematisch, denn in der derzeitigen Berechnungsformel wird der volkswirtschaftliche Produktionsfaktor Boden nicht mit einbezogen. Viele Autoren fordern daher die unbedingte Einbeziehung des Faktors Boden in die Berechnung des Wirtschaftswachstums. Diese Forderungen gehen sogar so weit, den Faktor Boden zu einem allumfassenden Produktionsfaktor „Natur“ systematisch auszubauen und somit durch die physische und monetäre Reproduktion dieses Faktors eine nachhaltige Entwicklungsperspektive zu schaffen.[265] Bei einer Aufrechnung des Naturverbrauchs gegenüber dem Output einer Volkswirtschaft stünden - ganz abgesehen von Fragen der methodischen Machbarkeit - positive Wachstumszahlen vermutlich nicht mehr auf der Tagesordnung. Die Forderungen der Radikal- oder Fundamentalökologen schließen dagegen jegliche Berechnung des Bruttosozialproduktes aus, ganz gleich, ob ein möglicher Faktor „Natur“ mit einbezogen wird oder nicht. Wirtschaften und damit auch Wirtschaftswachstum im herkömmlichen Sinne sind daher nicht möglich, da jeglicher Naturverbrauch als Raubbau angesehen wird.

Das Konzept der „strong sustainability“ ist aus ökonomischer Sicht nicht tragbar, da wirtschaftliche Aktivitäten im Zusammenhang mit der Nachhaltigkeitsforderung ausgeschlossen sind.

Neoklassische Umweltökonomen

Die genau entgegengesetzte Position nehmen die neoklassischen Umweltökonomen ein. Sie gehen von der beliebigen Ersetzbarkeit von Natur- durch Sach- und Humankapital im Sinne der „weak sustainability“[266] aus. Dabei berücksichtigen sie jedoch nicht die Tatsache, daß die Natur nicht nur Lieferantin von Inputs für den ökonomischen Prozeß, sondern darüber hinaus auch „life supporting system“ und somit Grundvoraussetzung allen Wirtschaftens überhaupt ist.[267]

---

265 Vgl. Immler 1992, S.667.

266 Unter „weak sustainability“ verstehen Pearce und Atkinson (1993) die Weitergabe eines konstanten Kapitalstocks von Natur und Sachkapital bei vollständiger Austauschbarkeit verschiedener Formen des Kapitals. Die Umwelt wird dabei als eine andere Form des Kapitals angesehen.

267 Vgl. Nutzinger/Radke 1995, S. 250.

Ausgehend von dieser Position gibt es keine Probleme bei der Berechnung des Bruttosozialproduktes, denn der irreversible Verbrauch des Faktors Boden bzw. Natur wird schlichtweg unterschlagen. Zudem übersehen die neoklassischen Umweltökonomen die Tatsache, daß jegliche Entnahme nicht regenerierbarer Ressourcen die Volkswirtschaft näher an das Ende des gesellschaftlichen Wertschöpfungsprozesses führt. Obwohl aus der Ressourcenentnahme durch den Produktionsprozeß neues Sach- oder Humankapital entsteht und dadurch ein Wirtschaftswachstum bzw. ein höherer Lebensstandard für zukünftige Generationen bewirkt wird, übersieht die Position leicht den Umstand, daß auch vorhandene Substituierbarkeiten nur begrenzt und keineswegs beliebig sind.[268] Ein Zuwachs an Bildung kann nicht mit einer Ressourcenentnahme aufgerechnet werden, zumindest ergeben sich hierbei große Bewertungsprobleme.

Ebenso wie das Konzept der „strong sustainability“ ist die Forderung der „weak sustainability“ aus ökonomischer Sicht kritisch zu beurteilen, da der Nachhaltigkeitsgedanke nicht genügend berücksichtigt wird. Es gilt also, einen Weg zwischen diesen beiden Positionen zu finden, der die Vorteile beider Konzepte vereinigt.

Ökologische Ökonomen

„Eine mittlere Position nehmen die Vertreter der ökologischen Ökonomie ein, die im Sinne der vorangegangenen Argumentation eine begrenzte Substituierbarkeit zwischen Natur-, Sach- und Humankapital akzeptieren, aber gleichzeitig die grundlegende Lebenserhaltungsfunktion der Natur hervorheben und auch darauf verweisen, daß die Frage der Substituierbarkeit im konkreten Einzelfall zu prüfen und nicht durch A-priori-Festlegung für oder gegen die wechselseitige Ersetzbarkeit verschiedener Formen von Kapital entschieden werden kann.“[269]

In dieser Position vereinen sich die Forderungen der vorangegangenen Konzepte, ohne jedoch in Extrempositionen abzugleiten. Die Natur wird als Basis und Voraussetzung aller wirtschaftlichen Aktivitäten angesehen, ohne diese zu blockieren. Den ökologischen wie ökonomischen Aspekten der Nachhaltigkeit wird Rechnung getragen, auch wenn beide in ihren Extremen beschnitten werden.

---

[268] Vgl. Nutzinger/Radke 1995, S. 250.

[269] Ebda, S. 250.

Für den Verbrauch von Mineralöl durch den motorisierten Individualverkehr bedeutet die Position der ökologischen Ökonomen, daß die langsame Reduzierung der natürlichen Erdölvorkommen durch Investitionen in die Erforschung alternativer Antriebstechniken ausgeglichen werden muß.

Eine beliebige Substitution zwischen Natur- und Sachkapital, wie sie von den neoklassischen Umweltökonomen mit dem Konzept der „weak sustainability" gefordert wird, erscheint im Zusammenhang mit erschöpflichen natürlichen Ressourcen nicht tragbar. Nach dem vollständigen Verbrauch der Ressource können die mit ihr durchgeführten Prozesse ohne eine alternative Technologie nicht mehr aufrecht gehalten werden. Ohne alternative Antriebsmöglichkeit würde nach dem Verbrauch des letzten Liters Benzin der motorisierte Verkehr zusammenbrechen. Nebenbei bemerkt wäre auch der Preis für den letzten Liter Benzin unerschwinglich hoch.

Ebensowenig hilfreich erscheint das Konzept der „strong sustainability", wie es von den Radikal- bzw. Fundamentalökologen vertreten wird. Da die Förderung von Erdöl als ein irreversibler Raubbau an der Natur angesehen wird, dürfte mit Rücksicht auf zukünftige Generationen kein Tropfen Benzin mehr verbraucht werden. Die so entstehende Situation wäre die gleiche wie beim vollständigen Verbrauch einer Ressource.[270]

Die Bestimmung des CO_2-Reduzierungsziels unter Beachtung des Nachhaltigkeitskonzepts der Ökologischen Ökonomen

Wesentlich schwieriger wird das Problem noch, wenn die Kohlendioxid-Emissionen mit einbezogen werden. Von entscheidender Bedeutung beim CO_2-Problem ist die Assimilationskapazität des Ökosystems. Die zentrale Frage lautet: Wieviel anthropogenes Kohlendioxid kann ein Ökosystem zusätzlich zur „normalen" Konzentration vertragen, ohne nachhaltig verändert zu werden?

Da es sich bei CO_2 um ein globales klimarelevantes Spurengas handelt, muß die Kapazität der CO_2-Senken ebenfalls global betrachtet werden. Hinsichtlich der Kapazität der CO_2-Senken besteht wenig Gewißheit. Die bisher bekannten Senken sind die ozeanischen Deckschichten und die terrestrische Biomasse,

---

[270] Der Vollständigkeit halber sei noch auf die Konzepte der „very strong" und „very weak sustainability" hingewiesen, die jedoch an dieser Stelle nicht weiter verfolgt werden sollen. Vgl. z.B. Lerch/Nutzinger 1998.

die beide die Fähigkeit besitzen, Kohlendioxid aus der Atmosphäre zu filtern und es als Kohlenstoff einzubinden. Unklarheit herrscht jedoch noch über die Menge an CO_2, die die einzelnen Senken aufnehmen können.[271]

Aus diesem Grund ist es beinahe unmöglich, eine nachhaltige Menge an Kohlendioxid-Emissionen festzulegen, die noch dazu auf den motorisierten Individualverkehr in Deutschland beschränkt sein muß. Da, wie bereits erwähnt, eine dringende Notwendigkeit zur Reduzierung des aktuellen CO_2-Niveaus besteht, muß eine andere tragbare Lösungsalternative gefunden werden. Gangbar erscheint das Verfahren, die zulässige Menge aus den derzeitigen Emissionen und den aktuellen realistischen Reduzierungsmöglichkeiten zu errechnen. 1992 analysierte die RWTH Aachen in Zusammenarbeit mit der Prognos AG die CO_2-Einsparpotentiale durch fahrzeugtechnische Maßnahmen. In der Untersuchung wurden zwei Szenarios entwickelt. Nach dem sog. „Trendfall" (erkennbare Entwicklung, höchstwahrscheinliche Veränderung) ist mit einer CO_2-Reduzierung von ca. 0,9% pro Jahr zu rechnen. Im „Fall der schnellstmöglichen Umsetzung" (massive Veränderung der Rahmenbedingungen, politische Maßnahmen zur Beschleunigung der technischen Entwicklung, schnellste Reaktion der Fahrzeughersteller, Akzeptanz der Fahrzeugnutzer) liegt das jährliche Reduktionspotential bei ca. 2,9%. Je nach Szenario sind damit CO_2-Reduzierungen von 16-52% am Einzelfahrzeug des Erstzulassungsjahres 2005 gegenüber 1987 möglich.[272]

An dieser Stelle erscheint es sinnvoll, einen kurzen Blick auf die CO_2-Reduzierungsziele der aktuellen Klimapolitik zu werfen. 1988 wurde auf der Klimakonferenz von Toronto das CO_2-Problem vorrangig diskutiert. Man war sich darüber einig, daß die hohe CO_2-Konzentration in der Erdatmosphäre, die mittlerweile rund 25% über der vorindustriellen Konzentration liegt, einen globalen Treibhauseffekt auslöst, der zur weltweiten Erwärmung des Klimas führt. Aus diesem Grund wurde in Toronto erstmalig eine 20%ige Reduzierung der weltweiten CO_2-Emissionen bis zum Jahr 2005 empfohlen. Obgleich diese Forderung im Grundsatz mittlerweile von vielen Industrienationen anerkannt ist, besteht hinsichtlich der Umsetzung wenig Einigkeit.[273]

---

[271] Vgl. Loske 1996, S. 42f.

[272] Vgl. Bundesministerium für Umwelt, Naturschutz und Reaktorsicherheit (Hrsg.) 1996, S. 26.

[273] Im Anschluß an die Konferenz von Toronto wurde im November 1988 ein internationales Expertengremium gegründet (IPCC: Intergovernmental Panel on Climate Change), das

Im Juni 1992 fand in Rio de Janeiro der sogenannte „Erdgipfel" statt. Auf diesem Gipfeltreffen verpflichteten sich die teilnehmenden Staaten in einer Klimarahmenkonvention, die CO_2-Emissionen um mindestens 25% - bezogen auf das Jahr 1987 - bis zum Jahr 2005 zu reduzieren. Mittlerweile wurde diese Konvention, die am 21.3.1994 in Kraft trat, von rund 120 Staaten, zu denen auch die Bundesrepublik gehört, ratifiziert.[274] Im Frühjahr 1995 fand in Berlin die erste Vertragsstaatenkonferenz der Klimarahmenkonvention statt. Für eine Allianz von kleineren Inselstaaten ist die Klimaerwärmung besonders bedrohlich, da sie schon durch einen leichten Anstieg des Meeresspiegels in ihrer Existenz gefährdet sind. Diese Gruppe legte einen Protokollentwurf vor, nachdem sich die Industriestaaten zu einer 20%igen Reduzierung des CO_2-Ausstoßes bis zum Jahr 2005 verpflichten sollen. Bis 1997 sollte eine Arbeitsgruppe („Ad hoc Group an Berlin Mandate" – AGBM) ein beschlußfähiges Protokoll entwerfen.[275]

Im Dezember 1997 konnten sich die Teilnehmer des Klimagipfels im japanischen Kyoto nur schwer auf eine gemeinsame Linie einigen. Das Ziel einer globalen 25%igen Reduzierung ist in weite Ferne gerückt. Deutschland hat sich dennoch zum Ziel gesetzt, seine CO_2-Emissionen bis zum Jahr 2005 um 25% zu reduzieren. Als Bezugsjahr wurde jedoch 1990 angegeben, in dem wesentlich mehr Kohlendioxid emittiert wurde als im ursprünglichen Bezugsjahr 1987. Die deutsche Automobilindustrie warnte indessen davor, daß dieses Ziel im Personenverkehr nicht zu erreichen sein würde. Der VDA geht davon aus, daß lediglich 6% CO_2 bis zum Jahr 2005 und 15% bis 2010, bezogen auf das Jahr 1990, im Personenverkehr reduzierbar sind.[276]

Ungeachtet dessen ist die deutsche Automobilindustrie eine freiwillige Selbstverpflichtung eingegangen, nach der sie den durchschnittlichen Verbrauch der von der deutschen Automobilindustrie hergestellten und in Deutschland abgesetzten Pkw und Kombinationsfahrzeugen um 25% bis 2005 gegenüber 1990 (ca. 2% pro Jahr) reduzieren will. Der VDA geht bei seiner freiwilligen Selbstverpflichtung von einem durchschnittlichen Treibstoffverbrauch von ca. 8,0 Litern auf 100 km im Jahr 1990 aus. Es handelt sich bei diesem Wert um

---

sich auf wissenschaftlicher Ebene mit Fragen der Klimaveränderung beschäftigen soll. Die UN übernahm die Schirmherrschaft dieser Organisation.

[274] Vgl. Bach 1994, S. 11ff.

[275] Vgl. Wiehr 1996, S. 10.

[276] Vgl. Berliner Morgenpost 1997.

einen marktgewichteten Durchschnitt, der nach dem Drittelmix-Verfahren berechnet wurde. Außerdem sind nur die in Deutschland produzierten und abgesetzten Pkw und Kombi darin enthalten. Der Zielwert liegt demnach bei rund 6,0 Litern auf 100 km.[277] Nach Angaben des Bundesverkehrsministeriums lag der durchschnittliche Kraftstoffverbrauch aller Pkw und Kombi 1990 in Deutschland bei 9,4 Litern auf 100 km. Nach einer 25%igen Reduzierung läge dieser Wert im Jahr 2005 bei ca. 7 Liter auf 100 km. Dies hätte den Vorteil, daß nicht nur die in Deutschland produzierten Pkw und Kombi von der Reduzierung betroffen wären. Allerdings ist dies mit einer freiwilligen Selbstverpflichtung der deutschen Automobilindustrie nicht zu erreichen.

Bei der Definition einer Zielvorgabe für ein Zertifikatemodell im Individualverkehr in Deutschland ist die Wahl eines geeigneten Basisjahres aufgrund der Wiedervereinigung nicht so einfach wie in anderen Ländern. Das sonst übliche Basisjahr 1990 bietet sich für eine realistische Berechnung nicht an, da in diesem Jahr zumeist nur Werte aus den alten Bundesländern vorliegen. Die ersten gesamtdeutschen Daten sind erst ab 1991 verfügbar. Nach der deutsch-deutschen Wiedervereinigung waren die Bürger in den neuen Bundesländern bestrebt, schnellstmöglich ihre veralteten umweltbelastenden „Ost-Fahrzeuge“ durch neue oder gebrauchte „West-Fahrzeuge“ zu ersetzen. Dieser Prozeß ging jedoch nicht von heute auf morgen vonstatten, so daß auch das Jahr 1991 keine geeignete Basis bietet. Wird dagegen das Jahr 1995 als Bezugsbasis gewählt, so kann davon ausgegangen werden, daß sich der Automobilmarkt in Ost- und Westdeutschland angeglichen hat und die umweltverschmutzenden „Ost-Fahrzeuge“, insbesondere der Trabant, weitestgehend von den Straßen verschwunden sind. Für die weitere Zieldefinition des Zertifikatemodells wird daher im folgenden das Jahr 1995 als Bezugsjahr verwendet.

Um zu verhindern, daß die positiven Umwelteffekte durch eine Zunahme des Pkw-Bestandes und der zurückgelegten Personenkilometer kompensiert werden, darf die Zielvorgabe nicht zu moderat gewählt werden. Im Zukunftsszenario zum Pkw-Bestand, das von der Deutschen Shell AG 1995 erstellt wurde[278], wird für das Jahr 2010 ein Pkw- und Kombi-Bestand zwischen 45 und 48,6 Mio. prognostiziert. Der Pkw- und Kombi-Bestand im Jahr 1995 be-

---

[277] Vgl. Bundesministerium für Umwelt, Naturschutz und Reaktorsicherheit 1998 (Hrsg.), S. 118.

[278] Vgl. auch Tabelle 6.

trug 40,404 Mio. Fahrzeuge.[279] Damit ist zu erwarten, daß der Bestand von 1995 bis 2010 um ca. 11,4 bis ca. 20,3% steigen wird. Obwohl bei dieser Zunahme nicht automatisch auch die CO_2-Emissionen im gleichen Umfang steigen müssen, da es sich zum Großteil um Zweit- und Drittwagen handelt, muß diese quantitative Zunahme des Bestandes berücksichtigt werden. Um jedoch eine dem CO_2-Problem angemessene Reduzierung zu ermöglichen, wird von dem ungünstigen Fall ausgegangen, daß die CO_2-Emissionen im Individualverkehr proportional zum Pkw-Bestand steigen. Wird nun eine 25%ige Reduzierung der CO_2-Emissionen im Individualverkehr bis 2010 bezogen auf das Jahr 1995 angestrebt, so bedeutet dies für den durchschnittlichen Kraftstoffverbrauch von Pkw und Kombi, daß er um rd. 35 bis 45% gesenkt werden muß. Damit die Zielvorgabe die Automobilindustrie, gerade im Hinblick auf die ausländische Konkurrenz, nicht zu stark benachteiligt, wird der Zielwert für die durchschnittliche Kraftstoffreduzierung auf 35% festgelegt. Selbst im ungünstigsten Fall sind auf diese Weise CO_2-Einsparungen von 15% bis 2010 bezogen auf 1995 möglich.

Darüber hinaus muß noch ein weiterer denkbarer Mengeneffekt berücksichtigt werden, der aus einer Senkung des durchschnittlichen Kraftstoffverbrauchs von Pkw entstehen könnte. Durch den geringeren Kraftstoffverbrauch ihrer Automobile könnten sich die Pkw-Halter veranlaßt fühlen, ihrer individuelle Fahrleistung zu steigern. Dies gilt jedoch nur unter der Voraussetzung, daß die Kraftstoffpreise konstant bleiben. Um zu verhindern, daß derartige Mengeneffekte, die nur schwer zu prognostizieren sind, daß gesetzte CO_2-Reduzierungsziel gefährden, ist eine Gegensteuerung durch eine moderate Erhöhung der Mineralölsteuer vorstellbar. Die Mineralölsteuer ist in diesem Zusammenhang jedoch nur als ergänzenden Steuerungsinstrument zu sehen, daß bei der Konstruktion des Modells nicht berücksichtigt werden soll.

Ausgehend von einem Durchschnittsverbrauch für Pkw und Kombi von 8,9 Liter auf 100 km für 1995 muß der Wert entsprechend der Zielvorgabe auf 5,785 Liter sinken. Die freiwillige Selbstverpflichtung der Automobilindustrie sieht für 2005 einen durchschnittlichen Verbrauch von ca. 6,0 Litern für die in Deutschland produzierten und abgesetzten Fahrzeuge vor. Insofern dürfte der angestrebte Wert von rd. 5,8 Litern für alle Pkw und Kombi in Deutschland, der noch dazu erst 2010 erreicht werden muß, ein realistisches und erreichba-

[279] Vgl. Deutsches Institut für Wirtschaftsforschung – DIW 1997, S. 141.

res Ziel sein. Im folgenden ist zu klären, welche zeitlichen Aspekte für das Zertifikatemodell beachtet werden müssen.

5.3. Die zeitlichen Aspekte eines Zertifikatemodells

Bei einem Zertifikatemodell ist die Gesamtlaufzeit von entscheidender Bedeutung. Die im vorangegangenen Abschnitt definierte Zielvorgabe, nämlich eine 35%ige Reduzierung des durchschnittlichen Kraftstoffverbrauchs von Pkw und Kombi bis 2010 – bezogen auf das Jahr 1995 –, enthält zwar den vorläufigen zeitlichen Endpunkt des Modells, jedoch nicht den Anfangszeitpunkt und somit die Laufzeit. Aus Gründen der Einfachheit soll das Modell zum 1. Januar 2000 eingeführt werden. Obwohl dieser Zeitpunkt frei gewählt werden kann, sollte er aus Gründen der Dringlichkeit des CO_2-Problems nicht in zu weiter Ferne liegen. Am 1. Januar 2010 müßte nach diesem Modell der durchschnittliche Kraftstoffverbrauch im Individualverkehr um 35% reduziert sein, bezogen auf das Basisjahr 1995.

Im Jahr 2010 ist zu prüfen, ob die angestrebte 35%ige Senkung erreicht wurde und welche realistischen Reduzierungsziele für die nächsten 10 Jahre sinnvollerweise anzustreben sind. Bei der Bestimmung einer neuen Zielvorgabe im Jahr 2010 müssen neben den ökonomischen, ökologischen und gesellschaftlichen Rahmenbedingungen auch die technischen Möglichkeiten neu bewertet werden.

Neben der Gesamtlaufzeit ist die Frage nach der zeitlichen Befristung der Zertifikate zu klären. Grundsätzlich wird zwischen der unbefristeten und der befristeten Vergabe unterschieden. El-Shagi (1993) hat die Vor- und Nachteile beider Vergabearten untersucht.

Vorteil der unbefristeten Vergabe
Die unbefristete Vergabe von Zertifikaten vermeidet sowohl eine Verunsicherung der Investoren als auch eine Beeinträchtigung des Zertifikatehandels.[280]

---

[280] Vgl. El-Shagi 1993, S. 1039.

Nachteil der unbefristeten Vergabe
Einer der Hauptkritikpunkte an der unbefristeten Vergabe ist die Tatsache, daß eine Benachteiligung bzw. Diskriminierung der Newcomer nicht ausgeschlossen ist.[281] Darüber hinaus entfällt faktisch der staatliche Einfluß auf die Umweltpolitik, da dem Emittenten ein „ewiges" Eigentumsrecht überlassen wird.[282]

Von vielen Autoren wird die befristete Vergabe präferiert, die jedoch auch mit spezifischen Vor- und Nachteilen behaftet ist.

Vorteil der befristeten Vergabe
Bei einer befristeten Vergabe haben die Träger der Umweltpolitik die Möglichkeit, die Zertifikatemenge entsprechend der veränderten Erfordernisse zu variieren. Neue Technologien und Neuemittenten können so leichter in das Zertifikatesystem integriert werden.[283]

Nachteil der befristeten Vergabe
Bei einer Befristung der zeitlichen Geltungsdauer der Zertifikate ist zu befürchten, daß in den Monaten vor Ablauf der Gültigkeit die Nachfrager es vorziehen dürften, auf die nächste Neuausgabe zu warten.[284] Kölle (1992) führt in diesem Zusammenhang noch an, daß die durch die Befristung entstehenden Transaktionskosten die Effizienz des Ansatzes mindern könnten und auf diese Weise außerdem Planungsunsicherheiten bei den Emittenten entstünden.[285]

Da sowohl die unbefristete als auch die befristete Vergabe Nachteile haben, muß sich die Entscheidung über die geeignete Vergabeform am Gegenstand der Zertifikate orientieren. Die Reduzierung des durchschnittlichen Kraftstoffverbrauchs und somit auch des Kohlendioxidausstoßes im Individualverkehr ist ein lang andauernder Prozeß und kann nicht von heute auf morgen erfolgen. Ebenso benötigt die Markteinführung technischer Innovationen einige Jahre, da für eine CO_2-Einsparung zumeist vollständig neue Pkw-Modelle bzw. Motoren entwickelt werden müssen. Bei einer Befristung von Emissionszertifikaten sind verschiedene Varianten denkbar. Weimann (1991)

---

281 Vgl. El-Shagi 1993, S. 1039.
282 Vgl. Kölle 1992, S. 295.
283 Vgl. El-Shagi 1993, S. 1039.
284 Vgl. ebda, S. 1039.
285 Vgl. Kölle 1992, S. 295.

unterscheidet zwischen einer einfachen zeitlichen Limitierung und einer Abwertung der Emissionsrechte. Zeitlich limitierte Zertifikate berechtigen zur Emission einer bestimmten Menge während eines festen Zeitraums.[286] Je kürzer die zeitliche Befristung, desto größer wird die Planungssicherheit der Emittenten. Dagegen sinken mit zunehmender Laufzeit die Möglichkeiten der Kontrollinstanz, durch eine geringere Zahl an Neuzertifikaten die ökologische Gesamtbelastung zu vermindern. Bei befristeten Zertifikaten besteht demnach ein „trade-off" zwischen der Flexibilität der Kontrollinstanz, auf veränderte ökologische Rahmenbedingungen reagieren zu können, und der Planungssicherheit der Emittenten.[287]

Dagegen wird bei der Abwertung den Planern die Möglichkeit gegeben, ohne großen Aufwand eine kontinuierliche Verschärfung des Standards zu erreichen.[288] Mit der Abwertung ist demnach eine vergleichbare Dynamisierung des Systems von außen zu erreichen. Um mit dem Mittel der Abwertung das Zertifikatesystem dennoch berechenbar und ökonomisch tragbar zu gestalten, schlägt Bonus (1994) vor, das Ausmaß und den Zeitpunkt der Abwertung längerfristig festzulegen und rechtzeitig zu publizieren.[289]

Das in der vorliegenden Arbeit präferierte Modell wählt eine befristete Vergabe mit gleichzeitiger Abwertung. Kölle (1992) schlägt vor, die Zertifikate mit einer mittelfristigen Laufzeit von 5-15 Jahren zu versehen. Diese Art der Befristung hat den Vorteil, daß die Emittenten von kurzfristigen politischen Entwicklungen verschont bleiben und eine mittelfristige Planungssicherheit erhalten. Die Kontrollinstanz gibt die Möglichkeit der unmittelbaren Einflußnahme nur befristet auf und kann nach Zeitablauf Rahmenanpassungen vornehmen.[290] Neben dieser mittelfristigen Laufzeit können die Zertifikate im Zeitverlauf abgewertet werden, was wiederum die moderate Erreichung eines Mengenziels gewährleistet.

Für den Individualverkehr bietet sich eine befristete Vergabe für die Gesamtlaufzeit von 10 Jahren an. Neuemittenten wird durch diese mittelfristige Begrenzung der Zugang zum Markt zwar erschwert, jedoch nicht auf längere Zeit

[286] Vgl. Weimann 1991, S. 168.
[287] Vgl. Schmidt 1994, S. 69.
[288] Vgl. Weimann 1991, S. 168.
[289] Vgl. Bonus 1994, S. 3.
[290] Vgl. Kölle 1992, S. 295.

verwehrt. Zudem wäre es ohnehin von Vorteil, wenn die Vergabeinstanz eine gewisse Anzahl von Zertifikaten für Neueinsteiger einbehielte, um auch innerhalb der zehnjährigen Befristung den Markt für Neueinsteiger offen zu halten. Die Abwertung der Zertifikate sollte der Zeitspanne angepaßt werden, in der die Automobilhersteller in der Vergangenheit ihre „Modellpflege“ betrieben haben. Dabei ist in erster Linie an den Einbau neuer bzw. überarbeiteter Motorvarianten zu denken und weniger an vollständig neue Pkw-Modelle. So wird beispielsweise der Motor des VW Golf alle 1-2 Jahre[291] überarbeitet und an die aktuellen rechtlichen Vorschriften bzw. an die Erfordernisse des Marktes angepaßt. Eine jährliche Abwertung der Zertifikate erscheint daher durchführbar, ohne daß sie eine zu große Härte für die Automobilindustrie darstellt.

5.4. Die Vergabeverfahren der Zertifikate

Nachdem die zeitlichen Aspekte der Vergabe geklärt wurden, ist im folgenden die Vergabeform näher zu untersuchen. In der einschlägigen Fachliteratur werden überwiegend zwei Vergabeverfahren unterschieden, die Versteigerung, die sog. „Auction“-Methode“ und die kostenlose (Erst-)Vergabe, das sog. „Grandfathering“. Daneben wird noch das Verfahren des Verkaufs zu administrativ festgesetzten Preisen von einigen Autoren erwähnt.[292]

Die Versteigerungs-Methode (Auctions)
Beim Verfahren der Versteigerung werden zunächst sämtliche Genehmigungen der Vergangenheit aufgehoben und die dann neu definierten Rechte meistbietend versteigert.[293] Diese Form der Vergabe, die ursprünglich auf Dales (1968) zurückgeht, hat den Vorteil, daß die Zertifikate von denjenigen Emittenten gekauft werden, die sie am effizientesten nutzen. Die Emittenten werden jedoch nur so lange Zertifikate ersteigern, wie der Preis für die Zertifikate unter ihren individuellen Grenzvermeidungskosten liegt. Insofern wird auf die Optimierung der Vermeidungsaktivitäten hingewirkt.[294]

[291] Telefonische Auskunft der Entwicklungsabteilung der Volkswagen AG am 30. März 1998. Die Motoren der einzelnen Pkw-Modelle werden sogar fast jährlich überarbeitet.
[292] Vgl. u.a. El-Shagi 1993, S. 1039 und Weimann 1990, S. 160.
[293] Vgl. Cansier 1993, S. 192.
[294] Vgl. El-Shagi 1993, S. 1039.

Die Versteigerung der Zertifikate ist jedoch mit einer ganzen Reihe von Problemen behaftet, die im folgenden kurz genannt werden sollen.

- Dem Staat entstehen zusätzliche Einnahmen, die wiederum den Staatsanteil erhöhen.[295]
- Die Verwendung der Einnahmen muß geklärt werden. Kompensationszahlungen an die Emittenten sind in diesem Zusammenhang vorstellbar.
- Den Emittenten entstehen zusätzliche Kosten, die noch nicht den gewünschten allokativen Einfluß auf das Umweltproblem haben, sondern vielmehr das Wirtschaften allgemein erschweren.
- Da ex ante nicht sicher ist, ob die benötigte Anzahl von Lizenzen auf dem Markt erworben werden kann, führt das Versteigerungsverfahren zu einer Unsicherheit der Emittenten in bezug auf die Investitions- und Programmplanung.
- Das Hauptproblem des Versteigerungsverfahrens ist der mangelnde Bestandsschutz. Faktisch wird sogar eine einmal vergebene Betriebserlaubnis aufgehoben. In diesem Zusammenhang ist zu beachten, daß der Bestandsschutz einer der Grundpfeiler des deutschen Rechtssystems ist, der nicht ohne weiteres, zumindest nicht ohne entsprechende staatliche Entschädigung, aufgehoben werden kann.[296]

---

[295] Um das Problem eines steigenden Staatsanteils zu umgehen, wurden vor allem in der amerikanischen Literatur zahlreiche Verfahren erörtert, die eine Versteigerung so organisieren, daß die Anreizstruktur erhalten bleibt, den Emittenten jedoch durch verschiedene Formen des Einnahmenrückflusses nur in geringem Umfang Kosten entstehen. In der Literatur werden vorwiegend die folgenden Auktionsverfahren diskutiert:

- Revenue-Auctions,
- Zero-Revenue-Auctions,
- einfache und mehrstufige Auktionsverfahren,
- double auctions,
- sealed bid-offer auctions,
- single-price auctions,
- incentive compatible auctions.

Kemper (1989) verweist in diesem Zusammenhang auf die umfangreiche Literatur, die im englisch sprachigen Raum erschienen ist. In erster Linie Atkinson/Tietenberg (1984), Eheart/Brill/Lyon (1983), Hahn/Noll (1982), Lyon (1982), Lyon (1986), Tietenberg (1985). Weitere Angaben finden sich bei Kemper 1989, S. 44, Fußnote 5.

[296] Vgl. Schmidt 1994, S. 67 und Kemper 1989, S. 44f.

Trotz umfangreicher theoretischer Vorschläge, in denen versucht wird, die Nachteile des Auktionsverfahrens zu kompensieren, soll dieses Vergabeverfahren nicht weiter untersucht werden.

Der Verkauf zu administrativ festgesetzten Preisen

Der Verkauf von Zertifikaten zu administrativ festgesetzten Preisen wird von nahezu allen Autoren abgelehnt. Die Kritik an diesem Vergabeverfahren ist dahingehend, daß durch die Preisfestsetzung das Zertifikatekonzept seinen eigentlichen Vorteil verliert, der darin besteht, daß sich über den Marktmechanismus im Rahmen der festgelegten Gesamtemissionsmenge knappheitsgerechte Preise ergeben.[297] Da die Planer eines Zertifikatemarktes nicht in der Lage sind, die Grenzvermeidungskosten der einzelnen Emittenten zu ermitteln, kann ein markträumender Preis nicht zustande kommen. Somit ist auch die Entstehung von unerwünschten Staatseinnahmen nicht zu verhindern.[298]

Die Methode der kostenlosen (Erst-)Vergabe (Grandfathering)

Um von vornherein einen Konflikt mit dem rechtlichen Bestandsschutz, wie er beim Versteigerungsverfahren auftritt, auszuschließen, bietet sich das Verfahren der freien Vergabe von Emissionsrechten an. Die Altemittenten erhalten eine kostenlose Erstausstattung mit Zertifikaten und müssen sich keine Betriebserlaubnis erkaufen.[299] Kabelitz (1984) sieht zudem den Vorteil, daß kein externer Eingriff in den Besitzstand stattfindet, so daß weder Entschädigungszahlungen des Staates notwendig, noch politische Interessenwiderstände provoziert werden.[300]

Die kostenlose Vergabe der Zertifikate kann in Anlehnung an die in der Vergangenheit erfolgten Emissionen gewährt werden. Daneben ist auch eine Stichtagsberechnung denkbar, die den Emittenten nur Zertifikate für diejenigen Emissionen zuspricht, die sie an einem bestimmten Stichtag ausgestoßen haben. Dieser Stichtag kann der Tag der Zertifikateausgabe sein oder in nicht allzu ferner Vergangenheit liegen. Damit die Emittenten an diesem Tag ihre Emissionen nicht künstlich in die Höhe treiben und somit mehr Zertifikate erhalten, als sie eigentlich benötigen, ist es von Vorteil, die Zertifikatezuteilung aufgrund bereits vergangener Zeitabschnitte zu berechnen. Eine Mani-

---

[297] Vgl. El-Shagi 1993, S. 1039.
[298] Vgl. Weimann 1990, S. 163f.
[299] Vgl. Cansier 1993, S. 197f.
[300] Vgl. Kabelitz 1984, S. 292.

pulation wäre dadurch ausgeschlossen. Eine genaue Ausgestaltung der Grandfathering-Methode hängt von dem jeweiligen Gegenstand der Zertifizierung sowie den übrigen Modellfaktoren ab und soll an dieser Stelle nicht weiter verfolgt werden.

Die Gratisvergabe der Zertifikate ist wie die Versteigerungsmethode mit Vor- und Nachteilen behaftet. Die Anhänger der Grandfathering-Methode sehen vor allem folgende Vorteile:

- Leichte verwaltungstechnische Handhabung.
- Keine Konflikte mit dem rechtlichen Bestandsschutz.
- Vermeidung von Unsicherheiten bei den Emittenten im Hinblick auf Planungs- und Investitionsprogramme.
- Keine zusätzlichen Staatseinnahmen, die den Staatsanteil erhöhen würden.[301]

Daneben sehen Kritiker dieser Methode eine Reihe von Nachteilen, die im folgenden kurz aufgeführt werden:

- Benachteiligung bzw. Diskriminierung von Neueinsteigern[302] auf dem Zertifikatemarkt.[303]
- Quasi-Belohnung eines vorhergehenden Fehlverhaltens insofern, als Emittenten, die in der Vergangenheit viel emittiert haben, mehr Zertifikate erhalten als diejenigen, die schon früher in umweltschonende Technologien investiert haben.[304]
- Altemittenten profitieren vom Grandfathering dadurch, daß sie die nicht benötigten Zertifikate an die Neueinsteiger verkaufen können.[305]
- Die Tatsache, daß bei der Gratisvergabe keine zusätzlichen Einnahmen entstehen, muß nicht unbedingt als Vorteil angesehen werden. Je nach verfolgter wirtschaftspolitischer Grundauffassung kann ein höherer Staatsanteil sogar wünschenswert sein. Werden beispielsweise die eingenommenen Mittel aus dem Verkauf der Zertifikate zur Senkung der Arbeitsko-

---

301 Vgl. El-Shagi 1993, S. 1038.

302 Cansier bemerkt in diesem Zusammenhang, daß von allen denkbaren Formen des Grandfathering nur ein flexibles System mit Zuteilungen kurzfristiger Rechte an Alt- und Neuemittenten kompromißfähig ist. Vgl. Cansier 1998b, S. 112.

303 Vgl. El-Shagi 1993, S. 1038.

304 Vgl. Kemper 1989, S. 47.

305 Vgl. El-Shagi 1993, S. 1038.

sten verwendet, könnten, ähnlich wie bei einer ökologischen Steuerreform, positive Beschäftigungseffekte erzielt werden.[306]

Alle untersuchten Vergabeverfahren haben spezifische Vor- und Nachteile. Kemper (1989) bewertet diese Verfahren abschließend mit den Worten: „Zusammenfassend kann gesagt werden, daß die Erstvergabe der Zertifikate nicht ganz unproblematisch und ein ‚optimales' Verfahren bisher nicht in Sicht ist. Allerdings sind die Probleme nicht alle zertifikatespezifisch, sondern tauchen bei anderen Instrumenten in ähnlicher Form auf."[307]

Die wohl praktikabelste Form der Vergabe, da sind sich fast alle Fachleute einig, dürfte die Grandfathering-Methode sein. Um die Nachteile dieser Methode so gering wie möglich zu halten, kann die kostenlose Erstvergabe modifiziert werden. Erste Erfahrungen mit dem sogenannten „modifizierten Grandfathering" wurden in den USA mit dem Acid Rain- und dem RECLAIM-Programm gesammelt. Das Flottenverbrauchsmodell im folgenden Kapitel wird diesen Gedanken noch einmal aufgreifen und vertiefend analysieren.

5.5. Mögliche Adressatengruppen für Zertifikate im Individualverkehr

Die Adressaten der Zertifikate bzw. die möglichen Teilnehmer am Zertifikatemarkt müssen im direkten Zusammenhang mit der zu begrenzenden Umweltauswirkung des Individualverkehrs ermittelt werden. Wie bereits in Kapitel 4 festgestellt wurde, sind der Kraftstoffverbrauch und die daraus resultierenden CO_2-Emissionen die vordringlichsten Umweltprobleme, die durch ökonomische Anreizinstrumente eingeschränkt werden sollten. Für ein Modell, das den Kraftstoffverbrauch und somit auch die Kohlendioxid-Emissionen zertifiziert, kommen grundsätzlich nur drei mögliche Gruppen in Frage: Der Mineralölhandel (Tankstellen), die Automobilindustrie und die Pkw-Halter.

Wesentlich entscheidender ist die Frage nach der Marktgröße und somit nach den Marktbeteiligten. In der theoretischen Diskussion wird häufig kritisiert,

---

[306] Nähere Informationen zu den theoretischen Beschäftigungseffekten einer ökologischen Steuerreform siehe u.a. Deutsches Institut für Wirtschaftsforschung – DIW 1994, S. 160ff. sowie Görres/Ehringhaus/von Weizsäcker 1994, S. 75ff.

[307] Vgl. Kemper 1989, S. 50.

daß die Lizenzmärkte nicht hinreichend groß sind, um eine effiziente Allokation und ein Preisnehmerverhalten der Marktteilnehmer zu erzeugen.[308] Um die Größe der jeweiligen Märkte zu bestimmen, müssen zunächst alle möglichen Marktteilnehmer identifiziert werden.

Mineralölhandel (Tankstellen)

Am 1. Januar 1998 gab es in der Bundesrepublik Deutschland 17.066 Tankstellen. Davon waren 16740 Straßen- und 326 Autobahntankstellen. Die überwiegende Zahl der Tankstellen läßt sich den großen, in Deutschland tätigen Mineralölkonzernen zuordnen. Insgesamt lassen sich auf diese Weise 22 Gruppen bilden. Die nachfolgende Tabelle 12 gibt einen Überblick über die Anzahl der Tankstellen in Deutschland, gegliedert nach Mineralölkonzernen bzw. sonstigen Gruppen.

Probleme bei der Erfassung der Marktteilnehmer gibt es bei der großen Anzahl der sonstigen Tankstellen, die beispielsweise an Supermärkte angeschlossen sind. Denkbar wäre hier die Bildung eines Verbandes, ähnlich wie bei den freien Tankstellen, der für die sonstigen Tankstellen die Zertifikate beschafft. Auf diese Weise würde verhindert, daß die großen Mineralölkonzerne zuviel Marktmacht auf dem neu geschaffenen Markt erhalten und die kleinen Anbieter auf lange Sicht über den Zertifikatehandel vom Markt drängen. Bei der relativ großen Anzahl der Marktteilnehmer dürfte ein Zertifikatemodell für den Mineralölhandel nicht an einem zu kleinen Markt scheitern.

[308] Vgl. Schmidt 1994, S. 133f.

Tab. 12: Straßen- und Autobahntankstellen in Deutschland (Stand 1. Januar 1998)

	Straßen-tankstellen	**Autobahn-tankstellen**	**insgesamt**
Aral	2.422	60	2.482
Shell	1.677	38	1.715
DEA	1.608	47	1.655
ESSO	1.456	37	1.493
BP	1.180	27	1.207
Avia	847	17	864
Elf	604	26	630
Conoco (Jet)	597	15	612
Agip	424	11	435
Fina	361	5	366
Westfalen	195	4	199
Total	189	4	193
Tamoll/HEM	188	2	190
BayWa	104	2	106
Calpam	91	1	92
Q8/Markant	60	1	61
Eller Montan	59	2	61
Score	37	2	39
SVG	19	2	21
OMV	14	---	14
Freie (BFT)	1.503	23	1.526
Sonstige	3.105	---	3.105
Insgesamt	***16.740***	***326***	***17.066***

Quelle: Erdöl-/Energie-Informationsdienst 1998a und 1998b, S. 3 und 10.

Automobilindustrie

Die Gruppe der Marktbeteiligten bei einem Zertifikatemodell, das an die Adresse der Automobilindustrie gerichtet ist, läßt sich relativ einfach an Hand der in Deutschland neu zugelassenen Pkw-Modelle ermitteln. Laut Auskunft des Verbandes der Automobilindustrie (1997)[309] partizipierten die folgenden Automobilmarken am bundesdeutschen Pkw-Markt:

- In Deutschland gefertigte Marken:
  Audi, Bayerische Motorenwerke (BMW), Mercedes Benz, Ford, Opel, Porsche, Volkswagen (VW) und andere Marken in sehr geringem Umfang.
- Französische Marken:
  Citroën, Peugeot, Renault, andere Marken in geringem Umfang.
- Britische Marken:
  Jaguar, Rover-Austin-Land Rover, IBC vehicles, andere Marken in geringem Umfang.
- Italienische Marken:
  Fiat, Ferrari, Iveco-Fiat, Lancia, Alfa Romeo, andere Marken in geringem Umfang.
- Schwedische Marken:
  Volvo, Saab-Scania.
- Spanische Marken:
  Santana, Seat.
- Japanische Marken:
  Daihatsu, Fuji-Heavy Subaru, Honda, Isuzu, Kawasaki, Mazda, Mitsubishi, Suzuki, Toyota, Yamaha, Nissan.
- Südkoreanische Marken:
  Aala Motor, Daewoo, Hyundai, KIA Motor, Seangyong.
- US-amerikanische Marken:
  Chrysler, Diamond, Ford, GMC, GMC-Truck, Jeep.
- Osteuropäische Marken:
  Skoda, Lada.

Neben den großen Automobilmarken werden in jedem Land noch eine Reihe kleinerer Marken produziert und in Deutschland verkauft, die jedoch aufgrund ihres geringen Marktvolumens vorerst vernachlässigt werden können. Insgesamt sind auf dem deutschen Automobilmarkt für Personen- und Kombinati-

---

[309] Vgl. Verband der Automobilindustrie e.V. – VDA 1997b.

onsfahrzeuge 46 größere Marken vertreten, deren jeweiliger Marktanteil unterschiedlich groß ist. Da jedoch einige Marken, wie beispielsweise Audi, Seat und VW, nur einem Automobilkonzern zugerechnet werden müssen, ist es sinnvoll, statt der Automobilhersteller die Automobilmarken als Marktteilnehmer festzulegen. Auf diese Weise wird verhindert, daß der Markt zu klein wird und somit Probleme beim Handel mit Zertifikaten entstehen.

Pkw-Halter
Der mit deutlichem Abstand größte Zertifikatemarkt ergibt sich, wenn ein Modell für die Pkw-Halter kreiert wird. 1996 waren rund 41. Mio. Personen- und Kombinationskraftfahrzeuge in Deutschland zugelassen. Die Zahl der reinen Pkw betrug ca. 35 Mio.[310] Bei einem Modell, das an die Adresse der Pkw-Halter gerichtet ist, besteht weniger die Gefahr, daß der Markt zu klein ist, sondern vielmehr, daß er durch die immense Zahl der Marktteilnehmer zu unübersichtlich und somit nicht funktionsfähig ist. In diesem Zusammenhang muß auf die Transaktionskostenaspekte hingewiesen werden, die im nächsten Abschnitt noch ausführlicher behandelt werden.

Abschließend kann festgehalten werden, daß in bezug auf die optimale Größe eines Zertifikatemarktes wenig Klarheit besteht. Es erscheint daher ratsam, auf Erfahrungen bereits etablierter Zertifikatesysteme zurückzugreifen, wie z.B. das Acid Rain- oder das RECLAIM-Programm in den Vereinigten Staaten.

5.6. Transaktionskostenaspekte und institutionelle Überlegungen

Um die möglichen Transaktionskosten der Zertifikatemodelle abschätzen zu können, muß zunächst klargestellt werden, welche Arten von Transaktionskosten unterschieden werden. Grundsätzlich sind Transaktionskosten diejenigen Kosten, die mit der Vereinbarung eines gerechten Leistungsaustausches verbunden sind. Sie entstehen aufgrund unvollständiger Informationen der am Güter- und Leistungsaustausch beteiligten Wirtschaftssubjekte. Insbesondere werden vier Arten von Transaktionskosten differenziert:

[310] Vgl. Deutsches Institut für Wirtschaftsforschung – DIW 1996, S. 143.

1. *Anbahnungskosten*
   Vor dem Abschluß eines Vertrages entstehen z.B. Kosten im Zusammenhang mit der Informationssuche und –beschaffung sowie der Suche eines geeigneten Tauschpartners.
2. *Vereinbarungskosten*
   Wurde ein geeigneter Tauschpartner gefunden, entstehen Kosten für die Erwirkung einer Einigung. Dabei spielen Intensität und zeitliche Ausdehnung der Verhandlungen eine entscheidende Rolle.
3. *Kontrollkosten*
   Wurde eine Einigung erzielt, entstehen beiden Tauschpartnern Kosten zur Sicherstellung der Einhaltung von Termin-, Qualitäts-, Mengen-, Preis- und ggf. Geheimhaltungsvereinbarungen.
4. *Anpassungskosten*
   Verändert sich während der Laufzeit die ursprüngliche Konstellation der Vertragsbedingungen, so entstehen z.B. Kosten, um Termin-, Qualitäts-, Mengen- und Preisänderungen durchzusetzen.[311]

Höhe und Art der Transaktionskosten bei einem Zertifikatemodell im Individualverkehr hängen maßgeblich von der Institution ab, die für die Vergabe, die Überwachung und die Kontrolle der Lizenzen verantwortlich ist. Daher muß zunächst geklärt werden, wie diese Institution konzipiert sein muß und welche konkreten Aufgaben sie zu erfüllen hat.

Huckestein (1993) hat in einem Aufsatz über Umweltlizenzen die administrativen Anforderungen an den Einsatz von Lizenzen zusammengefaßt:

- Festlegung und Erfassung von Belastungsmengen,
- Aufteilung von Einzelbelastungen,
- Abgrenzung des Lizenzmarktes in regionaler, sektoraler und stofflicher Hinsicht,
- Initiierung des Lizenzmarktes,
- Überwachung und Kontrolle,
- Lizenzmarktsteuerung und Informationstransfer.[312]

Da die allokative Optimierung, die von einem Zertifikatemodell erwartet wird, nur über Austauschprozesse zustande kommen kann, ist eine möglichst große

---

[311] Vgl. Bonus/Maselli 1997, S. 3804ff.
[312] Vgl. Huckestein 1993, S. 17ff.

Markttransparenz unabdingbar. Becker-Neetz (1988) schlägt daher die Einrichtung einer Lizenzbörse vor, die sich im wesentlichen nicht von einer herkömmlichen Börse zu unterscheiden braucht.[313]

Es ist sogar denkbar, den Zertifikatehandel in eine schon bestehende Börsenstruktur zu integrieren. Für die Bundesrepublik Deutschland ist hier an erster Stelle die Frankfurter Börse zu nennen, die neben dem Handel mit Aktien, Wertpapieren, Devisen etc. auch in der Lage sein dürfte, den Handel mit Zertifikaten abzuwickeln. Diese institutionelle Lösung hätte den Vorteil, daß bereits vorhandene Informationskanäle, räumliche Gegebenheiten und sonstige Infrastrukturen genutzt werden könnten und somit, im Vergleich zur Schaffung einer vollständig neuen Einrichtung, die Transaktionskosten niedrig gehalten werden könnten.

Neben der Einrichtung, die den Zertifikatehandel abwickelt, wird eine Überwachungs- und Kontrollinstanz benötigt, die möglichst unabhängig und frei von Interessenverbänden agieren sollte. Auch hier wäre es nicht von Nachteil, eine schon bestehende Einrichtung zu nutzen. Eine derartige Institution muß jedoch über eine ausreichende fachliche Kompetenz verfügen, um die ihr zu übertragenden Aufgaben korrekt erfüllen zu können. Eine in Deutschland herausragende fachliche Kompetenz in Umweltfragen hat das Umweltbundesamt in Berlin. Es wäre sicherlich ohne größere Probleme möglich, dem Amt eine weitere Abteilung bzw. ein Fachgebiet anzugliedern, die ausschließlich mit dem Zertifikatemarkt befaßt wäre. Darüber hinaus hat das Umweltbundesamt den entscheidenden Vorteil, eine Behörde des Bundes zu sein und somit relativ frei von wirtschaftlichen Interessenverbänden handeln zu können. Dies gilt insbesondere für die finanzielle Ausstattung, die durch die staatliche Trägerschaft gesichert ist.

Da es sich bei Zertifikaten um ein marktkonformes Instrument handelt, bei dem der staatliche Einfluß möglichst minimiert werden sollte, könnte die Überwachung und Kontrolle des Marktes einer privaten Institution übertragen werden. Denkbar ist eine dem TÜV vergleichbare Einrichtung, die jedoch weniger technisch ausgerichtet sein muß. Für die rein technischen Aspekte eines Zertifikatemodells im Individualverkehr könnte der TÜV bzw. die Dekra oder ähnliche Einrichtungen durchaus beratend tätig werden.

---

[313] Vgl. Becker-Neetz 1988, S. 223ff.

Um die Diskussion über die geeignete Institution zu schließen, sei an dieser Stelle nur noch gesagt, daß im Hinblick auf die politische Durchsetzbarkeit eines Zertifikatemodells eine staatliche Instanz vermutlich auf eine größere Akzeptanz der politischen Entscheidungsträger stößt als eine private Einrichtung.

5.7. Zusammenfassung

Die Analyse der Rahmenfaktoren, die im Vorfeld der Schaffung eines Zertifikatesystems für den Individualverkehr sinnvollerweise durchgeführt werden sollte, hat gezeigt, daß eine Vielzahl von grundsätzlichen Vorüberlegungen geklärt werden muß, um ein detailliertes funktionsfähiges Zertifikatemodell zu entwickeln.

Aufgrund der Dringlichkeit des Klimaproblems wird Kohlendioxid bzw. der Kraftstoffverbrauch als Gegenstand der Zertifizierung ausgewählt. Anschließend muß das „richtige" Maß der zukünftigen Umweltnutzung bestimmt werden. Nach Abwägung der wissenschaftlichen Grundpositionen, die im Zusammenhang mit der Nachhaltigkeitsfrage diskutiert werden, wird eine Zielbestimmung unter Berücksichtigung der gesellschaftlichen Rahmenbedingungen sowie der momentanen technischen Möglichkeiten vorgenommen. Als realistisches Reduzierungsziel wird eine 35%ige Verminderung des durchschnittlichen Kraftstoffverbrauchs, bezogen auf das Basisjahr 1995, bis zum Jahr 2010 fixiert. Die daraus resultierenden CO_2-Reduzierungen werden sich durch die Zunahme des Pkw-Bestandes und der gefahrenen Personenkilometer zwar nicht in der gleichen Höhe bewegen, aber eine deutliche Senkung des Kohlendioxidausstoßes im Individualverkehr in einer Größenordnung von 15-25% ist dennoch zu erwarten.

Damit ist zunächst der Endzeitpunkt eines Modells festgelegt. Als Anfangstermin wird der 1. Januar 2000 gesetzt und somit die Gesamtlaufzeit des Modells auf zunächst 10 Jahre begrenzt. Die Gültigkeitsdauer der Zertifikate wird auf die Gesamtlaufzeit von 10 Jahren befristet. In einjährigen Abständen sollten die Zertifikate abgewertet werden, um das Reduzierungsziel innerhalb der 10-jährigen Laufzeit zu erreichen. Diese Zeitspanne orientiert sich an den sogenannten „Modellpflegezeiträumen" der Automobilhersteller. Weiterhin wurden die unterschiedlichen Vergabeverfahren untersucht, die für die

Erstvergabe in Frage kommen. Die amerikanischen Erfahrungen mit dem Acid Rain- und dem RECLAIM-Programm haben gezeigt, daß ein „modifiziertes Grandfathering“ die Akzeptanz bei den betroffenen Gruppen erhöht. Diese Methode soll aus diesem Grund auch hier angewendet werden. Als mögliche Adressaten für ein Zertifikatemodell im Individualverkehr wurden der Mineralölhandel, die Automobilindustrie und die Pkw-Halter ermittelt. Um Kosten zu sparen, wird eine Lizenzbörse angeregt, die der Frankfurter Börse angegliedert werden könnte. Die Nutzung der bereits vorhandenen Infrastruktur, und insbesondere der Informationskanäle, senkt die Transaktionskosten bei den betroffenen Gruppen. Als Überwachungsinstanz wird aufgrund der fachlichen Kompetenz das Umweltbundesamt vorgeschlagen, das beratend vom TÜV bzw. der Dekra in technischen Dingen unterstützt werden könnte.

Die detaillierte Ausgestaltung des Zertifikatemodells hängt jedoch entscheidend von den konkreten Parametern ab und soll im nächsten Kapitel untersucht werden.

6. Modellvorschläge für den Individualverkehr

Nachdem die Rahmenbedingungen für ein Zertifikatemodell im Individualverkehr erörtert wurden, werden in diesem Kapitel zunächst einige Zertifikatemodelle für den Verkehrsbereich kurz vorgestellt, die in der Fachliteratur bereits besprochen wurden. Im Anschluß daran wird ein differenziertes Modell zur Zertifizierung des Flottenverbrauchs entwickelt, dessen Vor- und Nachteile, insbesondere im Hinblick auf andere umweltpolitische Maßnahmen zur Reduzierung des spezifischen Kraftstoffverbrauchs der Automobilhersteller, abschließend diskutiert werden.

6.1. Einige Modellvorschläge aus der Fachliteratur

Bei den drei nachfolgend aufgeführten Modellen handelt es sich um rein theoretische Konstruktionen, die für eine praktische Anwendung erheblich stärker differenziert werden müßten. Aus diesem Grund werden auch nur die grundsätzlichen Gedankengänge der einzelnen Modelle dargestellt.

6.1.1. Freie Kraftstoffmengen für die Verbraucher

In seinem Aufsatz über die Privatisierung der Umweltnutzung durch Zuweisung individueller Nutzungsrechte entwirft Bernd-Thomas Ramb (1991) ein alternatives Modell zur Benzinpreiserhöhung, das die Zuweisung freier Kraftstoffmengen für die Verbraucher vorsieht. Rambs Vorschlag zufolge soll jeder Verbraucher die Nutzungsrechte für 1000 Liter Benzin pro Jahr erhalten. Bei einem administrativ festgesetzten Benzinpreis von 1,50 DM pro Liter Benzin, der über die zugewiesene Menge hinausgeht, bekommt demnach jeder Verbraucher zu Beginn eines Jahres 1500,- DM vom Staat überwiesen. Bei einem Verbrauch von genau 1000 Litern pro Jahr ist dieses Verfahren einkommensneutral. Benötigt ein Individuum mehr als 1000 Liter pro Jahr, so muß er die Nutzungsrechte dafür für 1,50 DM pro Liter kaufen. Bei einem geringeren Verbrauch hat das Individuum dagegen einen Gewinn von 1,50 DM pro Liter, den es weniger verbraucht hat.[314]

[314] Vgl. Ramb 1991, S. 371f.

Bei dem von Ramb entwickelten Modell handelt es sich nicht, wie gezeigt wurde, um ein Zertifikatesystem im eigentlichen Sinn, sondern vielmehr um die Übertragung von Umweltnutzungsrechten auf private Individuen. Die Verbraucher erhalten somit keine Zertifikate bzw. Lizenzen, ihnen wird lediglich zu Beginn eines Jahres ein bestimmter Geldbetrag überwiesen. Ein Handel mit den Nutzungsrechten ist daher auch nicht vorgesehen. Die Fixierung der Menge auf 1000 Liter Benzin pro Jahr hat zwar den Anschein einer Zertifikatelösung, wird letztendlich jedoch dadurch untergraben, daß jedes Individuum eine beliebige Menge Benzin über die zugewiesenen 1000 Liter hinaus erwerben kann. Die Festsetzung des Benzinpreises auf 1,50 DM läuft einem Zertifikatesystem vollständig entgegen. Denn gerade der Preis soll sich bei einer Lizenzlösung auf dem Markt durch den Handel der Zertifikate herausbilden[315].

Obgleich es sich bei Rambs Vorschlag ganz offensichtlich nicht um ein Zertifikatesystem handelt, mußte es an dieser Stelle dennoch erwähnt werden, da ein wesentliches Element einer Lizenzlösung, nämlich die Übertragung von Umweltnutzungsrechten und die Möglichkeit, durch geringeren Verbrauch Geld zu verdienen, Eingang gefunden hat.

6.1.2. Fahrzeugnutzungs-Zertifikate in Ballungsräumen

Zur Reduktion der Abgasemissionen in Ballungsräumen schlägt Dorothea Kalleicher (1991) ein Zertifikatemodell vor, das die Vergabe zeitlich befristeter Zufahrtsberechtigungen für eine bestimmte Region enthält. Um mit dem Pkw in eine bestimmte Region einfahren zu dürfen, muß zunächst eine Lizenz in Form einer Einfahrerlaubnis erworben werden. Die Mengenfixierung in diesem Modell findet insofern statt, als daß die Anzahl der Fahrzeuge, die eine derartige Erlaubnis innerhalb eines bestimmten Zeitraums erhalten können, von vornherein begrenzt ist. Auf diese Weise wird das Fahrzeugaufkommen

[315] Das Verschenken eines bestimmten Quantums von Benzin pro Jahr an alle Bürger ist eine Maßnahme, die das Modell von Ramb unrealistisch erscheinen läßt, denn es kann nicht die Aufgabe des Staates sein, die individuelle motorisierte Mobilität des einzelnen zu finanzieren. Aus diesem Grund erscheint es ratsam, daß Modell in der Weise zu modifizieren, daß die ersten 1000 Liter Benzin zu einem Preis von 1500,- DM verkauft werden und jeder Liter darüber mit einem bestimmten preislichen Aufschlag versehen wird.

und somit auch die Schadstoffemissionen innerhalb der Region auf einem bestimmten Niveau gehalten.[316]

Anhand der nachfolgenden neun Punkte soll versucht werden, die wesentlichen Bestandteile des Modells zu bestimmen.

1. *Ökologische Zielsetzung*
   Das eigentliche Ziel des Zertifikatemodells ist die Sicherstellung einer bestimmten Immissionssituation in einer Region. Neben den Kraftfahrzeugen müssen daher auch die übrigen Emittenten der Region sowie die meteorologischen Einflüsse berücksichtigt werden.[317]

2. *Ermittlung der Schadstoffemissionen für eine Region*
   Um die Schadstoffemissionen aller Fahrzeuge innerhalb einer Region zu bestimmen, müssen die Anzahl der Fahrzeuge, die zurückgelegten Kilometer pro Jahr und die durchschnittlichen Abgaswerte ermittelt werden. Durch einfache Multiplikation ergibt sich hieraus die Gesamtmenge eines Luftschadstoffes für ein Jahr.[318]

3. *Fixierung eines Emissionspools*
   Die Fixierung eines ökologisch verträglichen Emissionspools ist aus verschiedenen Gründen schwierig. Bei mobilen Verschmutzungsquellen ist zumeist unklar, ob die gemessene Schadstoffkonzentration nicht auch von stationären Quellen verursacht wird. Daher kann die Diffusionsfunktion, die den Zusammenhang zwischen Emission und Immission angibt, nur grob geschätzt werden. Darüber hinaus sind die verschiedenen Schadstoffe unterschiedlich in ihrer schädigenden Wirkung. Es ist daher sinnvoll, die Schadstoffe durch unterschiedliche spezifische Gewichtungsfaktoren „gleichnamig“ zu machen. Letztendlich ist das Limit des Schadstoffausstoßes jedoch eine politische Entscheidung.[319]

4. *Anzahl der Berechtigungsscheine*
   Zur Berechnung der Anzahl wird die gerade noch gesetzlich erlaubte Emissionsmenge pro nichtschadstoffarmes Fahrzeug als Referenzmaßstab ge-

[316] Vgl. Kalleicher 1991, S. 275ff.
[317] Vgl. ebda, S. 275ff.
[318] Vgl. ebda, S. 277ff.
[319] Vgl. ebda, S. 278f.

nommen. Durch Division des ermittelten maximalen Emissionspools durch die für ein Fahrzeug erlaubten Schadstoffeinheiten eines Jahres erhält man die Anzahl der Berechtigungsscheine für ein Jahr.[320]

5. *Erstvergabe*
Um den Bestandsschutz zu wahren, schlägt Kalleicher vor, die Zertifikate kostenlos an die Fahrzeughalter der Region zu vergeben. Alle, die neu hinzukommen, müssen die Erlaubnisscheine erwerben.[321] Binswanger (1981) formuliert diesen Gedanken folgendermaßen: „Die Lösung besteht darin, daß derjenige, der die Umwelt bereits nutzt, also sozusagen in faktischem „Besitz" der Umwelt ist, sie weiterhin gratis nutzen bzw. vererben können soll, daß derjenige aber, der einen neuen Anspruch darauf geltend machen will, dafür einen Preis bezahlen muß."[322]

6. *Stückelung*
Das Modell sieht eine Stückelung der Zertifikate entsprechend ihrer Gültigkeitsdauer vor, wobei die kleinste Einheit ein Tag und die größte Einheit ein Jahr ist.[323]

7. *Preisbildung*
Um einen Anreiz zu geben, Fahrgemeinschaften bzw. öffentliche Verkehrsmittel zu nutzen, sollte das Mindestgebot für einen Tagesberechtigungsschein nicht unter dem Preis eines Hin- und Rückfahrscheins des öffentlichen Personenverkehrs in der Region liegen.[324]

8. *Handel*
Beim Handel mit den Zertifikaten vergleichen die Fahrzeughalter die individuellen Kosten der Fahrt in der Region mit dem eigenen Pkw (zurechenbare fixe und variable Fahrzeugkosten + Kosten für die Zufahrtsberechtigung) mit den Kosten einer alternativen Fortbewegungsmöglichkeit. Angebot und Nachfrage können dabei telefonisch über eine Vorverkaufsstelle koordiniert werden.[325]

---

[320] Vgl. Kalleicher 1991, S. 279f.
[321] Vgl. ebda, S. 276.
[322] Binswanger 1981, S. 89f.
[323] Vgl. Kalleicher 1991, S. 280.
[324] Vgl. ebda, S. 280f.
[325] Vgl. ebda, S. 281.

9. Kontrolle
Kalleicher schlägt vor, die Kontrolle der Zertifikate, die an der Windschutzscheibe angebracht werden müssen, vollautomatisch durch Überwachungskameras durchzuführen.[326]

Diese kurze Erläuterung der wesentlichen Bestimmungsgrößen des Modells soll zunächst ausreichen. Eine genauere Analyse, insbesondere eine kritische Bewertung des Modells, erfolgt in Kapitel 6.3.

6.1.3. Das Emissionsindikatoren-System

Einen deutlich anderen Ansatz zur Reduzierung der spezifischen Umweltbelastungen durch den Straßenverkehr als Kalleicher verfolgt Köhn (1996). Zur Erfassung der Umweltbeeinträchtigungen entwickelt er einen Indikator, der sich aus Gründen der Vereinfachung auf die Emissionen beschränkt. Werden die Umwelteffekte auf diese Weise reduziert, lassen sich sämtliche Umweltwirkungen über CO_2-Einheiten ausdrücken.[327]

Um die Umwelteffekte möglichst realistisch zu messen, muß ein Indikator zwei Aufgaben erfüllen. Er muß erstens die bereits eingetretene Gebrauchsphase beeinflussen und zweitens auf den Produktionsprozeß rückwirken können. Der Indikator darf jedoch nicht einseitig ein Mobilitätskonzept unterstützen, sondern muß vielmehr möglichst viele alternative Mobilitätsformen fördern. Köhn geht es letztendlich um eine materialschonende Mobilität. Unter „materialschonend“ versteht er sowohl einen möglichst geringen Produktions-Input an Ressourcen als auch einen geringen Emissions-Output während der Betriebsphase.[328]

Aus diesen Vorgaben heraus entwickelt Köhn einen CO_2-Indikator, der auf den zurückgelegten Personenkilometern basiert. Dementsprechend beziehen sich seine Zertifikate auf CO_2-Emissionen/Personen-Kilometer. Für 1991 ermittelte er einen EI_{CO2} von 170g/Pkm, was gleichzeitig den Basiswert von 100% für sein Modell darstellt. In Anlehnung an das politische CO_2-Reduzierungsziel einer 25%igen Absenkung der CO_2-Emissionen bis 2005 hält Köhn

---

[326] Vgl. Kalleicher 1991, S. 281.
[327] Vgl. Köhn 1996, S. 406.
[328] Vgl. ebda, S. 395.

eine 30%ige Absenkung aufgrund des steigenden Fahrzeugbestandes für begründbar. In den verbleibenden Jahren bis 2005 müßte demnach der CO_2-Indikator auf $120gCO_2$/Pkm reduziert werden.[329] Konkretere Angaben über die Abwertungsschritte und den vorgesehenen Handel mit den Zertifikaten werden in der Modellbeschreibung offengelassen.

Um die Messung und Kontrolle des Indikatorwertes möglichst kostengünstig zu gestalten, soll dies im Rahmen der TÜV- Untersuchung bzw. der ASU erfolgen. Die Registrierung der Insassenzahl könnte mit Hilfe des Angurtsystems auf einer Codekarte durchgeführt werden. Da bereits bestehende institutionelle Rahmenbedingungen (TÜV, ASU) genutzt werden, halten sich die Transaktionskosten in Grenzen.[330]

Die Wirkung des Indikators auf das Konsumverhalten beschreibt Köhn weniger als eine Einschränkung der individuellen Fahrleistung, sondern eher als eine Dematerialisierung des Service Mobilität. Der eigentliche Anreiz des Indikators besteht in der Verringerung der Materialintensität bezogen auf die Verhaltensweisen und die Nachfragedetermination bei den Konsumenten. Unabdingbar ist dabei jedoch eine moderate Anpassungszeit, die sich an den Produktlebenszyklen der Automobile orientiert.[331]

Abschließend faßt Köhn die Leistungsfähigkeit seines CO_2-Indikators in den folgenden Punkten zusammen:

- „Setzung von Umweltzielen zur Emissionsreduzierung,
- Reduktion der externen Effekte im Umwelt- und sozialen System,
- Vermeidung von zusätzlichen Transaktionskosten, ggf. deren Reduzierung,
- Verringerung der politischen Regulation im Produktions- und Konsumtionsprozeß,
- Stimulation des technologischen Fortschritts,
- mittelfristig eine Konzentration der Prozeßplanungen auf die Prozeßinputs.“[332]

---

[329] Vgl. Köhn 1996, S. 401.
[330] Vgl. ebda, S. 398.
[331] Vgl. ebda, S. 406f.
[332] Ebda, S. 407.

Eine eingehende Analyse, insbesondere im Hinblick auf die Durchführbarkeit, findet in Kapitel 6.3. statt.

6.2. Das Flottenverbrauchsmodell

Neben den oben besprochenen Vorschlägen hat der Verfasser dieser Arbeit ein Modell entwickelt, das gerade im Hinblick auf die gesellschaftliche Akzeptanz entscheidende Vorteile aufzuweisen hat. Die Rede ist von einer Zertifizierung des durchschnittlichen Flottenverbrauchs der Automobilhersteller. Einen ähnlichen Ansatz verfolgt Junkernheinrich (1998), der jedoch keine konkrete Ausgestaltung eines Modells liefert. Die von ihm postulierten handelbaren Emissionszertifikate bzw. Benzinzertifikate beziehen sich auf den CO_2-Ausstoß und stellen eine Ergänzung im umweltorientierten Instrumentenmix dar. In ihrer Ausgestaltung unterscheiden sich seine Zertifikate jedoch deutlich vom nachfolgend entworfenen Flottenverbrauchsmodell. Der wesentliche Unterschied besteht darin, daß Junkernheinrichs Emissionszertifikate nicht ausschließlich auf den Verkehrsbereich beschränkt sind, sondern auch mit anderen Bereichen, wie z.B. der Wärmeversorgung, gehandelt werden können.[333] Dennoch sind in seinem Beitrag, gerade im Hinblick auf die Abgrenzung zur Mineralölsteuererhöhung, wichtige Gedanken enthalten, die an späterer Stelle noch einmal aufgegriffen werden sollen. Im folgenden wird jedoch zunächst das Flottenverbrauchsmodell in seinen Grundzügen und seinen Bestimmungsparametern näher beschrieben und analysiert.

6.2.1. Der Zusammenhang zwischen dem Flottenverbrauch und dem CO_2-Reduzierungsziel

Zum besseren Verständnis der ökologischen Zielsetzung des Flottenverbrauchsmodells wird an dieser Stelle zunächst der Zusammenhang zwischen dem Flottenverbrauch und dem CO_2-Reduzierungsziel, wie er bereits in Kapitel 5.2. angedeutet wurde, näher erörtert. Das Ziel einer 35%igen Senkung des durchschnittlichen Flottenverbrauchs kann in bezug auf die resultierende CO_2-Reduzierung unter einem statischen und einem dynamischen Blickwinkel analysiert werden.

---

[333] Vgl. Junkernheinrich 1998, S. 220.

Statische Aspekte
Eine statische Betrachtung des Modells ist nur schwer möglich, da schon bei der Festlegung des CO_2-Reduzierungsziels dynamische Aspekte, wie z.B. eine Zunahme des Pkw-Bestands, berücksichtigt wurden. Dennoch sind statische Effekte denkbar, die in erster Linie aus der Heterogenität der Automobilhersteller erwachsen. Geht man von der durchaus realistischen Annahme aus, daß mit größeren Automobilen mehr Kilometer zurückgelegt werden als mit kleineren Pkw, so hat dies für die CO_2-Reduzierung einen doppelten Effekt. Zum einen ist der eingesparte Literbetrag bei verbrauchsstarken Pkw größer als bei verbrauchsschwächeren, und zum anderen wird durch die höhere Fahrleistung der größeren Fahrzeuge der Einspareffekt noch einmal verstärkt. Zudem kann vermutet werden, daß die Einsparpotentiale bei großen verbrauchsstarken Pkw größer sind als bei kleinen Fahrzeugen. Auf diesen Sachverhalt wird aber noch an späterer Stelle eingegangen (Abschnitt 6.2.10.), wenn es darum geht, die Gewinner und Verlierer des Modells zu ermitteln.

Dynamische Aspekte
Die 35%ige Absenkung des Flottenverbrauchs ist nicht exakt im Verhältnis 1:1 auf die Reduzierung der CO_2-Emissionen übertragbar. Wie bereits bei der Bestimmung des Reduzierungsziels in Kapitel 5.2. deutlich wurde, spielen die Entwicklungstendenzen bei der motorisierten individuellen Mobilität während der geplanten zehnjährigen Laufzeit des Modells eine entscheidende Rolle für die tatsächlich erzielbaren CO_2-Einsparungen. Die maximal erzielbare CO_2-Reduzierung wird durch mehrere Faktoren abgeschwächt. Zu nennen ist hier an erster Stelle die prognostizierte Zunahme des Pkw-Bestands. In diesem Zusammenhang muß auch mit einer Zunahme der zurückgelegten Personenkilometer und einer Reduzierung der Insassenzahl pro Pkw gerechnet werden, da immer mehr Personen über ein eigenes Automobil verfügen. Bei einem deutlich stärkeren als dem prognostizierten Anstieg von Pkw-Bestand und Fahrleistung müssen im Flottenverbrauchsmodell Maßnahmen möglich sein, die den neuen Tendenzen entgegenwirken. Zu denken ist hierbei z.B. an eine Verschärfung des Reduzierungsziels und eine damit verbundene Verschärfung der Abwertungsschritte. Auf diese Weise könnte verhindert werden, daß die angestrebte Senkung der CO_2-Emissionen durch eine Zunahme des Pkw-Bestands und der Fahrleistung kompensiert wird. Auf weitere Ausführungen wird an dieser Stelle verzichtet. Bei der Ermittlung der ökologischen Treffsicherheit des Flottenverbrauchsmodells wird jedoch auf diese Problematik Bezug genommen.

6.2.2. Der Teilnehmerkreis

Den Teilnehmerkreis für ein Flottenverbrauchsmodell bilden die in- und ausländischen Automobilhersteller, die am bundesdeutschen Automobilmarkt partizipieren. Um einen funktionsfähigen Markt zu etablieren, der nicht durch eine zu geringe Zahl an Marktbeteiligten behindert wird, werden die jeweiligen Marken getrennt behandelt. Auf diese Weise wird verhindert, daß sich z.B. die Hersteller von Luxuswagen bei Kleinwagenproduzenten einkaufen und so ihren Flottenverbrauch senken. Für den Fall, daß die Kleinwagen der Luxusmarke zugerechnet werden, müßte das Unternehmen befürchten, daß die etablierte Kleinwagenmarke ihre Marktstellung verlöre und sich somit neu positionieren müßte. Dies wäre für den Luxuswagenhersteller mit zusätzlichen Kosten verbunden, die möglicherweise höher wären als die Kosten für Maßnahmen zur technischen Reduzierung des Flottenverbrauchs oder den Erwerb zusätzlicher Zertifikate. Zudem ist damit zu rechnen, daß eine Luxusmarke, die Kleinwagen in ihr Markensortiment aufnimmt, an Prestige verliert.

In Kapitel 5.5. wurde der Teilnehmerkreis mit 46 Marktbeteiligten bereits ermittelt. Um festzustellen, welche Marken von einem derartigen Zertifizierungsmodell am stärksten betroffen sind, müssen zunächst die entsprechenden Marktanteile der einzelnen Automobilmarken ermittelt werden. Die nachfolgende Tabelle 13 gibt diesbezüglich einen Überblick. Es ist jedoch zu beachten, daß einige Markenhersteller, vor allem japanische, einen Teil ihrer Modelle im Ausland produzieren. Bei der Ermittlung der Marktteilnehmer soll diese Tatsache keine Rolle spielen, da es für die Berechnung des Flottenverbrauchs unerheblich ist, ob z.B. ein Nissan-Pkw in Japan oder in Großbritannien gefertigt wurde.

Tab. 13: Zulassung von fabrikneuen Personen- und Kombinationskraftwagen nach Marken in Deutschland für das Jahr 1996

Marken nach Ländern geordnet	Anzahl
In Deutschland gefertigte Marken:	
• Audi	214.546
• Bayerische Motorenwerke (BMW)	227.321
• Mercedes-Benz	286.139
• Ford	386.892
• Opel	565.421
• Porsche	6.111
• Volkswagen (VW)	664.376
• sonstige	1.064
insgesamt	*2.351.870*
Französische Marken:	
• Citroën	43.863
• Peugeot	84.481
• Renault	186.003
• sonstige	3
insgesamt	*314.350*
Britische Marken:	
• Jaguar	2.521
• Rover-Austin-Land Rover	20.748
• IBC Vehicles	328
• sonstige	364
insgesamt	*23.961*
Italienische Marken:	
• Fiat	146.727
• Lancia	12.421
• Alfa Romeo	11.476
• Ferrari	580
• Iveco-Fiat	505
• sonstige	80
insgesamt	*171.789*
Schwedische Marken:	
• Volvo (werden auch in den Niederlanden produziert)	31.696
• Saab-Scania	4.818
insgesamt	*36.514*
Spanische Marken:	
• Santana	5.174
• Seat	53.214
insgesamt	*58.388*

wird fortgesetzt

Marken nach Ländern geordnet	**Anzahl**
Japanische Marken:	
• Daihatsu	7.620
• Fuji-Heavy Subaru (werden auch in den USA produziert)	8.889
• Honda (werden auch in den USA und in GB produziert)	54.542
• Isuzu	85
• Kawasaki	87
• Mazda (werden auch in GB produziert)	66.185
• Mitsubishi (werden auch in den Niederlanden und in GB	60.439
produziert)	29.705
• Suzuki (werden auch in Osteuropa produziert)	84.747
• Toyota (werden auch in den USA und in GB produziert)	302
• Yamaha	91.123
• Nissan (werden auch in Spanien, GB und den Niederlanden	*403.724*
produziert)	
insgesamt	
Südkoreanische Marken:	
• Aala Motor	680
• Daewoo	19.020
• Hyundai	31.943
• KIA Motor	13.049
• Seangyoung	1.202
insgesamt	*65.894*
US-amerikanische Marken:	
• Chrysler	19.234
• Diamond	141
• Ford	7.590
• GMC	1.836
• GMC-Truck	718
• Jeep	22
• sonstige	11
insgesamt	*29.552*
Osteuropäische Marken:	
• Skoda	21.299
• Lada	4.910
insgesamt	*26.209*
Gesamte Neuzulassungen in 1996	***3.482.251***

Quelle: Verband der Automobilindustrie e.V. – VDA 1997b.

Die für den deutschen Markt bedeutendste Automobilmarke ist VW. 1996 betrug der Marktanteil von VW bei den neu zugelassenen Personen- und Kombinationskraftwagen 19,1%. Auf dem zweiten Platz rangierte Opel mit einem Marktanteil von 16,2%. Der Marktanteil der in Deutschland gefertigten Marken beträgt insgesamt 67%. Ausländische Marken partizipieren demnach nur mit rund 1/3 am deutschen Markt. Abbildung 30 veranschaulicht die Marktanteile der einzelnen Länder an den neu zugelassenen Personen- und Kombinationskraftwagen in Deutschland für das Jahr 1996.

Die Übersicht über die Marktanteile der einzelnen Marken bzw. Länder wird an späterer Stelle noch von Bedeutung sein, wenn es darum geht, die Gewinner und Verlierer des Flottenverbrauchsmodells zu ermitteln.

Abb. 30: Marktanteile neu zugelassener Personen- und Kombinationskraftwagen nach Ländern in Deutschland (1996)

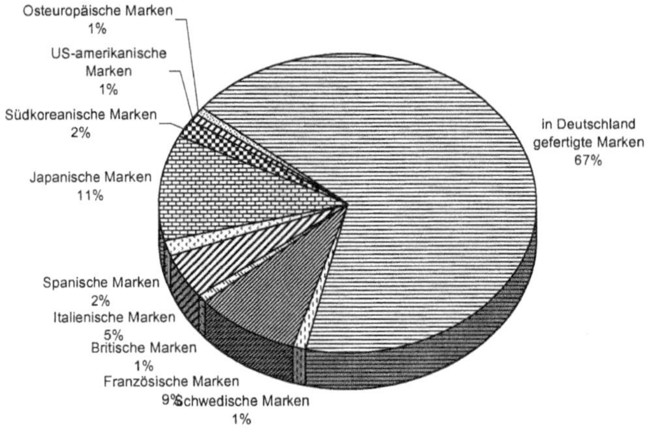

Quelle: Verband der Automobilindustrie e.V. – VDA 1997b.

Zu den 46 mehr oder weniger großen Automobilmarken kommen noch etliche kleine Produzenten, die an dieser Stelle jedoch nicht weiter benannt werden sollen. Die entscheidende Frage ist nun, ob ein Zertifikatemarkt mit dieser relativ geringen Anzahl von Marktteilnehmern funktionieren kann. Erfahrungen gibt es diesbezüglich nur bei den amerikanischen Zertifikateprogrammen. Im Acid rain-Programm betrug die Anzahl der Marktteilnehmer in der ersten Phase 110 und erhöhte sich in der zweiten Phase durch die Einbeziehung weiterer Anlagen auf mehr als 2000. Im kalifornischen RECLAIM-Programm betrug die Zahl der Marktbeteiligten 1995 auf dem Markt für Stickoxide 330 und für Schwefeldioxide 37. Obwohl die Zahl der Transaktionen auf beiden

Märkten stetig gestiegen ist, waren es 1996 auf dem SO_x-Markt nur 20 registrierte Tauschvorgänge. Auf dem Markt für NO_x kamen 1996 dagegen 122 Transaktionen zustande.[334] Inwieweit eine Korrelation zwischen der Anzahl der Marktteilnehmer und der Anzahl der Transaktionen besteht, ist jedoch ungewiß. Sicher ist dagegen, daß die Zahl von 20 Transaktionen auf dem SO_x-Markt von den Experten als zu gering eingestuft wird und somit kein funktionsfähiger Markt gewährleistet ist.

Da es sich beim Flottenverbrauchsmodell um einen vollständig anderen Zertifikatemarkt handelt, können die amerikanischen Erfahrungen nur bedingt genutzt werden. Ohnehin ist es sehr problematisch, die Funktionsfähigkeit eines Marktes anhand der Anzahl der Transaktionen bewerten zu wollen. Viel wichtiger ist die Frage, ob es Hindernisse gibt, die einen Handel auf dem Markt erschweren. Dies soll aber an späterer Stelle (Abschnitt 6.2.8.) noch ausführlich behandelt werden.

6.2.3. Die Berechnung des Flottenverbrauchs

Die Berechnung des Flottenverbrauchs kann auf unterschiedliche Art und Weise erfolgen. Da die einzelnen Methoden jedoch nicht immer zu dem gleichen Ergebnis führen, muß eine Berechnungsmethode gewählt werden, die für alle beteiligten Gruppen gerecht ist. Für Markenproduzenten, die vorwiegend die gehobene Mittelklasse bzw. die Oberklasse bedienen, wäre es ratsam, die Durchschnittsverbräuche der einzelnen Modelle zu addieren und durch die Gesamtzahl aller Modelle zu dividieren. Auf diese Weise fließen die verbrauchsgünstigeren kleineren Modelle des Autoherstellers, die im Vergleich zu den übrigen Modellen weniger verkauft werden, mit der gleichen Gewichtung in die Berechnung ein, wie die viel verkauften verbrauchsstarken Modelle. Automobilkonzerne, die ein anderes Marktsegment beliefern, favorisieren eine für sie günstigere Berechnungsmethode.

Schallaböck, der 1990 einen Aufsatz zur Limitierung des spezifischen Treibstoffverbrauchs bei Nutzfahrzeugen schrieb, sieht ebenfalls verschiedene Möglichkeiten, den Flottenverbrauch eines Automobilherstellers zu berechnen. Die Bildung eines arithmetischen Mittels aus den spezifischen Verbräu-

---

[334] Vgl. Fromm/Hansjürgens 1998, S. 151f.

chen der Einzelfahrzeuge ist ebenso denkbar wie die zusätzliche Berücksichtigung der jeweiligen Nutzungsintensitäten (Jahreskilometerleistung) über entsprechende Gewichtungsfaktoren.[335] Grundsätzlich hält Schallaböck es jedoch für sinnvoll, den Flottenverbrauch nur auf die Neuzulassungen von Pkw zu beschränken, da dies aus rein praktischen Erwägungen einfacher ist. Erfahrungen hierzu liefert die amerikanische Flottenverbrauchsnorm, die ebenfalls am Verbrauch von Neuwagen ansetzt.[336]

Überdies wird es sehr schwierig werden, eine Berechnungsmethode zu finden, die von allen akzeptiert wird. Die amerikanischen Erfahrungen haben gezeigt, daß diverse Ausnahmeregelungen getroffen werden müssen, um zu verhindern, daß durch die Einrichtung eines Zertifikatesystems Benachteiligungen entstehen. Die Verhandlungen über eine von allen akzeptierte Berechnungsmethode werden vermutlich einen langen Zeitraum in Anspruch nehmen. Dies gilt vor allem vor dem Hintergrund international agierender Konzerne, die ihre Wettbewerbsposition durch ein nationales Zertifikatemodell gefährdet sehen.

Zur Berechnung des spezifischen Kraftstoffverbrauchs eines Automobils werden derzeit zwei Methoden unterschieden. Das etwas ältere Verfahren ist die Bestimmung des Kraftstoffverbrauchs nach der sog. Drittel-Mix-Norm. Danach fließen zu je einem Drittel die Verbrauchswerte im Stadtverkehr (bis 60 km/h), auf der Landstraße (80-100 km/h) und auf der Autobahn (bei 120 und 140 km/h) in den Durchschnittsverbrauch ein.[337] Die neuere und etwas strengere Euro-Mix-Norm verwendet dagegen eine andere Berechnungsmethode. Es handelt sich dabei um eine Kraftstoffverbrauchsangabe in Litern auf 100 km/h, die sich aus dem Mittelwert der Verbräuche bei 90 km/h, bei 120 km/h und beim ECE-Zyklus[338] ergibt.[339] Nach der Euro-Mix-Methode liegen die durchschnittlichen Verbräuche der einzelnen Fahrzeuge in der Regel etwas höher als nach der Drittel-Mix-Methode. Im vorliegenden Flottenver-

---

[335] Vgl. Schallaböck 1990, S. 717.

[336] Auf die amerikanische Flottenverbrauchsnorm soll an dieser Stelle nicht näher eingegangen werden, da es sich hierbei um eine administrative Zwangsmaßnahme handelt und nicht um einen Ansatz von handelbaren Nutzungsrechten.

[337] Vgl. KATALYSE e.V. - Institut für angewandte Umweltforschung (Hrsg.) 1993, S. 182.

[338] Der ECE-Zyklus entspricht etwa einer Fahrt im Stadtinneren, mit Abbrems- und Beschleunigungsphasen. Vgl. KATALYSE e.V. - Institut für angewandte Umweltforschung (Hrsg.) 1993, S. 240.

[339] Vgl. KATALYSE e.V. - Institut für angewandte Umweltforschung (Hrsg.) 1993, S. 228.

brauchsmodell beziehen sich die durchschnittlichen Verbrauchsangaben fortan immer auf die Berechnung nach dem Euro-Mix-Verfahren.

Eine für alle Automobilhersteller relativ gerechte Methode dürfte die Berechnung des Flottenverbrauchs unter Einbeziehung der Anzahl der jeweiligen Pkw-Modelle sein. Dieses Berechnungsverfahren des gewichteten Durchschnitts soll im folgenden näher beschrieben werden:

- Der Automobilhersteller baut unterschiedliche Modelle. (Modell A ..... Modell Z)
- Die einzelnen Modelle sind mit unterschiedlichen Motorvarianten ausgestattet. (Modell A_1 ... Modell A_n), (Modell B_1 ...Modell B_m),....... (Modell Z_1...Modell Z_k)
- Der Durchschnittsverbrauch auf 100 km wird mit γ bezeichnet. (γ_{A1}......γ_{An}) (γ_{B1}......γ_{Bm})..........(γ_{Z1}...... γ_{Zk})
- x ist die Menge der jeweils verkauften Motorvarianten des Modells. (x_{A1}....x_{An}) (x_{B1}....x_{Bm})..........(x_{Z1}.....x_{Zk})
- n = Anzahl der Motorvarianten von Modell A
- m = Anzahl der Motorvarianten von Modell B
- k = Anzahl der Motorvarianten von Modell Z
- λ = Anzahl aller verkauften Pkw in einem Jahr
- δ = durchschnittlicher Flottenverbrauch einer Automobilmarke

Formal läßt sich die Berechnung des Flottenverbrauchs durch die folgende Formel (1) beschreiben. Da die mit den Verkaufszahlen eines Jahres gewichtete Verbrauchszahl aller Modelle, mit den entsprechenden Motorvarianten, lediglich durch die Gesamtzahl aller verkauften Pkw dividiert werden muß, kann der Zähler aus der Formel (1) entsprechend Formel (2) verkürzt werden.

(1) $$\frac{\sum_{i=1}^{n}\left(x_{A_i}\gamma_{A_i}\right)+\sum_{i=1}^{m}\left(x_{B_i}\gamma_{B_i}\right)+......+\sum_{i=1}^{k}\left(x_{Z_i}\gamma_{Z_i}\right)}{\sum_{i=1}^{n}x_{A_i}+\sum_{i=1}^{m}x_{B_i}+......+\sum_{i=1}^{k}x_{Z_i}} = (\delta)$$ durchschnittl. Flottenverbrauch

(2) $$\sum_{i=1}^{n}x_{A_i}+\sum_{i=1}^{m}x_{B_i}+.......+\sum_{i=1}^{k}x_{Z_i}=\lambda$$ (Verkürzung des Nenners)

$$(3)\ \frac{\sum_{i=1}^{n}\left(x_{A_i}\gamma_{A_i}\right)+\sum_{i=1}^{m}\left(x_{B_i}\gamma_{B_i}\right)+......+\sum_{i=1}^{k}\left(x_{Z_i}\gamma_{Z_i}\right)}{\lambda} = (\delta)\ \text{durchschnittl. Flottenverbrauch}$$

Der durchschnittliche Flottenverbrauch eines Automobilherstellers läßt sich mittels Formel (3) berechnen. Inwieweit sich diese Methode in der Praxis durchführen läßt, hängt von den einzelnen Marktakteuren ab. Widerstände bzw. Einwände gegen dieses Verfahren dürfen mit Sicherheit erwartet werden.

Abschließend sei an dieser Stelle noch einmal betont, daß die Gewichtung des Flottenverbrauchs mit den jeweiligen Verkaufszahlen der einzelnen Modelle für das angestrebte Reduzierungsziel unabdingbar ist. Den Automobilherstellern wird auf diese Weise die Möglichkeit verwehrt, durch die Einschiebung verbrauchsgünstiger Modelle in die Angebotspalette, die jedoch nur wenig oder gar nicht verkauft werden, ihren Flottenverbrauch deutlich zu senken.

6.2.4. Die Stückelung der Zertifikate

Bei der Stückelung der Zertifikate müssen einige Aspekte berücksichtigt werden, damit ein möglichst reibungsloser Handel möglich wird. Ist die Stückelung zu klein, so wird der Markt schnell unübersichtlich, und die Preisbildung ist nicht unproblematisch. So wäre es durchaus denkbar, daß der Preis für eine Lizenz im Pfennig-Bereich liegt und bei einer Abwertung der Lizenzen nur schwer weiter unterteilbar ist. Ebenso problematisch ist eine zu grobe Stückelung, die den Handel massiv behindern würde, da nicht genügend Zertifikate im freien Handel verfügbar wären. Beispielsweise wäre eine Lizenz für einen Liter Durchschnittsverbrauch viel zu grob, da das Unternehmen erst dann ein Zertifikat verkaufen könnte, wenn es den durchschnittlichen Kraftstoffverbrauch um einen Liter reduziert hätte.

Da es in der Praxis bisher nur sehr wenig Erfahrungen mit Zertifikatesystemen gibt, ist es sinnvoll, die wenigen Erfahrungen aus den bereits implementierten Systemen zu nutzen. Zu denken ist hierbei in erster Linie an die amerikanischen Programme, das Acid rain- und das RECLAIM-Programm.

Im RECLAIM-Programm berechtigt eine Lizenz zur Emission eines amerikanischen Pfundes (0,453 kg) des jeweiligen Schadstoffes.[340] Die Anzahl der Zertifikate, die auf dem Markt für SO_x im Jahr 1994 ausgestellt wurden, betrug ca. 20 Mio. Angesichts der Tatsache, daß 1995 nur 37 Teilnehmer auf dem Markt agierten, erscheint diese Zahl sehr hoch. Bis zum Jahr 2003 ist geplant, die Emissionen von 9290 t in 1994 auf 3580 t zu senken. Für das Jahr 2003 ergibt sich auf dem SO_x-Markt dementsprechend eine Zertifikatemenge von rund 8 Mio.[341] Aufgrund der relativ feinen Stückelung der Lizenzen ist eine sehr genaue Steuerung der Emissionsmenge möglich.

Von entscheidender Bedeutung in diesem Zusammenhang ist die technische Möglichkeit, die Reduzierungen genau zu messen. Aufgrund der Gewichtung mit den Zulassungszahlen bei der Berechnung des Flottenverbrauchs ist es möglich, den durchschnittlichen Flottenverbrauch auf mehrere Stellen hinter dem Komma genau zu bestimmen. Auf diese Weise können schon relativ kleine Verbrauchsreduzierungen innerhalb der Pkw-Flotte erfaßt werden. Aufgrund der wenigen Erfahrungswerte, die bisher vorliegen, muß die Stückelung so gewählt werden, daß sie in erster Linie mit den technischen Rahmenbedingungen harmoniert. Durchaus realistisch und durchführbar erscheint eine Stückelung, bei der eine Lizenz zum durchschnittlichen Flottenverbrauch von 0,001 Litern berechtigt. Der Durchschnittsverbrauch eines Pkw liegt zur Zeit bei rund 9l/100km. Bei einem durchschnittlichen, mit den Zulassungszahlen gewichteten Flottenverbrauch von 9 Litern wären 9.000 Zertifikate notwendig. Formal läßt sich die Berechnung der Gesamtzahl der benötigten Zertifikate für den Markt mittels der folgenden Formel (4) darstellen.

(4) $\frac{\sum_{i=1}^{46} \delta_i}{0{,}001} = \zeta$ (addierte Flottenverbräuche aller Pkw-Marken)

Bei 46 größeren Markenherstellern läge die Gesamtzahl der Lizenzen auf dem Markt in einer Größenordnung von ca. 400.000 bis 500.000 Stück. Die Praktikabilität dieser Größenordnung stellt sich jedoch erst bei der Umsetzung des Modells heraus.

---

[340] Vgl. Fromm/Hansjürgens 1994, S. 214.

[341] Vgl. ebda, S. 214.

6.2.5. Das „modifizierte Grandfathering" als Vergabeverfahren

Wie bereits in Kapitel 5.4. festgestellt wurde, ist das Grandfathering das einzig akzeptable Vergabeverfahren. Um jedoch die wesentlichen Nachteile dieser Methode zu beseitigen, muß das reine Grandfathering abgewandelt werden. Die Modifizierungen betreffen die folgenden drei Bereiche:

- Der Zeitpunkt für die Berechnung des Flottenverbrauchs muß so liegen, daß die Unternehmen keine Möglichkeit haben, durch kurzfristige Manipulationen ihren Flottenverbrauch zu steigern, um bei der Verteilung mehr Zertifikate zu erhalten.
- Um Markenhersteller nicht zu bestrafen, die bereits in der Vergangenheit Maßnahmen zur Verbrauchsreduzierung durchgeführt haben, müssen Sonderregelungen getroffen werden.
- Um Neueinsteiger auf dem Zertifikatemarkt nicht zu diskriminieren, muß ein kleines Kontingent von Lizenzen einbehalten werden.

Um zumindest die Hauptnachteile zu minimieren, sollte das Grandfathering folgendermaßen modifiziert werden: Der Zeitraum für die Berechnung des Flottenverbrauchs hat einen starken Einfluß auf die Erstvergabe der Lizenzen. Wird ein zukünftiger Zeitabschnitt gewählt, der den Marktteilnehmern im vorhinein bekannt ist, so haben die Automobilhersteller die Möglichkeit, ihre Pkw-Flotte kurzfristig so umzugestalten, daß sie bei der Berechnung einen möglichst hohen Flottenverbrauch haben. Denkbar ist beispielsweise die Zurückhaltung neuer, bereits serienreifer Motorvarianten, die gegenüber den älteren Modellen einen geringeren Verbrauch haben. Die Einführung von technischen Innovationen kann auf die Weise verzögert werden. Eine andere Strategie könnte dahin gehen, die Auslieferung von Pkw mit geringem Verbrauch, vordringlich die kleineren Modelle einer Marke, leicht zu verzögern. Dies geht natürlich nur in sehr geringem Umfang, da der Kundenkreis nicht durch zu lange Bestellzeiten abgeschreckt werden darf. Bedenkt man jedoch die relativ langen Wartezeiten bei einigen Modellen, ist diese Strategie gar nicht so unwahrscheinlich. Einen Spielraum von mehreren Wochen können vermutlich die meisten Automobilhersteller nutzen. Von Bedeutung ist diese Strategie allerdings nur zum Ende eines Berechnungszeitraums.

Es ist daher von Vorteil, einen bereits vergangenen Zeitabschnitt für die Berechnung zu wählen. Manipulationen wären so von vornherein ausgeschlossen. Da die Verkaufszahlen der verschiedenen Modelle von Jahr zu Jahr unterschiedlich sind, ist zu überlegen, ob nicht das Flottenverbrauchsmittel aus mehreren Jahren errechnet werden sollte. Diese Methode ermöglicht ein wesentlich realistischeres Bild des Markenproduzenten in bezug auf die durchschnittliche Verbrauchsstruktur. Es muß jedoch berücksichtigt werden, daß einige Hersteller, wie beispielsweise einige südkoreanische Marken, erst seit relativ kurzer Zeit am deutschen Automobilmarkt teilhaben und in der Vergangenheit nur wenige bzw. keine Modelle auf dem Markt hatten.

Ungeachtet dessen werden im vorliegenden Zertifikatemodell die Flottenverbräuche aus den vergangenen drei Jahren gemittelt. Konkret sind dies die Jahre 1996-1998. Diese Variante hat den Vorteil, daß es sich um einen nicht mehr zu manipulierenden Zeitabschnitt der Vergangenheit handelt und daß jährliche Schwankungen in der Produktpalette bzw. beim Absatz ausgeglichen werden.

Um die Hersteller der Automobilmarken nicht zu benachteiligen, die bereits in der Vergangenheit technische Maßnahmen zur Verbrauchsreduzierung durchgeführt haben bzw. relativ kleine, verbrauchsgünstige Pkw herstellen, können Sonderregelungen vereinbart werden, die eine Belohnung dieser Hersteller enthalten. Zu diesem Zweck wird zunächst der durchschnittliche Flottenverbrauch aller Pkw-Marken errechnet. Liegt der Flottenverbrauch eines Herstellers unter diesem Durchschnittswert, so erhält er mehr Zertifikate, als er aufgrund seines berechneten Durchschnittsverbrauchs benötigt. Eine Möglichkeit ist, dem Hersteller für jeden Liter, die sein Flottenverbrauch unter dem ermittelten durchschnittlichen Flottenverbrauch aller Marken liegt, 10% mehr Zertifikate zu geben, als seiner eigentlichen Basiszuteilung entsprechen würde. Auf diese Weise erhalten Produzenten von ökologisch verträglicheren Kleinwagen eine Belohnung. Diese Möglichkeit muß bereits im Vorfeld, bei der Berechnung der Zertifikatemenge, berücksichtigt werden. Eine andere Möglichkeit sieht dagegen eine Bestrafung derjenigen Automobilhersteller vor, die über dem Durchschnittsverbrauch liegen. Ähnlich wie bei der Belohnungsvariante könnte ein Hersteller für jeden Liter, den er über dem gemittelten Durchschnittsverbrauch liegt, 10% weniger Zertifikate erhalten. Da jedoch die Bestrafung mit dem rechtlichen Bestandsschutz im Konflikt steht, ist die Belohnung die bessere Variante und soll auch im vorliegenden Flottenverbrauchsmodell Anwendung finden.

Um Neueinsteiger auf dem Automobilmarkt nicht zu benachteiligen, muß ein bestimmter Anteil der Zertifikate von der Vergabeinstanz einbehalten werden. Der Umfang dieser zurückbehaltenen Menge kann nur im Vorfeld geschätzt werden, da ex ante nicht absehbar ist, ob im Gültigkeitszeitraum der Zertifikate neue Marken auf den Markt drängen. Dennoch muß zumindest ein fairer Marktzutritt gewährleistet sein. In den amerikanischen Zertifikate-Programmen wurden umfangreiche Sonderregelungen für Neuemittenten eingebaut. Der Clean Air Act sieht in diesem Zusammenhang zum einen Maßnahmen im Rahmen der Basiszuteilung und zum anderen Auktionen sowie staatliche Verkäufe zu Festpreisen vor.[342]

Da der Verkauf zu staatlich festgesetzten Preisen dem eigentlichen Marktmechanismus, nämlich der freien Preisbildung, entgegenläuft, soll von dieser Variante Abstand genommen werden. Dennoch erscheint es sinnvoll, den Neueinsteigern auf dem Zertifikatemarkt nicht sämtliche Lizenzen kostenlos zu überlassen. Die Regelungen, die das Acid Rain-Programm vorsieht, sind dahingehend etwas rigider. Anlagen, die nach 1995 in Betrieb genommen werden, erhalten überhaupt keine kostenlosen Lizenzen, sondern müssen sämtliche Zertifikate auf dem Markt erwerben.[343] Eine derart drastische Regelung erschwert den Marktzutritt erheblich, und es besteht die Gefahr, daß der Markt gegenüber Neueinsteigern nahezu abgeschottet wird. Im vorliegenden Modell soll eine weniger radikale Lösung des Neueinsteiger-Problems angestrebt werden.

Die Regelung sieht vor, daß jeder neue Anbieter zunächst 50% der benötigten Lizenzen von der Vergabeinstanz kostenlos erhält. Liegt der Flottenverbrauch des Neueinsteigers unter dem durchschnittlichen Flottenverbrauch aller Hersteller, so erhält er für jeden Liter Flottenverbrauch, den er unter dem Durchschnittswert liegt, 10% mehr kostenlose Zertifikate von der Vergabeinstanz. Im Idealfall bekommt er alle benötigten Lizenzen kostenlos. Da dies jedoch relativ unwahrscheinlich ist, denn der Flottenverbrauch des Neueinsteigers müßte 5 Liter unter dem durchschnittlichen Flottenverbrauch liegen, muß der neue Pkw-Anbieter den Rest der benötigten Lizenzen an der bereits erwähnten Lizenzbörse zum Tagespreis erwerben. Neueinsteiger, deren Flottenverbrauch über dem durchschnittlichen Flottenverbrauch aller Hersteller liegt, bekommen lediglich 50% der Lizenzen und müssen die restlichen 50% dazukaufen.

[342] Vgl. Hansjürgens/Fromm 1994, S. 485f.
[343] Vgl. Endres/Schwarze 1994, S. 152.

Diese Regelung setzt jedoch voraus, daß an der Lizenzbörse stets genügend Zertifikate zum Kauf angeboten werden. Sollte dies nicht der Fall sein, so muß der neue Anbieter mit seinem Markteintritt so lange warten, bis genügend freie Lizenzen verfügbar sind. Andererseits hat er die Möglichkeit, zunächst nur die verbrauchsärmeren Modelle aus seiner Pkw-Flotte auf den Markt zu bringen und somit seinen Flottenverbrauch zu senken. Die verbrauchsstärkeren Modelle kann er später, wenn er genügend Zertifikate erworben hat, immer noch auf dem Markt einführen.

Die Regelungen zum modifizierten Grandfathering werden einer der Hauptstreitpunkte bei der Einführung des Flottenverbrauchsmodells werden. Die Automobilhersteller werden versuchen, den Markt soweit wie möglich gegenüber Neueinsteigern und somit neuen Konkurrenten abzuschotten. Eine für alle Parteien gerechte Lösung wird es vermutlich nicht geben.

6.2.6. Der Abwertungsfaktor der Zertifikate

Die Abwertung der Zertifikate läuft vom Anfangszeitpunkt des Flottenverbrauchsmodells im Jahr 2000 über 10 Jahre bis zum Jahr 2010. Da die Abwertung entsprechend den „Modellpflegezeiträumen“ der Automobilindustrie erfolgen soll, findet die Abwertung der Zertifikate jährlich statt. Der durchschnittliche Kraftstoffverbrauch von Pkw und Kombi betrug im Basisjahr 1995 8,9 Liter auf 100 Kilometer. Das Ziel sieht eine 35%ige Reduzierung dieses Wertes auf 5,785 Liter auf 100 Kilometer bis zum Jahr 2010 vor. Insgesamt müssen somit 3,115 Liter vom durchschnittlichen Verbrauch aller in Deutschland zugelassenen Pkw und Kombinationsfahrzeuge eingespart werden. Diese Reduzierung kann auf unterschiedliche Weise erfolgen:

1. Ausgehend vom spezifischen, im Berechnungszeitraum von 1996-1998 gemittelten durchschnittlichen Flottenverbrauch eines Markenherstellers kann dieser Verbrauch ab dem Jahr 2000 jährlich um den gleichen Literbetrag reduziert werden. Für einen Markenproduzenten mit einem durchschnittlichen Flottenverbrauch von 10 Litern bedeutet das eine jährliche Senkung um 0,35 Liter bzw. um 3,5%.

2. Eine andere Methode, die auch im vorliegenden Modell angewendet werden soll, sieht vor, daß sich der jährliche Reduzierungsbetrag immer aus

dem Flottenverbrauch des Vorjahres ergibt. Es findet eine periodische Senkung über 10 Jahre mit dem gleichen Prozentsatz, jedoch unterschiedlich hohen Literbeträgen statt. Diese Methode hat den Vorteil, daß in der Anfangsphase des Flottenverbrauchsmodells, in der die Verbrauchssenkungen relativ leicht und zu geringen Kosten durchgeführt werden können, hohe Reduzierungsbeträge fällig werden und in der Endphase, in der bereits viele der technischen Möglichkeiten zur Kraftstoffeinsparung ausgeschöpft sind und die Vermeidung teurer ist, nur relativ geringe Einsparungen durchgeführt werden müssen.

Die Berechnung des Prozentsatzes der jährlichen Abwertung bei zehnjähriger Laufzeit kann unabhängig von einem spezifischen Flottenverbrauch erfolgen. Im folgenden soll dieser Wert zunächst kurz errechnet werden. Ausgehend von der in Kapitel 6.2.3. hergeleiteten Formel zur Berechnung des Flottenverbrauchs eines Automobilherstellers läßt sich folgende Formel konstruieren:

$$\left(1-\sqrt[10]{\frac{\left(\frac{\sum_{i=1}^{n}\left(x_{A_i}\gamma_{A_i}\right)+\sum_{i=1}^{m}\left(x_{B_i}\gamma_{B_i}\right)+......+\sum_{i=1}^{k}\left(x_{Z_i}\gamma_{Z_i}\right)}{\lambda}\right)*0{,}65}{\frac{\sum_{i=1}^{n}\left(x_{A_i}\gamma_{A_i}\right)+\sum_{i=1}^{m}\left(x_{B_i}\gamma_{B_i}\right)+......+\sum_{i=1}^{k}\left(x_{Z_i}\gamma_{Z_i}\right)}{\lambda}}}\right)*100=i$$

Verkürzung der Formel durch:

$$\frac{\sum_{i=1}^{n}\left(x_{A_i}\gamma_{A_i}\right)+\sum_{i=1}^{m}\left(x_{B_i}\gamma_{B_i}\right)+......+\sum_{i=1}^{k}\left(x_{Z_i}\gamma_{Z_i}\right)}{\lambda}=\delta$$

ergibt:

$$\left(1-\sqrt[10]{\frac{\delta*0{,}65}{\delta}}\right)*100=i$$

Nach Kürzen von δ ergibt sich:

$$\left(1-\sqrt[10]{\frac{0,65}{1}}\right)*100=i$$

und somit ist der jährliche Abwertungsfaktor (i):

i = 4,21636 gerundet auf 4,2%

Zur Verdeutlichung der Abwertungsschritte soll an dieser Stelle der durchschnittliche Flottenverbrauch von 8,9 Litern auf 100 Kilometer zugrunde gelegt und die quantitative Höhe der jährlichen Abwertung exemplarisch berechnet werden. Abbildung 31 zeigt die Höhe dieser jährlichen Reduzierungsbeträge von 2000 bis 2010.

Abb. 31: Periodische Senkung eines Flottenverbrauchs bei einem Ausgangswert von 8,9 Litern auf 100 Kilometer und einer 35%igen Reduzierung über 10 Jahre

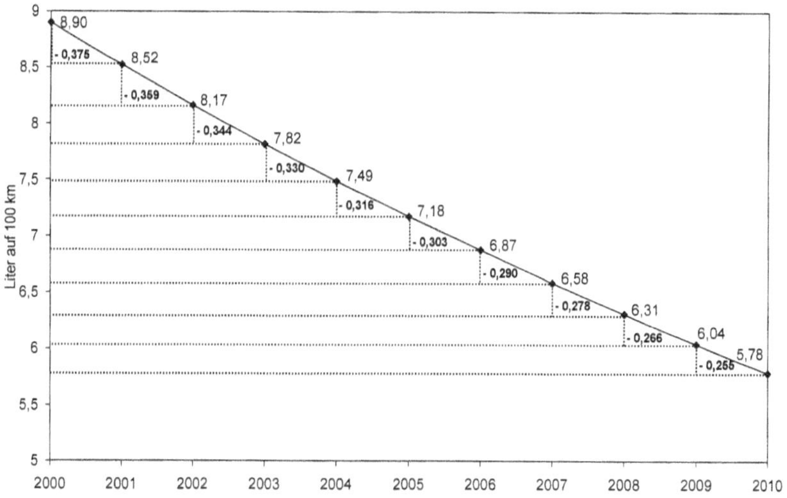

Quelle: Eigene Darstellung.

6.2.7. Die Preisbildung und -entwicklung

Bezüglich der Preisbildung und –entwicklung auf einem theoretisch geplanten Zertifikatemarkt können nur Vermutungen angestellt werden. Grundsätzlich sollte sich der Zertifikatepreis auf einem funktionierenden Markt etwa in der Höhe der durchschnittlichen Grenzvermeidungskosten bewegen und im Zeitverlauf eine stetige Entwicklung aufweisen. Ein starkes Abweichen von den Grenzvermeidungskosten bzw. eine sprunghafte Veränderung des Preises können unter Umständen als marktliche Fehlfunktion interpretiert werden.[344] Um die ungefähre Höhe des Zertifikatepreises im vorliegenden Flottenverbrauchsmodell zu bestimmen, müssen Kenntnisse über die Höhe der Grenzvermeidungskosten zur technischen Kraftstoffreduzierung bei den Automobilherstellern vorliegen. Da von seiten der Automobilindustrie starke Vorbehalte gegen ein Flottenverbrauchsmodell zu erwarten sind, werden Angaben zur Höhe der Grenzvermeidungskosten schwer erhältlich sein. Um die Regelungen des Zertifikatemodells bereits im Vorfeld zu verwässern, werden die Automobilhersteller wesentlich höhere als die tatsächlichen Grenzvermeidungskosten angeben. Auf diese Weise wird vermutlich ein Versuch unternommen, auf ein möglichst moderates Lizenzsystem hinzuwirken. Dementsprechend erscheint es wenig sinnvoll, über die genaue Höhe der zu erwartenden Zertifikatepreise zu spekulieren. Zudem weisen die amerikanischen Erfahrungen darauf hin, daß eine theoretische Preisprognose im Vorfeld eines Zertifikatesystems zu relativ unrealistischen Ergebnissen führt. Beispielsweise wichen im RECLAIM-Programm die tatsächlichen Preise eklatant von den prognostizierten Preisen ab. Der tatsächliche Preis lag nach der Stabilisierung des Systems um mehr als das 10-fache niedriger als der erwartete Wert.[345]

Obwohl es relativ aussichtslos erscheint, realistische Angaben über die Höhe der zu erwartenden Preise zu erhalten, kann dennoch die Entwicklung der Preise theoretisch, zumindest ansatzweise, vorhergesehen werden. Da das Hauptziel des Flottenverbrauchsmodells die Auslösung von technischen Innovationen zur Reduzierung des Kraftstoffverbrauchs sein soll, ist es im Vorfeld empfehlenswert, die wahrscheinlichsten Auswirkungen von technischen Innovationen auf den Zertifikatemarkt zu ermitteln. Um dies zu verdeutlichen, soll die Entwicklung der Angebots- und Nachfragefunktion in einem Diagramm dargestellt werden. Abbildung 32 veranschaulicht die Auswirkungen

---

[344] Vgl. Fromm/Hansjürgens 1998, S. 157.

[345] Vgl. ebda, S. 157.

von technischen Innovationen im Bereich der Kraftstoffverbrauchsreduzierung auf die Angebots- und Nachfragefunktion von Zertifikaten und somit auch auf den Gleichgewichtspreis.

Abb. 32: Wirkungen von technischen Innovationen auf den Zertifikatemarkt des Flottenverbrauchsmodells

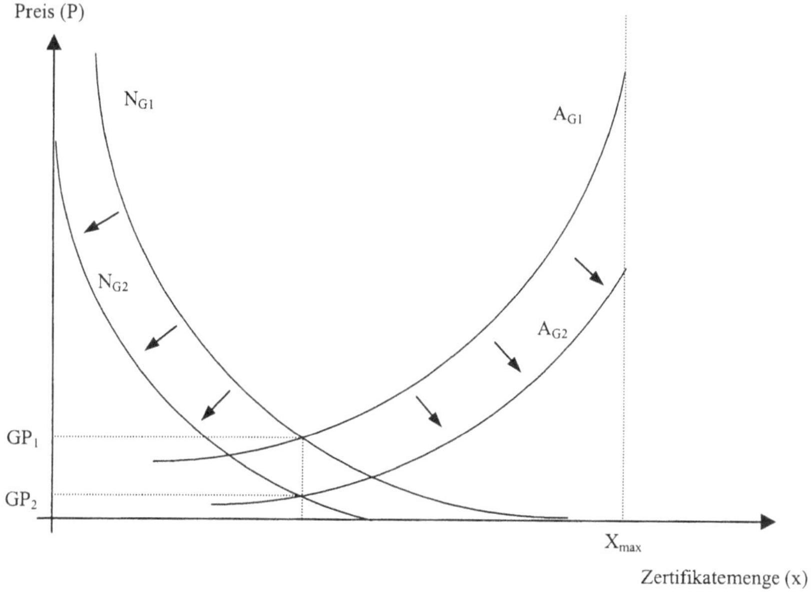

Quelle: Eigene Darstellung, nach: Scheelhaase 1994, S. 124.

N_{G1} = Gesamtwirtschaftliche Nachfragekurve nach Zertifikaten auf dem Markt

N_{G2} = Gesamtwirtschaftliche Nachfragekurve nach Zertifikaten auf dem Markt nach Entwicklung verbrauchsreduzierender Technologien

A_{G1} = Gesamtwirtschaftliche Angebotskurve von Zertifikaten auf dem Markt

A_{G2} = Gesamtwirtschaftliche Angebotskurve von Zertifikaten auf dem Markt nach Entwicklung verbrauchsreduzierender Technologien

GP = Gleichgewichtspreis

Unter der Voraussetzung, daß die kraftstoffreduzierende Technologie nach einer Einführungszeit allen Automobilherstellern zu relativ geringen Kosten zur Verfügung stehen wird, sind die folgenden Reaktionen auf dem Zertifikatemarkt zu erwarten[346]:

- Die neue Technologie beeinflußt den Verlauf der einzelwirtschaftlichen Grenzvermeidungskostenfunktion in der Weise, daß eine Absenkung des spezifischen Flottenverbrauchs zu geringeren Kosten möglich wird. Es ist für den einzelnen Hersteller nun kostengünstiger, den Verbrauch seiner Automobile zu senken, als Zertifikate zu kaufen. Die einzelwirtschaftlichen Grenzvermeidungskostenfunktionen verschieben sich parallel in Richtung niedrigerer Preise. Die horizontal aggregierte gesamtwirtschaftliche Nachfragekurve nach Zertifikaten wird daher aus ihrer ursprünglichen Position (NG_1) in Richtung kleinerer Preise (NG_2) verschoben. Die neue verbrauchsreduzierende Technologie hat eine sinkende gesamtwirtschaftliche Nachfrage nach Flottenverbrauchszertifikaten ausgelöst.

- Eine neue verbrauchsreduzierende Technologie hat auch einen Einfluß auf die gesamtwirtschaftliche Angebotskurve von Zertifikaten. Ebenso wie die Nachfragekurve verschiebt sich die aggregierte Angebotsfunktion in Richtung niedrigerer Preise von AG_1 auf AG_2. Grund hierfür ist die Veränderung der Grenzvermeidungskostenfunktion bei den Zertifikateanbietern, denen ebenfalls die neue Technologie zur Verfügung steht. Es werden noch mehr Zertifikate auf dem Markt angeboten, und die Angebotskurve verschiebt sich in Richtung größerer Zertifikatemengen. Daraus folgend entsteht ein niedrigerer Zertifikategleichgewichtspreis.

Ein maßgeblicher Einfluß auf die Preisentwicklung ist auch von der regelmäßigen jährlichen Abwertung der Zertifikate um rund 4,2% zu erwarten. Durch die Abwertung verringert sich der Nennwert aller im Umlauf befindlichen Zertifikate. Nach einem Jahr berechtigen die Zertifikate nur noch zu 95,8% des ursprünglich aufgedruckten Flottenverbrauchs. Durch die Abwertung erhöht sich die Nachfrage nach Zertifikaten, da für einen Liter durchschnittlichen Flottenverbrauch nun nicht mehr 1.000 Zertifikate notwendig sind, sondern 1044. Diese steigende Nachfrage schlägt sich in Form tendenziell steigender Preise auf dem Zertifikatemarkt nieder.[347] Dies gilt jedoch nur unter der Voraussetzung, daß keine oder nur sehr geringe technische Maß-

---

[346] Scheelhaase (1994) untersuchte die Preisentwicklung eines ähnlichen Modells zur Emissionsverminderung. Vgl. Scheelhaase 1994, S. 123ff.

[347] Vgl. Scheelhaase 1994, S. 128.

nahmen zur Verbrauchsreduzierung eingeführt wurden. Wird innerhalb des Abwertungszeitraums von einem Jahr der durchschnittliche Flottenverbrauch in gleichem Maße wie die Abwertung reduziert, so sind keinerlei Preiseffekte zu erwarten.

Aussagen über eine langfristige Preisbildungstendenz im vorliegenden Flottenverbrauchsmodell können nur mit Vorsicht gemacht werden. Einerseits kann vermutet werden, daß im Zeitverlauf mit steigenden Zertifikatepreisen aufgrund der Ausschöpfung von Optionen zur Verbrauchsreduzierung zu rechnen ist. Andererseits können bisher nicht bekannte technische Verfahren bzw. die Abkehr vom konventionellen Verbrennungsmotor den Kraftstoffverbrauch der Personenkraftwagen so weit senken, daß es zu einer Überschwemmung des Marktes mit nicht mehr benötigten Zertifikaten kommt und somit zu einem starken Preisverfall aufgrund des Überangebots. Die bisher bekannten Tendenzen auf dem Automobilmarkt deuten jedoch nicht auf revolutionäre technische Neuheiten hin, die schon in wenigen Jahren den konventionellen Verbrennungsmotor ersetzen könnten. Gleichwohl werden gelegentlich Automobile mit alternativen, zukunftsweisenden Antriebstechniken vorgestellt, die jedoch noch weit von einer Serienreife entfernt sind.[348] Für den Modellzeitraum bis 2010 werden diese Konzepte mit großer Wahrscheinlichkeit nur eine untergeordnete Rolle spielen. Mit einer serienreifen Back-Stop-Technologie ist somit in den nächsten Jahren nicht zu rechnen.

Neben der Orientierung des Zertifikatepreises an den durchschnittlichen Grenzvermeidungskosten ist die Stetigkeit der Preisentwicklung ein Indiz für einen funktionsfähigen Zertifikatemarkt. Eine Aussage, inwieweit einzelne Transaktionen den Zertifikatepreis maßgeblich beeinflussen, kann jedoch im Vorfeld nicht gemacht werden. Die amerikanischen Erfahrungen im Acid Rain- und im RECLAIM-Programm deuten auf eine eher stetige Preisentwicklung hin.[349] Bei diesem Vergleich ist jedoch zu bedenken, daß das Wirtschaftswachstum in den amerikanischen Programmen einen starken Einfluß hat, wohingegen im Flottenverbrauchsmodell diesem Faktor nur geringe Bedeutung zukommt.

---

[348] So stellte beispielsweise Daimler-Benz am 4. Mai 1998 den ersten Brennstoffzellen-Pkw mit bordeigener Wasserstofferzeugung der Öffentlichkeit vor. Vgl. Stromthemen 1998, S. 7.

[349] Vgl. Fromm/Hansjürgens 1998, S. 158f.

Zusammenfassend kann festgehalten werden, daß die Preisbildung und -entwicklung von vielen Faktoren abhängt, die sich erst nach der praktischen Umsetzung des Systems herauskristallisieren werden.

6.2.8. Mögliche Markthindernisse

Eine Beeinträchtigung der Marktfunktion ist durch exogene und endogene Einflüsse möglich. Fromm/Hansjürgens (1998) unterscheiden in diesem Zusammenhang Marktdefekte, die durch exogene Faktoren hervorgerufen werden und im institutionellen Umfeld des Zertifikatesystems begründet liegen, und Funktionsbeeinträchtigungen, die aus der Konzeption des Zertifikatesystems resultieren.[350]

Zu den exogenen Einflußfaktoren zählen in erster Linie gesetzliche Vorschriften bzw. Regelungen, die den Zertifikatemarkt in irgendeiner Weise tangieren oder direkt betreffen. An erster Stelle muß hier die Mineralölsteuer genannt werden, die einen mittelbaren Einfluß auf die Marktfunktion des Zertifikatemarktes ausüben kann. Eine stark steigende Mineralölsteuer bewirkt bei den Autofahrern eine langfristige Veränderung im Kaufverhalten bei Automobilen. Die Konsumenten werden kleinere, verbrauchsgünstigere Fahrzeuge erwerben, um so den steigenden Benzinpreisen entgegenzuwirken. Diese Thematik soll an späterer Stelle noch ausführlich untersucht werden. Ein weiterer Einfluß ist von Vorschriften zur Abgasregulierungen zu erwarten, da diese Regelungen zumeist Auswirkungen auf den Benzinverbrauch der Pkw mit sich bringen. Das Hauptaugenmerk bei der Analyse möglicher Markthindernisse soll auf endogene Einflußfaktoren gelegt werden. Aus diesem Grund wurden nur einige exogene Faktoren exemplarisch aufgeführt.

Das Hauptproblem, das in der Konzeption des Zertifikatesystems begründet liegt, dürfte die geringe Teilnehmerzahl auf dem Markt sein. Die für das Jahr 1996 identifizierten 46 Markenhersteller sind zum Teil keine unabhängigen Unternehmen, sondern in einem Konzernverbund zusammengefaßt. So gehören z.B. zum Volkswagen-Konzern die Marken: Audi, Seat, Porsche, VW und seit kurzem auch Rolls Royce. Der Volkswagen-Konzern ist darüber hinaus bemüht, durch weitere Übernahmen seine Produktpalette zu vervollständigen.

---

[350] Vgl. Fromm/Hansjürgens 1998, S. 162.

Gerüchten zufolge sollen die italienischen Marken Bugatti und Lamborghini in den Konzern integriert werden. Ob diese Übernahmen letztendlich vollzogen werden, ist noch unklar. Mercedes fusionierte mit Chrysler, und auch andere Markenhersteller planen Zusammenschlüsse. Die Konzentrationsprozesse auf dem Automobilsektor sind noch lange nicht abgeschlossen, und der erkennbare Trend geht in Richtung weniger großer Konzerne mit einer alle Marktsegmente umfassenden Produktpalette, die von Kleinwagen über Sportwagen bis hin zur Luxusklasse reicht.

Die Konzentration mehrerer Marken in einem Konzern bleibt nicht ohne Einfluß auf den Handel mit Zertifikaten und somit auf die Marktfunktion. Grundsätzlich müssen zwei unterschiedliche Transaktionsvorgänge unterschieden werden:

1. Der Handel mit Zertifikaten zwischen Markenherstellern, die nicht dem gleichen Konzern angehören.
2. Die Verteilung von Zertifikaten auf die Markenhersteller innerhalb eines Konzerns.

Es bestehen somit zwei Märkte: Ein übergeordneter Markt, der vom Zertifikatemodell angestrebt wird, und ein konzerninterner „Markt“, der jedoch auch die Form eines konzerninternen Verrechnungspreissystems haben kann. Abbildung 33 veranschaulicht die möglichen Handelsströme der Zertifikate im Flottenverbrauchsmodell.

Abb. 33: Handelsströme von Zertifikaten im Flottenverbrauchsmodell

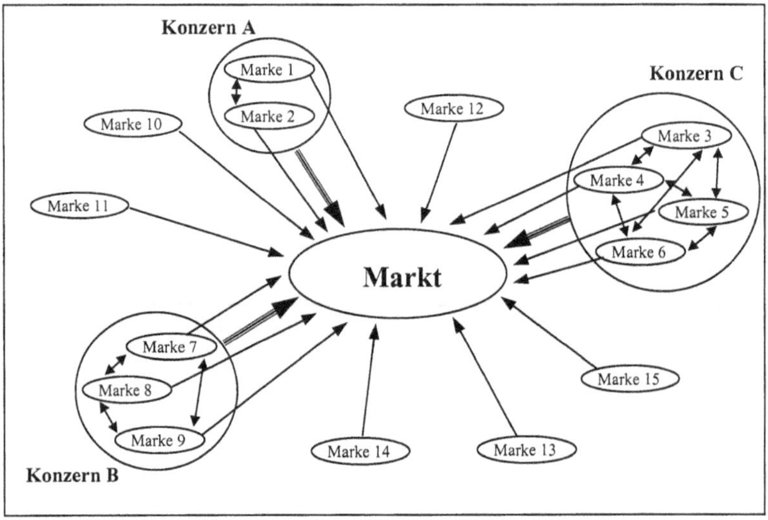

Quelle: Eigene Darstellung.

Auf dem vom Modell angestrebten Zertifikatemarkt treffen Anbieter und Nachfrager von Zertifikaten aufeinander. Als Anbieter können neben den einzelnen konzernunabhängigen Markenherstellern auch in Konzerne integrierte Markenproduzenten und ganze Konzerne, die für mehrere Markenhersteller zusammen auftreten, agieren. Auf der Nachfrageseite treffen dementsprechend die gleichen Gruppen von Marktakteuren aufeinander.

Auf dem konzerninternen „Markt" sind ähnliche Strukturen anzutreffen wie auf dem Hauptmarkt. Hier handeln die einzelnen Markenhersteller die Zertifikate in vergleichbarer Weise. Ein Unterschied ist jedoch bezüglich der Preishöhe zu erwarten, für die die Zertifikate ihre Besitzer wechseln. Es ist nicht auszuschließen bzw. sogar sehr wahrscheinlich, daß bei Tauschvorgängen zwischen Unternehmen eines Konzerns Vorzugspreise vereinbart werden, die unter dem eigentlichen Marktpreis für Zertifikate liegen. Daß die Zertifikate jedoch ohne Gegenleistung von einem Unternehmen zum anderen wandern, ist unwahrscheinlich. Der konzerninterne Wettbewerb, der von der Konzernmutter zumeist angeregt wird, um die Produktivität und die Wettbewerbsfähigkeit zu fördern, sorgt auch innerhalb des Konzerns dafür, daß die Zertifikate dort landen, wo sie am höchsten bewertet werden. Genau dieser Sachverhalt ist eine der wesentlichen Voraussetzungen für einen funktionsfähigen Zertifikatemarkt.

Zusammenfassend kann festgehalten werden, daß bei einem Flottenverbrauchsmodell, das bei den einzelnen Markenherstellern ansetzt, zwei Märkte mit unterschiedlichen Preisen entstehen. Ein direktes Markthindernis besteht jedoch nicht, denn die konzerninternen Preise orientieren sich an den Preisen auf dem externen Hauptmarkt. Die Gefahr einer Marktausdünnung durch eine zu geringe Anzahl an Marktteilnehmern besteht ebensowenig. Selbst für den Fall, daß in zunehmendem Maße Großkonzerne den Markt beherrschen, sorgt der konzerninterne Wettbewerb für eine ausreichende Anzahl von Marktakteuren. Dennoch besteht die Gefahr, daß der Referenzmarkt zu einem engen Oligopol wird.

Viele Experten sehen im sogenannten „politischen Horten" eine Gefahr für die Funktionsfähigkeit eines Zertifikatesystems. Es ist vorstellbar, daß Zertifikate nicht zum Verkauf angeboten werden, obwohl sie von den Eigentümern nicht mehr benötigt werden. Ein Unternehmen kann dies aus zwei unterschiedlichen Motiven heraus tun. Zum einen, um sie zu einem späteren Zeitpunkt selber zu nutzen, und zum anderen, um zu verhindern, daß Konkurrenten sie erhalten. Aus den gleichen Gründen können Automobilhersteller auch Zertifikate dazukaufen, die sie eigentlich gar nicht benötigen.[351]

Aus Gründen der unternehmensplanerischen Sicherheit ist die Hortung von Zertifikaten in geringem Umfang sinnvoll und wird vermutlich von vielen Automobilherstellern praktiziert werden. Mit einem gewissen Kontingent von ungenutzten Zertifikaten in Reserve ist es den Markenproduzenten möglich, relativ kurzfristig neue Modelle in ihrer Produktpalette einzuführen, selbst für den Fall, daß der Verbrauch des neuen Modells über ihrem durchschnittlichen Flottenverbrauch liegt. Die Hortung macht den Hersteller in diesem Fall unabhängig von den aktuellen Zertifikateangeboten auf dem Markt, denn es ist denkbar, daß zum vorgesehenen Einführungszeitpunkt des Modells nicht genügend Zertifikate zum Verkauf angeboten werden. Da gehortete Zertifikate für ein Unternehmen ungenutztes Kapital darstellen, ist eine umfangreiche

[351] Vgl. unter anderen Scheelhaase 1994, S. 129ff. und Endres/Schwarze 1994, S. 198ff.

Vorratsbildung unwahrscheinlich. Zudem verlieren Zertifikate durch die geplante jährliche Abwertung an Wert.[352]

Der zweite Grund, aus dem Zertifikate gehortet werden könnten, wird von den meisten Experten als unrealistisch abgetan. Es spricht einiges dagegen, daß über den Zertifikatemarkt im Flottenverbrauchsmodell versucht werden könnte, unliebsame Konkurrenten vom Markt zu drängen. In erster Linie muß zunächst klargestellt werden, daß es sich im beschriebenen Modell nicht um mehrere regionale, sondern um einen nationalen Markt handelt. Die Anzahl der Marktteilnehmer und somit die Zahl der potentiellen Mitbieter auf dem Zertifikatemarkt ist entsprechend höher als auf einem regionalen Markt. Ein Unternehmen müßte somit nicht nur gegen den unliebsamen Konkurrenten antreten, sondern auch gegen sämtliche anderen Automobilhersteller in gleicher Weise.[353] Zudem können Gruppen, die ein Interesse an einem niedrigen Flottenverbrauch haben, wie z.B. Umweltverbände, ebenfalls mitbieten und Zertifikate erwerben. Eine Verdrängungsstrategie über den Zertifikatemarkt ist schon allein aus diesen Gründen sehr kostspielig und wenig erfolgversprechend. Für größere Unternehmen gibt es wesentlich billigere und wirksamere Hebel, um Konkurrenten vom Absatzmarkt zu verdrängen. Ein Unterbieten der Verkaufspreise dürfte die effizientere Methode sein.[354]

Ein weiteres Hindernis für einen funktionsfähigen Zertifikatemarkt kann aus der Grandfathering-Vergabe entstehen. Da alle Automobilhersteller bei der Erstvergabe ihre Zertifikate kostenlos zugeteilt bekommen und erst nach einem Jahr die erste Abwertung der Zertifikate durchgeführt wird, ist nicht auszuschließen, daß zumindest in der Anfangsphase des Modells, in der kein unmittelbarer Druck zur Verbrauchsreduzierung besteht, der Handel mit Zertifikaten zunächst unterbleibt und sich kein Anfangspreis herausbildet.[355] Dies kann allerdings nur eine kurzfristige Erscheinung sein, da die Automobilkonzerne, im ganzen gesehen, relativ häufig neue Modelle auf den Markt bringen, die ihre durchschnittlichen Flottenverbräuche verändern.

Das letzte Markthindernis, das an dieser Stelle angesprochen werden soll, sind abrupte Schwankungen der Lizenzpreise, die einer angestrebten Planungssi-

---

[352] Vgl. Scheelhaase 1994, S. 130.
[353] Vgl. Oberender 1986, S. 373.
[354] Vgl. u.a. Scheelhaase 1994, S. 130 und Bonus 1982, S. 307.
[355] Vgl. Heister/Michaelis 1991, S. 76.

cherheit der Unternehmen entgegenwirken.[356] Dieser Fall könnte eintreten, wenn beispielsweise ein Automobilhersteller seine Modellpalette in der Weise verändert, daß die verbrauchsstärkeren Pkw-Varianten zugunsten kleinerer Modelle ersetzt werden. Der Automobilhersteller will sich z.B. verstärkt einem Marktsegment zuwenden und sich aus einem anderen zurückziehen. Der Flottenverbrauch dieses Herstellers würde unter diesen Umständen stark sinken, und er würde die nicht mehr benötigten Zertifikate auf dem Markt anbieten. Auf dem Zertifikatemarkt würde durch das plötzlich entstandene Überangebot der Lizenzpreis so lange stark sinken, bis das Überangebot abgeschöpft ist und sich der Markt wieder stabilisiert hat. Technische Starrheit oder ein massiver Aufkauf von Zertifikaten durch Umweltverbände bzw. sonstige Gruppen, die über den Zertifikatemarkt ihre Umweltziele verfolgen wollen, kann zu einem Unterangebot von Lizenzen führen, das mit starken Preissteigerungen verbunden ist. Gerade im zweiten genannten Fall kann dies relativ abrupt geschehen.

Die Liste der potentiellen Markthindernisse ist noch längst nicht abgeschlossen. Einige Hindernisse tauchen mit Sicherheit erst während bzw. nach der Umsetzung des Modells auf. Im Rahmen dieser Untersuchung soll es jedoch bei den bisher aufgeführten belassen werden.

6.2.9. Kontrolle und Sanktionen

Wie jede andere Umweltpolitik, kann auch ein Zertifikatemarkt nur dann ökologisch effektiv und ökonomisch effizient funktionieren, wenn ausreichend Kontrollen seitens einer Überwachungsinstanz erfolgen und bei Verstoß Sanktionsmaßnahmen bereitstehen.[357] Um zu verhindern, daß die einzelnen Marktakteure zu wenige Zertifikate halten und auf diese Weise die Funktionsfähigkeit des Flottenverbrauchsmodells gefährden, müssen regelmäßige Kontrollen durchgeführt werden. Bei diesen Kontrollen kommt es idealerweise alleine darauf an, ob der durchschnittliche Flottenverbrauch eines Automobilherstellers durch den Besitz entsprechender Lizenzen gedeckt ist oder nicht.[358]

---

[356] Vgl. Huckestein 1993, S. 8.
[357] Vgl. Kölle 1992, S. 298.
[358] Vgl. Bonus 1995, S. 305.

Um den administrativen Aufwand bei der Kontrolle möglichst niedrig zu halten, schlagen Staehelin-Witt und Spillmann (1994) im Zusammenhang mit einem Konzept für den Emissionshandel in der Region Basel vor, daß die Zertifikateinhaber und nicht die Kontrollinstanz die Einhaltung der Vereinbarungen nachweisen müssen. Diese Methode hat den Vorteil, daß die Unternehmen bereits über die notwendigen Informationen verfügen, wohingegen die Kontrollinstanz diese erst von den einzelnen Herstellern zusammentragen müßte. Auf diese Weise muß nicht die Überwachungseinrichtung den Marktteilnehmern ein ordnungsgemäßes bzw. ein Fehlverhalten nachweisen, sondern die Marktteilnehmer müssen nachweisen, daß sie die entsprechende Zertifikatemenge in ihrem Besitz haben.[359]

Von entscheidender Bedeutung bei der Durchführung von Kontrollen ist der zeitliche Aspekt. Finden die Kontrollen in relativ kurzen Abständen statt, so ist dies mit relativ hohen Kosten verbunden. Ist der zeitliche Abstand zwischen den Überprüfungen dagegen relativ lang, so verlieren sie unter Umständen ihre abschreckende Wirkung. In diesem Zusammenhang ist ferner zu überlegen, ob die Kontrollen zu einem festen, vorab bekanntgegebenen Zeitpunkt erfolgen sollten, oder ob sie besser unregelmäßig und unangekündigt durchzuführen sind. Bei der ersten Variante haben die Automobilhersteller die Möglichkeit, noch relativ kurzfristig vor den Kontrollen ihren Zertifikatebestand auf die vorgeschriebene Menge zu erhöhen. Dies geht natürlich nur, wenn immer genügend Zertifikate zum Verkauf angeboten werden. Die zweite Variante schließt diese Möglichkeit aus und macht auch vor dem Hintergrund einer geplanten abschreckenden Wirkung mehr Sinn.

Abschließend ist noch zu klären, ob die Kontrollen nur stichprobenartig erfolgen sollen oder ob eine Totalerhebung bei allen Marktbeteiligten notwendig ist. Eine stichprobenartige Kontrolle hätte den Vorteil, daß der administrative Aufwand erheblich gesenkt werden könnte und somit die Kosten niedrig gehalten werden. Da bei dieser Methode im vorhinein nicht klar ist, welche Hersteller überprüft werden, ist die abschreckende Wirkung gewährleistet. Bei einer Totalerhebung dagegen ist die Wirkung vergleichbar, der Aufwand jedoch erheblich höher. Grundsätzlich funktioniert das Zertifikatesystem nur, wenn eine glaubwürdige Wahrscheinlichkeit besteht, daß ein Fehlverhalten von der Kontrollinstanz aufgedeckt wird.[360]

---

[359] Vgl. Staehelin-Witt/Spillmann 1994, S. 220.
[360] Vgl. Hansjürgens/Fromm 1994, S. 497.

Wird bei einer Kontrolle festgestellt, daß ein Hersteller nicht die für seinen durchschnittlichen Flottenverbrauch benötigte Zertifikatemenge in seinem Besitz hat, so muß dieses Verhalten sanktioniert werden. Zu diesem Zweck muß ein Sanktionskatalog erarbeitet werden, der sämtlichen Marktbeteiligten zugänglich gemacht werden muß. Um zu verhindern, daß leichte Vergehen ebenso hart bestraft werden wie schwere Vergehen, muß dieser Katalog nach der Schwere des Vergehens abgestuft sein. Ein Automobilhersteller wird nicht nur erwägen, zu wenige Zertifikate zu halten, wenn das Risiko, von der Kontrollinstanz erwischt zu werden, relativ gering ist, sondern auch, wenn die Strafe für die Überschreitung des verbrieften Flottenverbrauchs die potentiellen Gewinne aus der niedrigeren Zertifikatehaltung nicht aufwiegen.[361]

Es geht letztendlich darum, die optimale Höhe der Sanktionen zu bestimmen, die in Form von Strafzahlungen erfolgen sollten. Im amerikanischen Acid Rain-Programm orientierte sich die Strafzahlung bei der Erarbeitung des Gesetzes am erwarteten Zertifikatepreis. Um eine abschreckende Wirkung zu erzielen, wurde die Höhe der Sanktionszahlung dreimal so hoch wie der erwartete Zertifikatepreis angesetzt. Für jede emittierte Tonne SO_2, die nicht durch die entsprechenden Zertifikate abgedeckt ist, muß der Emittent 2000 US-Dollar Strafe bezahlen. Daneben muß er für das darauffolgende Jahr die fehlenden Zertifikate zusätzlich zu den benötigten hinzukaufen. Durch diese harte Strafe sollen die Marktteilnehmer zur Regeleinhaltung bewogen werden.[362]

In Anlehnung an die amerikanischen Erfahrungen erscheint es auch im Flottenverbrauchsmodell sinnvoll, die Sanktionszahlung an die fehlenden Zertifikate zu knüpfen. Da im Vorfeld unklar ist, welche Höhe der Zertifikatepreis haben wird, ist es schwer, eine quantitative Höhe für die Sanktionszahlung zu bestimmen. Dennoch kann im vorhinein gesetzlich fixiert werden, daß die Sanktionszahlung immer dreimal so hoch ist wie der durchschnittliche Zertifikatepreis eines Jahres. Dieses Verfahren hat den Vorteil, daß starke Schwankungen des Lizenzpreises nur geringen Einfluß auf die Sanktionszahlung haben. Da die Zertifikate nach der Grandfathering-Methode vergeben werden, ist in der Anfangsphase des Modells, in der sich noch kein stabiler Marktpreis für die Zertifikate herausgebildet hat, ohnehin nicht mit Regelübertretungen zu rechnen.

---

[361] Vgl. Hansjürgens/Fromm 1994, S. 496f.
[362] Vgl. ebda, S. 499.

6.2.10. Gewinner und Verlierer

Obwohl bereits bei der modifizierten Grandfathering-Vergabe darauf geachtet wird, daß es möglichst keine Gewinner und Verlierer gibt, ist es dennoch nicht auszuschließen, daß nach der Einführung des Systems der eine oder andere Markenproduzent besser bzw. schlechter dasteht als vor der Einführung. Ein für alle Marktbeteiligte gleichermaßen gerechtes Modell zu entwickeln, das nicht durch zusätzliche Sonderregelungen in seiner beabsichtigten Wirkung verwässert wird, scheint unmöglich. Auch beim vorliegenden Flottenverbrauchsmodell werden einige Markenhersteller besser bzw. schlechter dastehen als vorher. Da es sich bei einem Zertifikatemodell jedoch nur um einen von vielen Kostenaspekten der unternehmerischen Tätigkeit handelt, dürfte kein Hersteller durch das Modell in seiner Existenz gefährdet sein.

Zu den Gewinnern zählen die Automobilhersteller, die nach der Zuteilung der Zertifikate noch erhebliche Verbrauchsreduzierungspotentiale ausschöpfen können. Zu nennen sind hier in erster Linie die Hersteller von Luxuswagen bzw. von großen Limousinen und von Sportwagen, die ausschließlich in diesem Marktsegment tätig sind. Durch die zum Teil sehr komfortable Ausstattung, z.B. mit Klimaanlagen etc., ist das Gesamtgewicht dieser Fahrzeuge sehr hoch. Hinzu kommen noch sehr starke Motoren, um den sehr schweren Wagen auf die vom Käufer „erwartete“ Geschwindigkeit zu bringen. Zur Reduzierung des Kraftstoffverbrauchs könnten in erster Linie leichtere Materialien verwendet werden, die das Gesamtgewicht deutlich verringern würden. Für die „erwartete“ Geschwindigkeit wäre nun, aufgrund des geringeren Gewichts, eine weniger PS-starke Motorvariante ausreichend, die den durchschnittlichen Verbrauch des Modells senken würde. Dies ist nur eine Möglichkeit von vielen, den Verbrauch eines sog. „Luxuswagens“ zu senken. In ähnlicher Weise verhält es sich mit den Herstellern von Sportwagen. Hier sind es weniger das Gewicht als vielmehr die leistungsstarken Motoren, die schon durch kleine Veränderungen verbrauchsgünstiger gestaltet werden könnten.

Die Identifizierung der Verlierer des Flottenverbrauchsmodells ist vor dem Hintergrund des modifizierten Grandfathering problematisch. Bei der Vergabe nach der „normalen“ Grandfathering-Methode wären diejenigen Hersteller benachteiligt, die ohnehin schon kleine, verbrauchsgünstige Pkw bauen. Bei derartigen Automobilen ist es sehr schwierig, weitere technische Maßnahmen zur Verbrauchsreduzierung zu erschließen, da diese Pkw, im Vergleich zu größeren Luxuswagen, verbrauchstechnisch weitestgehend optimiert sind.

Ökonomisch ausgedrückt, sind die Grenzvermeidungskosten der Hersteller kleinerer Fahrzeuge höher als die von Luxuswagen-Produzenten. Um die gleiche Menge an Kraftstoff einzusparen, müssen die Produzenten von verbrauchsgünstigeren Fahrzeugen deutlich mehr Geld aufwenden als die Hersteller von großen Limousinen. Dieses Argument wird insofern relativiert, als daß vom Modell eine 35%ige Reduzierung des spezifischen Flottenverbrauchs angestrebt wird und nicht von jedem Hersteller die gleiche quantitative Menge. Ein Luxuswagenhersteller, dessen durchschnittlicher Flottenverbrauch bei 15 Litern liegt, müßte danach bis 2010 5,25 Liter einsparen und ein Kleinwagenhersteller mit einem durchschnittlichen Flottenverbrauch von 7,5 Litern nur 2,625 Liter. Die oben angeführte Feststellung unterschiedlicher Grenzvermeidungskosten ist daher für die Identifizierung der Gewinner und Verlierer des Flottenverbrauchsmodells wenig hilfreich, obwohl es zunächst den Anschein hat. Abgesehen davon sind unterschiedliche Grenzvermeidungskosten die Grundvoraussetzung für einen funktionsfähigen Zertifikatemarkt.

Die eigentlichen Gewinner eines Flottenverbrauchsmodells sind die Autofahrer, denn bei einem sinkenden durchschnittlichen Kraftstoffverbrauch ihrer Personenkraftwagen müssen sie weniger Geld als vorher für die gleiche Fahrleistung aufwenden. Dies gilt jedoch nur unter den Voraussetzungen, daß die Kraftstoffpreise weitgehend stabil bleiben und die Kraftfahrzeughalter sich die jeweils neuen verbrauchsgünstigeren Fahrzeuge zulegen. Auf der Verliererseite steht die Mineralölindustrie, die mit einem Nachfragerückgang aufgrund des sinkenden Durchschnittsverbrauchs rechnen muß. Dieser Rückgang wird jedoch durch das prognostizierte Wachstum des Verkehrsaufkommens zum Großteil kompensiert.

Die zu erwartenden Verhaltensänderungen der vom Flottenverbrauchsmodell beteiligten Parteien werden im nachfolgenden Kapitel 7 noch näher untersucht.

6.3. Analytische Beurteilung des Flottenverbrauchsmodells im Vergleich zu ähnlichen umweltpolitischen Modellansätzen

Da es sich beim Flottenverbrauchsmodell noch um eine rein theoretische Konstruktion handelt, ist eine Bewertung unter Berücksichtigung praktischer Erfahrungen unmöglich. Da jedoch alternative Vorschläge mit einer ähnlichen umweltpolitischen Zielsetzung bestehen, ist eine vergleichende Bewertung durchführbar. Zu diesem Zweck sollen die von Endres (1985) entwickelten Kriterien zur Bewertung von umweltpolitischen Instrumenten angewendet werden. Im einzelnen sollen dabei die folgenden Aspekte berücksichtigt werden:

1. Ökonomische Effizienz,
2. Dynamische Anreizwirkung beim Induzieren technischen Fortschritts,
3. Wettbewerbs- und strukturpolitische Aspekte,
4. Ökologische Treffsicherheit,
5. Politische und gesellschaftliche Durchsetzbarkeit.[363]

An erster Stelle sind mit den Instrumenten einer ähnlichen umweltpolitischen Zielsetzung die in Kapitel 6.1. beschriebenen Zertifikatemodelle gemeint. Im Zusammenhang mit ökonomischen Anreizsystemen zur Reduzierung des Kraftstoffverbrauchs wird zumeist eine einfache Erhöhung der Mineralölsteuer diskutiert. Insbesondere Bündnis 90/Die Grünen sorgten mit ihrem Vorschlag zur schrittweisen Erhöhung der Kraftstoffpreise auf 5,00 DM pro Liter für Aufsehen.[364] Vor diesem Hintergrund darf ein Vergleich des Flottenverbrauchsmodells mit einer Mineralölsteuererhöhung in dieser Arbeit nicht fehlen. Als letztes soll die von der Automobilindustrie eingegangene freiwillige Selbstverpflichtung zur Reduzierung des durchschnittlichen Kraftstoffverbrauchs[365] in die vergleichende Analyse mit einbezogen werden.

Bei der detaillierten Entwicklung des Flottenverbrauchsmodells auf theoretischer Ebene wird schnell die praktische Anwendung des Modells außer acht gelassen. Das Modell muß daher im folgenden auf seine Realitätsnähe bzw. seine praktische Umsetzbarkeit hin untersucht werden. Die von Endres (1985)

---

363 Vgl. Endres 1985, S. 51ff.
364 Vgl. Bündnis 90/Die Grünen 1997, S. 9ff.
365 Vgl. Bundesministerium für Umwelt, Naturschutz und Reaktorsicherheit (Hrsg.) 1998, S. 118ff.

formulierten Bewertungskriterien, die mittlerweile von vielen Autoren zur Beurteilung von umweltpolitischen Instrumenten verwendet werden, sollen diesbezüglich eine Hilfestellung geben und ein einheitliches Bewertungsraster ermöglichen.

6.3.1. Ökonomische Effizienz

Unter ökonomischer Effizienz versteht Endres (1985) die Eignung eines umweltpolitischen Instrumentes, die Verursacher einer negativen Umweltbeeinflussung zur Einhaltung bestimmter Zielvorgaben mit geringstmöglichen Kosten zu veranlassen.[366] Im Zusammenhang mit institutionellen Überlegungen im Vorfeld eines Zertifikatemodells im Individualverkehr[367] wurden bereits erste Überlegungen zu möglichen Transaktionskosten erörtert. Daneben treten bei der Einführung eines neuen umweltpolitischen Instrumententypus eine Vielzahl verschiedener Kosten auf, die Kemper (1989) näher zu benennen versucht hat. Insbesondere weist er dabei auf die folgenden Kostenkategorien hin, die hier zunächst auf das Flottenverbrauchsmodell zugeschnitten sind:

- Kosten, die den Automobilherstellern entstehen, um neue Technologien zur Reduzierung des Kraftstoffverbrauchs zu entwickeln.
- Kosten, die den Automobilherstellern entstehen, um die neuen Technologien zur Serienreife zu bringen.
- Umstellungskosten für die neue Produktion.
- Kosten, die im Zusammenhang mit der Implementierung des Flottenverbrauchsmodells bei der Vergabe-, Überwachungs- und Kontrollinstanz auftreten.
- Transaktionskosten bei der Durchführung des Flottenverbrauchsmodells.[368]

Die ökonomische Effizienz ist insofern gegeben, als durch die Verhandlung der einzelnen Automobilhersteller die einzelwirtschaftlichen Kosten und somit auch die gesamtwirtschaftlichen Kosten reduziert werden, und zwar trotz der Einhaltung des festgelegten Umweltqualitätsziels. Durch das Flottenverbrauchsmodell kann der Kraftstoffverbrauch dort reduziert werden, wo dies zu den geringsten Kosten möglich ist. Auf eine detaillierte Analyse der admini-

---

[366] Vgl. Endres 1985, S. 51.
[367] Vgl. Kapitel 5.6.
[368] Vgl. Kemper 1989, S. 114ff.

strativen Kosten soll an dieser Stelle verzichtet werden. Diese werden in einer vergleichenden Tabelle am Ende dieses Kapitels behandelt.

Differenzierte Kostenkategorien sind auch bei den drei übrigen Zertifikatemodellen aus Kapitel 6.1. zu finden. In Rambs Modell, das freie Kraftstoffmengen für die Verbraucher vorsieht, treten vor allem Verwaltungskosten auf. Von diesen Kosten sind die Kraftfahrzeughalter, die Tankstellen und die staatliche Institution betroffen, die für die Kraftstoffmengenzuteilung zuständig ist.

Bei der Gruppe der Fahrzeughalter ist der Kostenaufwand relativ gering. Ihnen entstehen erst Kosten, wenn sie das freie Mengenkontingent ausgeschöpft haben und zusätzlichen Kraftstoff benötigen, den sie für einen erhöhten Preis an den Tankstellen erwerben müssen. Zusätzliche Transaktionskosten, die über die bisher auch auftretenden hinausgehen, entstehen den Fahrzeughaltern nicht. Ebenso müssen auch die Tankstellenbesitzer nicht mit erheblichen Zusatzkosten rechnen. Ihnen entstehen lediglich in der Einführungsphase des Systems Kosten, die sich auf den administrativ festgesetzten Preis beziehen. Dieser zusätzliche Aufwand ist vergleichbar mit dem Aufwand bei einer Erhöhung der Mineralölsteuer. Die eigentlichen Kosten des Systems trägt die staatliche Instanz, die für die Zuteilung der freien Kraftstoffmengen, die Preisfestsetzung und die Überwachung des Systems verantwortlich ist. Der staatliche Aufwand in Rambs Modell ist dementsprechend sehr hoch. Da es sich bei Zertifikaten um ein marktkonformes umweltpolitisches Instrument handelt, bei dem der staatliche Aufwand möglichst gering gehalten werden soll, läuft, zumindest was die administrativen Kosten anbelangt, das Modell der freien Kraftstoffmengen dieser Anforderung entgegen.

Die Kostenkategorien, die in Kalleichers Modell zu finden sind, unterscheiden sich von denen im Flottenverbrauchsmodell. Dies ist in erster Linie darauf zurückzuführen, daß in den beiden Modellen unterschiedliche Akteure agieren. Von den Kosten sind vor allem die Fahrzeugnutzer betroffen, die für die Einfahrt in eine bestimmte Region eine Einfahrerlaubnis erwerben müssen. Ist die Gültigkeitsdauer der Zertifikate sehr kurz gehalten, nehmen diese Zahlungen den Charakter von variablen Kosten an. Beim Erwerb der Lizenzen entstehen zusätzliche Transaktionskosten des Handels, die ein Fahrzeughalter aufwenden muß. Kalleicher geht davon aus, daß durch die Verhandlungen der Fahrzeughalter einzelwirtschaftliche und somit auch gesamtwirtschaftliche

Kosten reduziert werden. Vor diesem Hintergrund wird das Modell als ökonomisch effizient bewertet.[369]

Neben den Aufwendungen, die die Fahrzeughalter zu tragen haben, treten administrative Kosten auf, die von der staatlichen Instanz getragen werden müssen, die für die Planung, Durchführung und Kontrolle verantwortlich ist. Vor der Einführung des Modells muß die Immissionssituation in einer Region erfaßt werden. Ebenso müssen Informationen über den Zusammenhang von Immissionen und Emissionen durch Kraftfahrzeuge in der Region gesammelt werden. Erst mit diesen Informationen läßt sich ein ökologisch tragbarer Emissionspool und die daraus resultierende Anzahl der Zertifikate fixieren. In dieser Phase der Modellvorbereitung fallen Informations- und Planungskosten an. In der Durchführungsphase muß die staatliche Instanz Kosten für die Errichtung von Anlagen, die Bereitstellung von Plaketten und die Abwicklung der Plakettenausgabe aufwenden. Um die ordnungsgemäße Durchführung des Modells zu gewährleisten, müssen Kontrollen durchgeführt werden. Da Kalleicher die Verwendung von elektronisch ablesbaren Plaketten vorschlägt, sind die aufzuwendenden Kontrollkosten relativ niedrig.[370]

Die für eine Bewertung der ökonomischen Effizienz zu identifizierenden Kostenkategorien sind im komplexen Emissionsindikatorenmodell von Köhn weniger eindeutig bestimmten Gruppen zuzuordnen, als im Flottenverbrauchsmodell und den übrigen beiden Zertifikateansätzen. Der Hauptgrund dafür liegt in der geplanten Rückwirkung des Indikators auf den Produktionsbereich und die zeitliche Streckung dieser Sekundärwirkungen.

Je nach angewendetem Vergabeverfahren haben in erster Linie die Fahrzeughalter die Kosten des Modells zu tragen. Da Köhn keine näheren Angaben diesbezüglich macht, kann festgehalten werden, daß beim Auktionsverfahren Kosten für die Fahrzeughalter direkt bei der Einführung des Modells entstehen. Darüber hinaus müssen die Fahrzeughalter ihre Pkw mit einem neuen Angurtsystem ausrüsten, das in der Lage ist, die jeweilige Insassenzahl pro zurückgelegter Strecke auf einer Codekarte zu registrieren. Die Kosten für ein solches System, das noch dazu nachgerüstet werden muß, sind nur schwer zu schätzen. Nichtsdestotrotz müssen sie vom Fahrzeughalter aufgebracht werden. Da die Messung und Kontrolle des Indikatorwertes im Rahmen der TÜV-

---

[369] Vgl. Kalleicher 1991, S. 284.

[370] Vgl. ebda, S. 286f.

Untersuchung bzw. der ASU erfolgen soll, kann auch hier mit erhöhten Gebühren gerechnet werden. Da beim Indikatorenmodell Zertifikate auch zwischen den einzelnen Fahrzeughaltern gehandelt werden sollen, entstehen Transaktionskosten des Handels, die in das ökonomische Kalkül der Pkw-Halter zu integrieren sind. Um den zusätzlichen Kosten für den Erwerb der Zertifikate zu entgehen, bieten sich dem Fahrzeughalter eine Reihe von Möglichkeiten, die Köhn in den folgenden acht Punkten zusammengefaßt hat:

1. „car-sharing,
2. bei Neuinvestitionen:
   - Kauf eines kleineren Autos,
   - Kauf eines Autos mit geringerem Kraftstoffverbrauch,
   - Kauf eines leichteren Autos,
3. bei Erhalt des jetzigen Autos:
   - Nutzung von energiesparenden Bauteilen (Reifen usw.),
   - Bauteilersatz (bei anzustrebender Modulbauweise),
4. individual modal split,
5. Nutzung öffentlicher Verkehrsangebote,
6. Nutzung des Fahrrads,
7. Nutzung neuer technologischer Alternativen mit geringem Umweltver brauch,
8. Optimierung der Fahrwege."[371]

Ebenso wie bei den anderen Zertifikateansätzen ist durch die Reduzierung der einzelwirtschaftlichen und somit auch der gesamtwirtschaftlichen Kosten eine ökonomische Effizienz des Systems gewährleistet.

Der Kostenaufwand der Industrie ist dagegen sehr gering. Kosten fallen lediglich für die Entwicklung leichterer, verbrauchsgünstigerer Fahrzeuge an. Köhn vermutet zudem, daß sich die Industrie an der Entwicklung neuer Mobilitätskonzepte beteiligt. Abschließend muß noch ergänzt werden, daß auch bei diesem Modell administrative Kosten entstehen, die sich in erster Linie auf die Planung, Durchführung und Kontrolle beziehen. Da jedoch schon bereits vorhandene institutionelle Rahmenbedingungen (TÜV, ASU) genutzt werden können, halten sich diese Kosten in Grenzen.

---

[371] Köhn 1996, S. 402.

Ebenso wie die Zertifikate zählen auch Abgaben zu den marktwirtschaftlichen Lösungsansätzen in der Umweltpolitik. Die Mineralölsteuer ist dieser Gruppe der Abgaben zuzuordnen, obwohl der Umwelt- bzw. der Lenkungscharakter bei dieser Steuer deutlich im Hintergrund steht und ausschließlich fiskalische Ziele verfolgt werden. Mit 68 Mrd. DM Ertrag im Jahr 1996 ist die Mineralölsteuer die drittgrößte Einnahmequelle des Staates.[372] Bei einer Erhöhung der Mineralölsteuer aus umweltpolitischen Erwägungen haben die Fahrzeughalter, als die Kostenträger dieser Maßnahme, verschiedene Möglichkeiten, den Kosten zu entgehen. Das Instrument der Mineralölsteuer ist insofern ökonomisch effizient, als daß den einzelnen Pkw-Haltern die Möglichkeit gegeben wird, die Steuer zu leisten oder alternative Mobilitätskonzepte zu ergreifen. Der Fahrzeughalter vergleicht die Kosten des motorisierten Individualverkehrs mit den Alternativkosten der nächst schlechteren Mobilitätsform bzw. mit den Alternativkosten beim Verzicht auf die Ortsveränderung. Letztendlich werden diejenigen Pkw-Halter ihre Fahrleistung einschränken, die dies zu den geringsten Kosten bewerkstelligen können. Autofahrer, die beispielsweise nicht auf ihren Pkw verzichten können, werden die durch die Mineralölsteuer erhöhten Benzinpreise zahlen müssen.

Bezüglich der administrativen Kosten hält Kemper (1989) fest, daß es keinen plausiblen Grund dafür gibt, warum die Kostenhöhe zwischen Abgaben und Zertifikaten stark unterschiedlich sein sollte.[373] Da bereits eine Mineralölsteuer besteht, wird eine Erhöhung mit weniger administrativen Kosten verbunden sein, als die Implementierung eines gänzlich neuen Flottenverbrauchsmodells auf Zertifikatebasis.

Die freiwillige Selbstverpflichtung der Automobilindustrie, den durchschnittlichen Treibstoffverbrauch der von der deutschen Automobilindustrie hergestellten und in Deutschland abgesetzten Pkw und Kombifahrzeuge bis 2005 um 25% (bezogen auf das Jahr 1990) zu reduzieren[374], kann aus ökonomischer Sicht, unabhängig von der ökologischen Zieldefinition, als effizient bewertet werden. Der alleinige Kostenträger dieser Maßnahme ist die deutsche Automobilindustrie. Da es sich um den durchschnittlichen Kraftstoffverbrauch handelt, können die Automobilhersteller in Absprache den Verbrauch bei den

---

372 Vgl. Bonus 1998, S. 34.

373 Vgl. Kemper 1989, S. 120.

374 Vgl. Bundesministerium für Umwelt, Naturschutz und Reaktorsicherheit (Hrsg.) 1998, S. 118ff.

Modellen bzw. Marken senken, bei denen das zu den geringsten Kosten möglich ist. Bei diesen Absprachen entstehen Transaktionskosten, die von der Automobilindustrie zu tragen sind. Wie bereits beim Flottenverbrauchsmodell festgehalten, dürfte das Reduzierungspotential bei Luxuswagen zu geringeren Kosten zu erschließen sein als das von ohnehin schon auf den Verbrauch optimierten Kleinwagen. Inwieweit sich die einzelnen Automobilkonzerne die Kosten der Selbstverpflichtung teilen, ist bei der Bewertung der ökonomischen Effizienz insofern zunächst unerheblich, als daß die einzelnen Hersteller selbst am besten wissen, wo der Treibstoffverbrauch zu den geringsten Kosten reduziert werden kann. Machtgefüge innerhalb des Verbandes könnten dieser Effizienz jedoch entgegenlaufen, da große Hersteller stets versuchen, den kleineren Produzenten die Kosten aufzubürden.

Da die Selbstverpflichtung auf freiwilliger Basis erfolgt, entstehen auf staatlicher Seite keinerlei Kosten für die Überwachung, die Kontrolle oder die Implementierung der Maßnahme. Dennoch wird sich der Staat die Option offenhalten, bei Nichterfüllung der freiwilligen Selbstverpflichtung selbst Maßnahmen zu ergreifen. Zu diesem Zweck muß er über die Einhaltung der Zielvorgaben Informationen einholen, was jedoch mit einem sehr geringen Kostenaufwand verbunden ist und hier vernachlässigt werden kann.

6.3.2. Dynamische Anreizwirkung beim Induzieren technischen Fortschritts

Unter der dynamischen Anreizwirkung von umweltpolitischen Instrumenten versteht Endres (1985) die Fähigkeit einzelner Instrumente, die Entwicklung und Einführung technischen Fortschritts zu induzieren.[375] Das Vorliegen dieses Fortschritts definiert er folgendermaßen: „Umwelttechnischer Fortschritt liegt vor, wenn es gelingt, mit gleichem Aufwand höhere Emissionsreduktionen bzw. mit geringerem Aufwand gleiche Emissionsreduktionen zu erreichen."[376]

Kemper (1989) sieht in der Fähigkeit eines umweltpolitischen Instruments, technischen Fortschritt zu induzieren, eine der wichtigsten Eigenschaften eines

[375] Vgl. Endres 1985, S. 65.
[376] Ebda, S. 65.

solchen Instruments.[377] Gerade im Hinblick auf erschöpfbare natürliche Ressourcen, und dazu zählen in erster Linie die fossilen Brennstoffe, kann technischer Fortschritt zu einer erheblichen Verlängerung der Nutzungsdauer führen. Da, wie bereits in Kapitel 3.4. gezeigt wurde, die Erdölvorkommen in absehbarer Zeit erschöpft sein werden, könnte ein Instrument, das einen Anreiz liefert, technische Innovationen zu entwickeln, den Übergangszeitraum zu einer neuen Antriebstechnologie verlängern und somit moderater gestalten.

Das oben entwickelte Flottenverbrauchsmodell muß sich folglich daran messen lassen, inwieweit es in der Lage ist, technischen Fortschritt zu induzieren. Eine rein theoretische Analyse von Zertifikaten zeigt, daß mit zunehmendem technischen Fortschritt die Ausgaben der Zertifikatehalter für die Lizenzen sinken. Bezogen auf das Flottenverbrauchsmodell bedeutet dieser Sachverhalt, daß die Automobilkonzerne bei einer Reduzierung ihres Flottenverbrauchs durch technischen Fortschritt die nicht mehr benötigten Zertifikate verkaufen und somit einen zusätzlichen Gewinn erzielen können. Die jährliche Abwertung der Zertifikate verhindert dabei gleichzeitig eine Überschwemmung des Marktes mit ungenutzten Zertifikaten, was wiederum einem Preisverfall entgegenwirkt. Die Zertifizierung des Flottenverbrauchs eröffnet die Möglichkeit, technische Innovationen zur Verbrauchsreduzierung direkt bei den Produzenten, also auf der Angebotsseite, hervorzurufen. Insofern ist eine dynamische Anreizwirkung des Modells gegeben.

Auch im Modell von Ramb, das freie Kraftstoffmengen für die Fahrzeughalter vorsieht, ist eine dynamische Anreizwirkung beim Induzieren technischen Fortschritts vorhanden. Durch die Zuweisung eines bestimmten Geldbetrags, und somit einer freien Kraftstoffmenge, werden die Fahrzeughalter bestrebt sein, möglichst sparsam mit der zugewiesenen Menge umzugehen und auf diese Weise Geld zu sparen, das für andere Zwecke als die der Mobilität verwendet werden kann. Aus diesem Grund werden die Verbraucher zunehmend kleinere bzw. verbrauchsgünstigere Pkw nachfragen. Um auch weiterhin die Fahrzeuge der Mittel- und Oberklasse absetzen zu können, muß die Automobilindustrie auch diese Fahrzeugtypen verbrauchsgünstiger gestalten. Zudem sorgt der Konkurrenzkampf unter den Automobilherstellern dafür, daß die Pkw insgesamt weniger Kraftstoff verbrauchen, da genau diese Eigenschaft von den Konsumenten nachgefragt wird. Technische Innovationen zur Redu-

---

[377] Vgl. Kemper 1989, S. 161.

zierung des Treibstoffverbrauchs werden im Ramb-Modell folglich über die Nachfrageseite ausgelöst.

Ebenso wie bei Ramb wird im Modell von Kalleicher technischer Fortschritt, wenn überhaupt, über die Nachfrageseite hervorgerufen. Die Fahrzeughalter könnten sich durch die auf Schadstoffemissionen bezogenen Lizenzen veranlaßt fühlen, verstärkt Pkw mit geringen Schadstoffemissionen nachzufragen. Da es sich jedoch um ein Modell handelt, das die Zufahrt zu einer abgegrenzten Region regelt, sind gesamtwirtschaftliche Nachfrageeffekte nicht zu erwarten. Zur Anreizwirkung ihres Modells bemerkt Kalleicher daher selbst: „Der zusätzliche Anreiz zum Kauf und zur Nutzung von schadstoffreduzierten Fahrzeugen ist - wegen der aus Praktikabilitätsgründen mangelnden sachlichen Differenzierung von Zertifikaten - gering. Da es sich hierbei um eine regionenübergreifende Zielsetzung handelt, sind dafür andere Instrumente besser geeignet."[378] Ebenso stuft er die dynamische Anreizwirkung zur Übererfüllung einer Norm als sehr gering ein.[379]

Im Modell von Köhn müssen die Fahrzeughalter die entsprechenden Zertifikate in ihrem Besitz haben und sind somit die Gruppe, an die das Modell in erster Linie gerichtet ist. Technischer Fortschritt wird daher auch hier über die Nachfrageseite induziert. Das Ziel einer Dematerialisierung der Mobilität kann im Emissionsindikatorenmodell unter anderem durch den Kauf kleinerer, leichterer und verbrauchsgünstigerer Pkw erreicht werden. Folglich wird die Automobilindustrie bestrebt sein, ihre Fahrzeugmodelle auf diese Eigenschaften hin zu optimieren, um auch weiterhin Automobile in möglichst großer Stückzahl verkaufen zu können. Köhn hält daher in diesem Zusammenhang fest: „Der Fokus der Industrie wird sich zur Erreichung des Produktionszieles von der Kopie technischer Vorgaben (Katalysator) auf Möglichkeiten technologischen Fortschrittes (neue Produkte und Service-Angebote) verlagern."[380]

Grundsätzlich haben Umweltabgaben eine dem Instrument der Umweltzertifikate vergleichbare dynamische Anreizwirkung zum Induzieren technischen Fortschritts. Kemper geht davon aus, daß im Fall einer großen Zahl von Emittenten, deren Emissionsverringerung durch technischen Fortschritt gesamt-

---

[378] Kalleicher 1991, S. 285.
[379] Vgl. ebda, S. 285.
[380] Köhn 1996, S. 404.

wirtschaftlich nur unmerkliche Verbesserungen der Umweltqualität zur Folge haben, Abgaben und Zertifikate einen gleichermaßen hohen Innovationsanreiz bieten.[381] Weiterhin führt er aus: „In Fällen allerdings, in denen der innovative Emittent durch seine Emissionsverringerung die gesamtwirtschaftlichen marginalen Vermeidungkosten spürbar beeinflußt und damit bei Zertifikaten der Preis fallen würde, ist die Abgabenlösung unter Umständen gegenüber der Zertifikatelösung mit größeren Innovationsanreizen verbunden."[382] Ungeachtet dieses theoretischen Vergleichs sind die dynamischen Anreizstrukturen bei der Mineralölsteuer anders geartet. Der technische Fortschritt wird von der Nachfrageseite ausgelöst. Durch den Anstieg der Mineralölsteuer verteuert sich der Kraftstoff, und die Autofahrer werden veranlaßt, weniger Treibstoff zu kaufen. Wie bereits in Kapitel 3.2.4. im Zusammenhang mit einer Untersuchung der Ölkrisen bzw. Mineralölsteuererhöhungen festgehalten werden konnte, verhält sich die Nachfrage nach Kraftstoff bis zu einer bestimmten Grenze zumindest kurzfristig unelastisch. Kurzfristige Schockreaktionen wurden bisher stets durch langfristige Nachfrageausweitungen überkompensiert. Technische Innovationen zur Reduzierung des durchschnittlichen Kraftstoffverbrauchs der Pkw wurden auf diese Weise daher auch nur in sehr begrenztem Umfang ausgelöst. Um technischen Fortschritt über die Nachfrageseite bei den Automobilherstellern zu induzieren, müßte die Mineralölsteuer über die besagte Schmerzgrenze hinaus erhöht werden. Cansier (1998) hält diesbezüglich eine Erhöhung um mehr als 2,- DM pro Liter Benzin für unumgänglich. Seine Aussage stützt sich dabei auf einschlägige Studien zur Preiselastizität[383] des individuellen Pkw-Verkehrs, die von einer geschätzten

---

[381] Vgl. Kemper 1989, S. 181.

[382] Ebda, S. 181.

[383] Mittlerweile gibt es eine Vielzahl von Studien, die sich mit den Auswirkungen einer Benzinpreiserhöhung auf die Kraftstoffnachfrage befassen. Die folgenden sechs Untersuchungen sind nur eine kleine Auswahl und sollen exemplarisch die Bandbreite der Ergebnisse der letzten 10 Jahren widerspiegeln:

- Franzen (1997) geht von einer Preiselastizität von –0,22 aus.
- Kampmann (1995) berechnet eine Nachfrageelastizität von –0,3 bis –0,25.
- Nagel (1993) ermittelt eine Preiselastizität der Kraftstoffnachfrage von –0,09 bis –0,14.
- Mummert und Partner (1990), eine private Wirtschafts- und Sozialforschungsgesellschaft, erhalten bei ihren Berechnungen einen Wert von –0,217.
- Suntum van (1989) berechnet einen Wert von –0,09, der eine Preiselastizität der Fahrleistung von Pkw und Kombi darstellt.
- Teufel et al. (1988) erhalten als Ergebnis ihrer Untersuchung einen Wert von –0,12 für die Preiselastizität der Kraftstoffnachfrage.

Preiselastizität von zwischen –0,1 und –0,4 ausgehen.[384] Eine derartig drastische Erhöhung der Kraftstoffpreise würde die Pkw-Halter zunächst veranlassen, weniger zu fahren bzw. andere Mobilitätsalternativen zu wählen. Beim Erwerb eines neuen Pkw werden die Fahrzeughalter dann künftig kleinere und verbrauchsgünstigere Fahrzeuge nachfragen. An dieser Stelle ist schließlich die Automobilindustrie gefordert, Fahrzeuge mit diesen Eigenschaften zu entwickeln und zu produzieren.

Die dynamische Anreizwirkung, die von der freiwilligen Selbstverpflichtung zur Senkung des durchschnittlichen Kraftstoffverbrauchs der Automobilindustrie ausgeht, muß differenziert betrachtet werden. Technische Innovationen zur Reduzierung des Treibstoffverbrauchs werden bei diesem Instrument unmittelbar von der Angebotsseite induziert und erst in zweiter Linie indirekt auch über die Nachfrager. Grundsätzlich werden freiwillige Selbstverpflichtungen von der Industrie immer dann gegeben, wenn sie befürchtet, daß der Staat schärfere hoheitliche Maßnahmen beschließen könnte. Die Androhung von hoheitlichen Zwangsmaßnahmen dient dem Staat dabei als Druckmittel, die Industrie zur Einhaltung ihrer Selbstverpflichtung zu bewegen.[385] Es muß jedoch bei der fixierten Zieldefinition der Selbstverpflichtung davon ausgegangen werden, daß die gewählten Reduzierungsvorgaben so moderat sind, daß sie auch ohne das Instrument der freiwilligen Selbstverpflichtung oder ein anderes umweltpolitisches Instrument von der Automobilindustrie im angegebenen Zeitraum zu erreichen sind. Ein Anreiz zur Entwicklung verbrauchssenkender Technologien, die über den allgemeinen technischen Fortschritt im „business as usual-Fall" hinausgehen, wird von der Selbstverpflichtung nicht geboten. Kohlhaas/Praetorius (1994) halten fest, daß Selbstverpflichtungen keinen Impuls zur Weiterentwicklung von Techniken geben, die über das vereinbarte Reduktionsziel hinausführen.[386] Vom Vorliegen einer dynamischen Anreizwirkung zum Induzieren technischen Fortschritts kann bei der untersuchten freiwilligen Selbstverpflichtung der Automobilindustrie nicht die Rede sein.

---

[384] Vgl. Cansier 1998a, S. 10.
[385] Vgl. ebda, S. 11.
[386] Vgl. Kohlhaas/Praetorius 1994, S. 177.

6.3.3. Wettbewerbs- und strukturpolitische Aspekte

Die Auswirkungen der umweltpolitischen Instrumente auf den Wettbewerb und die Struktur der Wirtschaft müssen, um unerwünschte Effekte von vornherein auszuschließen, vor einer Implementierung genau analysiert werden. Kemper (1989) faßt die Anforderungen an die Instrumente folgendermaßen zusammen: „Der wirtschaftliche Wandel sollte durch Umweltpolitik nachhaltig beeinflußt werden in dem Sinne, daß die Marktwirtschaft ökologische Rahmenbedingungen beachtet; allerdings sollten wirtschaftliches Wachstum und struktureller Wandel durch umweltpolitische Maßnahmen nicht behindert oder gar verhindert werden. Schließlich sollte die Umweltpolitik möglichst nicht zu einer Verstärkung wettbewerbspolitisch unerwünschter Folgen in Form von Marktmachtbildung und Branchenkonzentrationen beitragen."[387] Die folgenden sechs Fragen bieten eine Hilfestellung, um die wettbewerbs- und strukturpolitischen Aspekte der in diesem Kapitel aufgeführten Modelle einzuschätzen:

1. Kommt es durch die umweltpolitischen Instrumente zu Mobilitätsbarrieren, die den Strukturwandel behindern?
2. Werden durch die Maßnahmen Strukturverschiebungen hervorgerufen, die keine ökologische Wirkung entfalten?
3. Können die Instrumente zu unerwünschten Konzentrationstendenzen führen?
4. Bieten die umweltpolitischen Instrumente Mißbrauchsmöglichkeiten durch die Bildung von Marktmacht, und speziell bei Zertifikaten, durch Hortung und Spekulationsmöglichkeiten?
5. Gewährleisten die Instrumente eine relative Gleichbehandlung von Alt- und Neuemittenten?
6. Haben die nationalen Maßnahmen einen Einfluß auf die internationale Wettbewerbsfähigkeit der nationalen Unternehmen?[388]

Die wettbewerbs- und strukturpolitischen Aspekte des Flottenverbrauchsmodells können relativ eindeutig bewertet werden. Die Konzeption des Modells ist so gestaltet, daß Mobilitätsbarrieren von vornherein ausgeschlossen werden sollen. Die auf den Pkw angewiesene arbeitende Bevölkerung muß nicht befürchten, daß sich nach einer Einführung des Modells die motorisierte indi-

[387] Kemper 1989, S. 92f.

[388] Der Fragenkatalog ist angelehnt an Ausführungen von Kemper 1989, S. 93.

viduelle Mobilität verteuert oder sie gar unmöglich wird. Vielmehr ist mit sinkenden variablen Kosten durch den reduzierten Kraftstoffverbrauch zu rechnen. Der Strukturwandel wird zumindest von seiten der individuellen Mobilität nicht behindert.

Da sich eine Zertifizierung des Flottenverbrauchs zum größten Teil auf die Automobilindustrie bezieht, ist eine branchenübergreifende Strukturverschiebung nicht zu erwarten. Strukturveränderungen sind jedoch bei der Zuliefererindustrie denkbar, da beispielsweise leichtere Teile nachgefragt werden können, die von den bisherigen Zulieferern nicht gefertigt werden können.[389] Unter Umständen können auf diese Weise alte durch neue Hersteller verdrängt werden, sofern die alten Hersteller nicht in der entsprechenden Anpassungsfrist ihre Produktion umstellen können. Dabei sind direkte ökologische Wirkungen bei der Produktionsverschiebung zu neuen Zulieferern nicht unbedingt zu beobachten. Strukturverschiebungen innerhalb der Automobilindustrie sind dagegen zu erwarten und werden in Kapitel 7 näher analysiert.

Vom Modell der freien Kraftstoffmengen für die Verbraucher gehen nur sehr geringe wettbewerbs- und strukturpolitische Wirkungen aus. Durch die zu erwartende Nachfragesteigerung nach verbrauchsgünstigen Fahrzeugen könnte, ähnlich wie beim Flottenverbrauchsmodell angenommen, die Zuliefererindustrie betroffen sein. Aus wettbewerbspolitischer Sicht bedenklich ist dagegen die von Ramb vorgeschlagene staatliche Fixierung der Benzinpreise. Obwohl unterstellt werden kann, daß es sich hierbei vermutlich um einen Mindestpreis handeln soll, ist diese Maßnahme vergleichbar mit einer Erhöhung der Mineralölsteuer, die das marktwirtschaftliche Instrument der Zertifikate konterkariert. Dennoch kann festgehalten werden, daß die wettbewerbs- und strukturpolitischen Effekte überwiegend ökologische Wirkungen haben.

Die von allen Modellen stärksten wettbewerbs- und strukturpolitischen Wirkungen gehen von Kalleichers Fahrzeugnutzungs-Zertifikaten aus. Dies liegt in erster Linie daran, daß sich die Zertifikate nur auf eine bestimmte Region beziehen, in die die Zufahrt mit dem Pkw beschränkt werden soll. Die unerwünschten Nebenwirkungen des Modells beziehen sich allerdings überwiegend auf das ausgewählte Gebiet und haben gesamtwirtschaflich nur geringen Einfluß. Es muß davon ausgegangen werden, daß es zu Verlagerungseffekten

[389] Beispielsweise können Metallteile durch leichtere Kunststoffteile ersetzt werden.

des Einkaufs- und Freizeitverkehrs zu Lasten der mit Zufahrtsberechtigungen ausgestatteten Region kommt. Unerwünschte negative Effekte sind darüber hinaus für die Gastronomie und den Handel zu erwarten. Andererseits könnte es dem Einzelhandel und der Gastronomie auch gelingen, die verbesserte Umweltqualität als Wettbewerbsvorteil zu nutzen und so die negativen Auswirkungen zu kompensieren. Der höhere Erlebniswert beim Stadtbesuch spielt dabei eine entscheidende Rolle.[390] Eine ökologische Wirkung geht von den angesprochenen Effekten jedoch nicht aus. Abschließend muß noch erwähnt werden, daß sich die Struktur des öffentlichen Personen-Nahverkehrs verändert. Eine Ausweitung des Streckennetzes und eine höhere Taktfrequenz sind, soweit möglich, für die Personenbeförderung unbedingt notwendig. Dies sind jedoch die beabsichtigten ökologischen Wirkungen des Modells.

Analog zum Flottenverbrauchsmodell erstrecken sich die wettbewerbs- und strukturpolitischen Effekte des Emissionsindikatoren-Systems von Köhn vorwiegend auf die Automobilindustrie und die Zuliefererindustrie. Da die Dematerialisierung der Mobilität das eigentliche Ziel des Modells ist, werden in der Fahrzeugproduktion zunehmend leichtere Materialien verwendet, die unter Umständen von neuen Zulieferern gefertigt werden müssen. Somit stehen alte und neue Zulieferer in direktem Wettbewerb. Die ökologische Wirkung dieser Konkurrenz entfaltet sich allerdings erst auf der nächsten Fertigungsstufe, bei der Automobilindustrie. Die Automobilhersteller werden nach der Einführung des Modells darauf bedacht sein, verstärkt alternative Antriebskonzepte mit geringen Schadstoffemissionen zu entwickeln. Dies könnte zu weiteren Strukturverschiebungen in der Branche führen, die aus ökologischer Sicht sinnvoll sein können. Unter dem Gliederungspunkt Effizienz wurden bereits die Möglichkeiten der Konsumenten aufgeführt, den zusätzlichen Kosten durch die Emissionszertifikate zu entgehen. Viele dieser Maßnahmen führen zu strukturellen Verlagerungen innerhalb des Verkehrssektors. Zu nennen ist hierbei vor allem die stärkere Nutzung des öffentlichen Verkehrs und die damit verbundene Ausweitung des Angebotes.

Obwohl es sich bei der Mineralölsteuererhöhung um eine hoheitliche Zwangsmaßnahme handelt, sind die wettbewerbs- und strukturpolitischen Auswirkungen nicht deutlich ausgeprägter als bei dem marktwirtschaftlichen Instrument der Umweltzertifikate. Endres (1985) hält in diesem Zusammenhang fest, daß

---

[390] Vgl. Kalleicher 1991, S. 285ff.

bei der Abgabenpolitik das „darwinistische“ Ausleseprinzip[391] des Marktsystems funktioniert.[392] Je nach Ausmaß der Mineralölsteuererhöhung können Mobilitätsbarrieren entstehen, die den strukturellen Wandel der Wirtschaft behindern. Da berufliche Mobilität mittlerweile ein entscheidender Faktor im Wirtschaftsleben geworden ist und diese Mobilität von den Arbeitnehmern in zunehmendem Maße gefordert wird, könnte eine drastische Erhöhung der Mineralölsteuer die individuelle berufsbedingte Mobilität einschränken und auf diese Weise die Förderung neuer Arbeitsplätze verhindern. Zudem sind negative Auswirkungen auf den Gütertransport zu erwarten, die wiederum wirtschaftliche Wandlungsprozesse einschränken. Eng mit der dynamischen Anreizwirkung der Mineralölsteuererhöhung verbunden sind strukturelle Verschiebungen unter den Zulieferern. Dieses Phänomen wurde bereits ausführlich beim Flottenverbrauchsmodell beschrieben und soll an dieser Stelle nicht wiederholt werden. Konzentrationstendenzen können beim motorisierten Gütertransport auftreten und zwar in der Weise, daß durch die stark steigenden Transportkosten kleinere Unternehmen möglicherweise vom Markt gedrängt werden und wenige Großunternehmen die Gewinner sind. Der Einfluß der nationalen Steuererhöhung auf die internationale Wettbewerbsfähigkeit der nationalen Unternehmen ist aufgrund der internationalen Verflechtungen im Transportsektor und des grenzüberschreitenden Güterfernverkehrs schwer abzuschätzen. Da auch die ausländischen Unternehmen bei Transporten nach und innerhalb Deutschlands die hohen Kraftstoffpreise bezahlen müssen, sofern sie nicht genügend Treibstoff mitführen, kann von einer Benachteiligung der nationalen Unternehmen nicht gesprochen werden. Dennoch scheint eine EU-weite Regelung, zumindest was den Güterverkehr angeht, sinnvoller zu sein. Zusammenfassend kann festgehalten werden, daß im Bereich der wettbewerbs- und strukturpolitischen Effekte die Maßnahme der Mineralölsteuererhöhung nicht negativer bewertet werden kann als die einer Zertifikatelösung.

Die Gefahr, die von einer freiwilligen Selbstverpflichtung der Industrie auf den Wettbewerb und die Struktur der Wirtschaft ausgeht, darf keinesfalls unterschätzt werden. Rennings et al. (1998) weisen zurecht darauf hin, daß der-

---

[391] Unter dem „darwinistischen“ Ausleseprinzip des Wirtschaftssystems versteht Endres die Fähigkeit der „gesünderen“ Unternehmen, die Last der gestiegenen Kosten für Abgaben und Umweltschutzaktivitäten tragen zu können, wohingegen die sog. „Grenzbetriebe“ gezwungen werden, das Feld zu räumen. Vgl. Endres 1985, S. 78.

[392] Vgl. Endres 1985, S. 78.

artige Erklärungen dafür benutzt werden könnten, um Märkte abzuschirmen und Markteintrittsbarrieren gegenüber Dritten aufzubauen.[393] Bei der vorliegenden freiwilligen Selbstverpflichtung der Automobilindustrie besteht diese Gefahr aufgrund der internationalen Konkurrenz und der Freiwilligkeit der Verpflichtung jedoch nicht. Ebenso sollen Mobilitätsbarrieren, die durch eine vergleichbare umweltpolitische Maßnahme ausgelöst werden könnten, durch die Selbstverpflichtung von vornherein ausgeschlossen werden. Der strukturelle Wandel wird daher auch nicht behindert. Nennenswerte Strukturverschiebungen und Konzentrationstendenzen können ebenfalls weitestgehend ausgeschlossen werden. Da, wie bereits erwähnt, die Zusagen der Automobilindustrie so dimensioniert sind, daß sie auch ohne die Selbstverpflichtung aus rein wirtschaftlichen Erwägungen angestrebt werden, sind Wettbewerbsnachteile gegenüber ausländischen Konkurrenten nicht zu erwarten. Abschließend muß noch bemerkt werden, daß das Machtgefälle innerhalb des Verbandes der deutschen Automobilindustrie von den großen Konzernen genutzt werden könnte, um von den kleineren Unternehmen überproportional hohe Reduzierungmengen zu verlangen. Die kleineren Hersteller wären somit die eigentlichen Kostenträger der Maßnahme und müßten abwägen, ob die positiven Effekte der Verbandsmitgliedschaft nun immer noch die negativen aufwiegen. Dies geschieht natürlich vor dem Hintergrund der glaubhaften staatlichen Drohung, bei Scheitern der freiwilligen Selbstverpflichtung eigene Maßnahmen, wie z.B. eine Erhöhung der Mineralölsteuer, einzuleiten.

6.3.4. Ökologische Treffsicherheit

Endres (1985) versteht unter der ökologischen Treffsicherheit eines umweltpolitischen Instrumentes seine Eignung, einen vorgegebenen Emissionsstandard für eine Region sicher zu realisieren.[394] Die hier diskutierten instrumentellen Ansätze sind dazu in unterschiedlicher Weise in der Lage. Grundsätzlich unterscheidet die Umweltpolitik zwei verschiedene Instrumente, die Steuerung über den Preis und die Steuerung über die Menge. Bei der reinen Preissteuerung läuft man Gefahr, das definierte Reduzierungsziel nur teilweise oder sogar überhaupt nicht zu erreichen. Die reine Mengensteuerung hat dagegen den Vorteil, daß ähnlich wie bei der ordnungsrechtlichen Auflagen-

[393] Vgl. Rennings et al. 1998, S. 160.
[394] Vgl. Endres 1985, S. 85.

politik, ein vorgegebenes Ziel punktgenau erreicht werden kann.[395] Das Instrument der freiwilligen Selbstverpflichtung ist im Hinblick auf die ökologische Treffsicherheit am ungenauesten. Da, abgesehen von der staatlichen Drohung, ein hoheitliches Zwangsinstrument bei Nichterreichung des Ziels einzusetzen, kein wirkliches Druckmittel existiert, läßt sich mit der Selbstverpflichtung wahrscheinlich kaum mehr erreichen, als ohnehin passiert wäre.[396] Bei der Bewertung der ökologischen Treffsicherheit der einzelnen Modelle müssen drei Faktoren berücksichtigt werden:

- Quantitative Zielerreichung,
- qualitative Zielerreichung,
- zeitliche Dimension der Zielerreichung.

Die im Flottenverbrauchsmodell angewendete Mengensteuerung mittels Umweltzertifikaten garantiert eine genaue Erreichung der quantitativen Zielvorgabe. Das administrativ bestimmte Mengenziel kann deshalb genau erreicht werden, weil die ausgegebenen Zertifikate die vorgesehene Gesamtmenge nicht überschreiten darf. Die Abwertung der Zertifikate über einen Zeitraum von 10 Jahren sorgt dafür, daß das Ziel einer 35%igen Reduzierung des durchschnittlichen Flottenverbrauchs genau erreicht wird. Es besteht sogar die Möglichkeit einer Übererfüllung der Zielvorgabe. Diese Zielvorgabe ist jedoch nicht das eigentliche ökologische Ziel des Modells. Vielmehr geht es in erster Linie darum, die CO_2-Emissionen des motorisierten Individualverkehrs zu senken. Dieser eher qualitative Aspekt der ökologischen Treffsicherheit hängt stark mit der Zunahme des Pkw-Bestands und der Entwicklung der zurückgelegten Personenkilometer ab. Steigt der Pkw-Bestand stärker als bei der Zielbestimmung im Vorfeld erwartet, so leidet darunter die ökologische Wirksamkeit des Modells. Gleiches trifft zu, wenn die Fahrleistung pro Pkw steigt. Da jedoch bei der Zielbestimmung die Entwicklungsperspektiven im Individualverkehr berücksichtigt wurden, dürfte auch eine angemessene Umweltqualität des Ziels gewährleistet sein. Andererseits ist es aber auch denkbar, die Zielvorgaben und die damit verbundenen Abwertungsschritte zu verschärfen. Wie bereits in Kapitel 6.2.1. angedeutet, könnte diese Option bei der Konstruktion des Modells berücksichtigt werden. Der zeitliche Horizont des Modells ist eine fixe Größe, die im Vorfeld festgelegt wird. Durch die jährli-

[395] Vgl. Massarrat 1998, S. 35f.
[396] Vgl. Linscheidt/Truger 1998, S. 32.

chen Abwertungsschritte tritt die angestrebte Wirkung nicht erst nach Ablauf der 10 Jahre ein, sondern stufenweise von Jahr zu Jahr.

Die ökologische Treffsicherheit im Ramb-Modell ist weniger genau als im Flottenverbrauchsmodell. Die Ursache dafür ist darin zu sehen, daß es sich bei dem Vorschlag nicht um eine Mengensteuerung mittels Zertifikaten im eigentlichen Sinne handelt, sondern um die Übertragung einer bestimmten Menge von Umweltnutzungsrechten, wobei jedoch über die festgelegte Menge hinaus konsumiert werden kann, wenn auch für einen höheren Preis. Bei einer Aussage über die quantitative Zielerreichung muß, genau wie bei einer Erhöhung der Mineralölsteuer, die Nachfrageelastizität nach Kraftstoff berücksichtigt werden. Die von Ramb vorgeschlagene Anhebung des Benzinpreises um 1,50 DM dürfte deutlich unterhalb der sog. „Schmerzgrenze" liegen und somit für die Erreichung eines vorgegebenen Umweltmengenziels ungeeignet sein. Die qualitative Zielerreichung leidet zudem darunter, daß weder eine Zunahme des Pkw-Bestandes noch der Anstieg bei den gefahrenen Personenkilometern berücksichtigt werden. Die zeitliche Dimension beschränkt sich auf die jährliche Zuweisung der freien Kraftstoffmengen. Bezüglich des Zeitpunktes einer Verbesserung der Umweltqualität sind keine Aussagen zu finden. Gerechterweise muß erwähnt werden, daß Ramb in seiner Modellbeschreibung keine Angaben zu ökologischen Zielen macht. Sein Modell ist vielmehr als abstrakter Vorschlag zu sehen, der undefinierte ökologische Ziele vorsieht.

Die ökologische Treffsicherheit bzw. ökologische Effektivität ist im Modell von Kalleicher an bestimmte Voraussetzungen geknüpft. „Die ökologische Zielerreichung ist gegeben, wenn bei der Festsetzung der Anzahl an Zufahrtsberechtigungen die maximale pro Fahrzeug zu erwartende Nutzung multipliziert mit den gerade noch zulässigen Abgasemissionen zugrunde gelegt wird."[397] Das ökologische Ziel kann sogar übererfüllt werden, wenn vermehrt schadstoffreduzierte Fahrzeuge eingesetzt werden oder die Fahrleistung unterschritten wird.[398] Durch das Instrument der Zertifikate ist also, genau wie im Flottenverbrauchsmodell, eine quantitative Mengensteuerung möglich. Die Qualität des erreichbaren Umweltziels ist jedoch differenziert zu betrachten. Zwar schreibt Kalleicher, daß bei der Bestimmung der Immissionsbelastung auch überregionale Schadstofftransporte berücksichtigt werden, dennoch darf

[397] Kalleicher 1991, S. 282.
[398] Vgl. ebda.

aber nicht vergessen werden, daß gerade die Luftschadstoffe aus Automobilen – insbesondere Kohlendioxid – überregionale Wirkungen haben. Unter der Voraussetzung nicht zu klein gewählter Regionen sind jedoch qualitative Luftverbesserungen in Ballungsräumen möglich. Die Anwendung des Modells auf ein bestimmtes Stadtgebiet scheint vor diesem Hintergrund wenig erfolgversprechend. Die zeitliche Dimension der ökologischen Treffsicherheit ist nicht näher festgelegt. Neben administrativen Verzögerungen sind die Wirkungsverzögerungen des Instruments auf die Übergangszeit zurückzuführen. Bei einer anfänglichen Gratisvergabe, die dem rechtlichen Bestandsschutz Rechnung trägt, ist eine ökologische Wirkung erst nach einem Jahr zu erwarten.[399] Dieses Problem taucht jedoch bei jedem Zertifikatemodell auf, bei dem die Grandfathering-Methode angewendet wird. Da die Fixierung einer bestimmten Immissionssituation in einer Region das eigentliche ökologische Ziel des Modells ist, ist eine zeitliche Dimensionierung bzw. eine zeitliche Perspektivierung unnötig.

Die Anwendung des umweltpolitischen Instruments der Zertifikate gewährleistet auch beim Emissionsindikatoren-System von Köhn eine genaue ökologische Treffsicherheit in quantitativer Hinsicht. Sein ökologisches Ziel ist eine 30%ige Absenkung seines CO_2-Indikators bis 2005 bezogen auf das Basisjahr 1991. Dieses Ziel wird in nicht näher benannten Abwertungsschritten erreicht, was eine Zielerreichung garantiert. Aufgrund der relativen hohen Komplexität des Emissionsindikators sind Aussagen über die Qualität des Umweltziels problematisch. Da sich das gesetzte Ziel jedoch an den politischen CO_2-Reduzierungsvorhaben orientiert und diese sogar noch übertrifft, dürfte eine hohe ökologische Qualität der Vorgaben sicher sein. Die Einbeziehung der zurückgelegten Personen-Kilometer hat den Vorteil, daß eine Zunahme der individuellen Fahrleistung im Indikator berücksichtigt ist und die Wirksamkeit des Modells nicht untergräbt. Der zeitliche Horizont des Systems ist zunächst bis zum Jahr 2005 angelegt. Damit ist der Zeitpunkt der ökologischen Zielerreichung genau datiert. Unklarheit besteht allerdings über das zeitliche Intervall, in dem die CO_2-Emissionszertifikate abgewertet werden sollen. Zusammenfassend kann festgehalten werden, daß beim Emissionsindikatoren-System von Köhn von einer relativ hohen ökologischen Treffsicherheit gesprochen werden kann.

[399] Vgl. Kalleicher 1991, S. 282f.

Mit dem Instrument der Umweltabgabe ist die Erreichung eines bestimmten ökologischen Ziels weniger genau zu bewerkstelligen als mit dem Instrument der Umweltlizenzen. „Die ökologische Treffsicherheit der Abgabenlösung leidet darunter, daß die angestrebten Emissionswerte nicht unmittelbar Gegenstand der Politik sind, sondern mittelbar über die Anpassung der Verursacher an staatlicherseits gesetzte Preise für Emissionen erreicht werden soll."[400] Auch bei der Mineralölsteuererhöhung als Instrument der Umweltpolitik handelt es sich um eine sog. „Preislösung". Da, wie bereits erwähnt wurde, die Nachfrage nach Kraftstoff bis zu einer „Schmerzgrenze" unelastisch ist, muß die Mineralölsteuer drastisch angehoben werden, um ökologisch wünschenswerte Reduzierungseffekte zu erzielen. In der bisherigen Form und Höhe wird mit der Mineralölsteuer keine ökologische Zielsetzung verfolgt. Das gesamte Aufkommen der größten Verbrauchsteuer fließt ausschließlich dem Staatshaushalt zu.[401] Die Erreichung eines ökologischen Ziels hängt bei der Mineralölsteuer in erster Linie vom Verhalten der Verbraucher ab und kann in seiner Quantität nicht genau vorhergesagt werden. Darüber hinaus muß auch die Qualität des Ziels in Frage gestellt werden, da durch die Zunahme des motorisierten Individualverkehrs die angestrebten Mengeneffekte kompensiert werden können. Obwohl durch eine schrittweise Anhebung der Kraftstoffpreise, wie von Bündnis 90/Die Grünen gefordert[402], ein zeitlicher Horizont festgelegt werden kann, ist zu vermuten, daß die ersten Schritte der Erhöhung, die noch unterhalb der „Schmerzgrenze" liegen, keine positiven Umwelteffekte erzielen. Die gewünschte ökologische Wirkung tritt dementsprechend erst mit einer zeitlichen Verzögerung ein, die unter Umständen mehrere Jahre betragen kann. Insgesamt betrachtet ist das Instrument der Mineralölsteuererhöhung in seiner ökologischen Treffsicherheit sehr ungenau und mit vielen Unsicherheiten behaftet.

Für die Verfolgung ökologischer Ziele ist das Instrument der freiwilligen Selbstverpflichtung am ungeeignetsten. Rennings et al. fassen die beiden vordringlichsten Nachteile der freiwilligen Selbstverpflichtung in bezug auf die ökologische Zielerreichung folgendermaßen zusammen: „Zum einen sind sie aufgrund ihrer rechtlichen Unverbindlichkeit und damit ihrer gerichtlichen Nichteinklagbarkeit mit der Gefahr verbunden, daß sich Unternehmen oder Industrieverbände ihrer zugesagten Verpflichtungen entziehen, wenn bei-

---

400 Vgl. Endres 1985, S. 86.
401 Vgl. Bundesministerium der Finanzen (Hrsg.) 1995, S. 116ff.
402 Vgl. u.a. Steenblock 1995, S. 14.

spielsweise eine Verschlechterung der Wirtschaftslage eintritt. [...] Zum anderen bewirkt der Tauschcharakter freiwilliger Absprachen, daß der Staat inhaltliche oder zeitliche Abstriche an umweltpolitischen Forderungen in Kauf nehmen muß, um die Wirtschaft überhaupt zu freiwilligen Maßnahmen zu veranlassen."[403] In anderen Worten heißt das, daß weder quantitative noch qualitative ökologische Ziele sicher erreicht werden können. Der gesetzte zeitliche Rahmen ist darüber hinaus keine zwingende Konstante, sondern kann von seiten der Automobilindustrie jederzeit gekippt werden. Ungeachtet dieser Nachteile ist zu vermuten, daß auch ohne das Instrument der freiwilligen Selbstverpflichtung die vorgesehene Verbrauchsreduzierung erreicht wird.

6.3.5. Politische und gesellschaftliche Durchsetzbarkeit

Die derzeitige Umweltpolitik in der Bundesrepublik Deutschland ist vom Instrument der Auflagenpolitik dominiert. Ein Anwendungsbeispiel für Auflageninstrumente ist die bundesdeutsche Luftreinhaltepolitik mit dem Bundesimmissionsschutzgesetz, bei dem Betreiber von schadstoffverursachenden Anlagen bestimmte Auflagen gemacht werden.[404] Auflagenlösungen gelten als gut durchsetzbar, da sie intuitiv einleuchtende Maßnahmen sind, die einen Mißstand mit juristischen Mitteln bekämpfen. Umweltschützer halten die Auflagen allerdings zumeist für nicht streng genug, wohingegen die Industrie gern eine Lockerung der Vorschriften erreichen würde. Die Industrie präferiert Auflagenlösungen, da ihr bis zu einem bestimmten Grenzwert, auf dessen Bestimmung sie aufgrund ihrer Sachkunde Einfluß hat, die Umwelt kostenlos zur Verfügung steht. Für einen Teil der Wirtschaft sind auch die aus der Auflage resultierenden Wettbewerbsverzerrungen durchaus angenehm.[405]

Aufgrund dieser historischen Struktur in der bundesdeutschen Umweltpolitik stößt die Einführung anderer Instrumente, wie z.B. Abgaben und Zertifikatelösungen, auf Widerstand in der Industrie und breiten Kreisen der Bevölkerung. Durch die immense wirtschaftliche Bedeutung der Automobilindustrie und der individuellen motorisierten Mobilität in Deutschland[406] müssen Regelungen, die in diesen Bereich eingreifen, mit großem Bedacht gewählt werden. Die

---

[403] Vgl. Rennings et al. 1998, S. 90.
[404] Vgl. Endres 1985, S. 20.
[405] Vgl. u.a. Endres 1985, S. 51ff. und Wicke 1991, S. 173ff.
[406] Vgl. Kapitel 3.

ökologische Wirksamkeit eines Instrumentes ist daher auch nicht alleine ausschlaggebend, vielmehr müssen multiple Interessen berücksichtigt werden, um einen gesellschaftlich tragfähigen Konsens herbeizuführen. Im einzelnen sind die oben genannten Modelle in ihrer politischen und gesellschaftlichen Durchsetzbarkeit unterschiedlich zu bewerten. Dies liegt in erster Linie daran, daß die Modelle verschiedene gesellschaftliche Gruppierungen betreffen, die voneinander abweichende umweltpolitische Zielvorstellungen haben, die sich wiederum in der Akzeptanz der einzelnen Instrumente niederschlägt.[407]

Da es sich bei Umweltzertifikaten um ein Instrument handelt, das in der bisherigen Praxis in Deutschland noch nicht angewendet wurde, dürfte eine Einführung zunächst auf Ablehnung bei den betroffenen Gruppen stoßen. Diese Ablehnung richtet sich dann vermutlich in erster Linie gegen die Treffsicherheit bezüglich des CO_2-Reduzierungsziels und weniger gegen die Senkung des Flottenverbrauchs. Starker Widerstand gegen die Einführung des Flottenverbrauchsmodells ist von der Automobilindustrie zu erwarten, denn in der oben beschriebenen Ausgestaltung ist das Modell deutlich ungünstiger als die freiwillige Selbstverpflichtung der Automobilindustrie. Aufgrund ihrer wirtschaftlichen Bedeutung verfügt die Automobilindustrie über eine einflußreiche Lobby, die mit allen Mittel versuchen wird, die Einführung des Modells von vornherein zu verhindern bzw. das Modell so zu modifizieren, daß es nicht ungünstiger ist als die freiwillig auferlegte Selbstverpflichtung. Auch die Mineralölindustrie wird dem Modell eher ablehnend gegenüberstehen, da sie Umsatzeinbußen befürchten muß. Dies gilt vor allem für den Fall, daß die quantitative Zunahme des motorisierten Individualverkehrs den Umsatzrückgang durch den sinkenden Durchschnittsverbrauch nicht vollständig kompensiert. Doch genau auf diesen Sachverhalt ist das Flottenverbrauchsmodell ausgerichtet. Politik und Umweltverbände zählen vermutlich ebenfalls zu den Gegnern des Modells, auch wenn ihre Gründe unterschiedlich sind. Kurz nach seinem Wahlerfolg am 27.9.1998 ließ Bundeskanzler Gerhard Schröder verlauten, daß er sich als „Mann des Autos“ definiere und jegliche Maßnahmen, die die Stellung des Automobils sowie der Automobilindustrie gefährden könnten, mit ihm nicht durchsetzbar seien. Als Mitglied des Aufsichtsrates der Volkswagen AG und in seiner Funktion als Ministerpräsident des Landes Niedersachsen war sein Handeln stark auf die Interessen der Automobilindustrie ausgerichtet. Aus diesen Gründen kann damit gerechnet werden, daß

[407] Vgl. Kemper 1989, S. 218.

trotz einer Koalition mit Bündnis 90/Die Grünen die freiwillige Selbstverpflichtung weiterhin die einzige konkrete Maßnahme zur Reduzierung des durchschnittlichen Kraftstoffverbrauchs in Deutschland in der nächsten Zeit bleiben wird. Die vermutlich ablehnende Haltung der Umweltverbände beruht dagegen mehr auf einer Fundamentalkritik am umweltpolitischen Instrument der Umweltnutzungsrechte. In erster Linie wird dabei eine Vermarktung der Umwelt angeprangert, die moralisch nicht zu rechtfertigen sei.[408] Als einzige wird die Gruppe der Pkw-Halter das Modell begrüßen, da bei einer Umsetzung ihre neu erworbenen Pkw tendenziell weniger verbrauchen und sie auf diese Weise Geld sparen können. Dies gilt natürlich nur so lange, wie die Kraftstoffpreise konstant und die Arbeitsplätze erhalten bleiben.

Auf wenig Akzeptanz wird das Modell von Ramb treffen, da sein Vorschlag viele Nachteile enthält. Die Gruppe der Pkw-Fahrer, die der Adressatenkreis des Systems sind, werden das Modell nicht einheitlich begrüßen. Diejenigen Autofahrer, die weniger Kraftstoff als die zugewiesene Menge benötigen, werden für den Vorschlag stimmen, von den übrigen ist Ablehnung zu erwarten, da der Kraftstoffpreis über die zugewiesene Menge hinaus deutlich höher liegt als bisher. Ebenso werden Staat und Politik das Modell ablehnen, da es zunächst mit Ausgaben verbunden ist. Vielmehr ist zu erwarten, daß diese Gruppen bei der bisherigen Praxis der Mineralölsteuer bleiben wollen, da es sich um die Haupteinnahmequelle des Staates handelt. Die Mineralölindustrie ist schon allein deshalb gegen den Vorschlag, weil sie aufgrund des implizierten Anreizes, weniger Kraftstoff zu verbrauchen, Umsatzeinbußen befürchten muß. Als letztes werden die Umweltverbände das Ramb-Modell kritisieren. Das „Verschenken" eines gewissen Quantums an Kraftstoff bzw. an Umwelt konterkariert die Grundüberzeugung einer Bepreisung der Umweltnutzung.

Um den Modellansatz von Kalleicher in die Praxis umzusetzen, bedarf es eines politischen Konsenses einer Reihe vorwiegend regionaler Gruppen. Zu diesen Gruppen zählen neben den relevanten Entscheidungsgremien der Stadt und der Verkehrsbetriebe auch die Bürgervertreter, die Vertreter der Autofahrer, des Gewerbes, des Handels und der Gastronomie.[409] Zustimmung kann von einem Großteil der Bewohner einer für das Modell ausgewählten Region erwartet werden, da aus der Zufahrtsbeschränkung positive Effekte auf die

---

[408] Vgl. Endres 1994, S. 12f.
[409] Vgl. Kalleicher 1991, S. 288f.

Umwelt, insbesondere die Luftqualität, resultieren. Je nach Ausrichtung der regionalen Politikträger ist mit Zu- bzw. Ablehnung zu rechnen. Den Verkehrsverbänden wird durch die Maßnahme die Möglichkeit zur Expansion durch Streckenausweitung und Takterhöhung eröffnet. Dies allein dürfte die Zustimmung der öffentlichen Verkehrsverbände sichern. Die kostenlose Erstvergabe an die Pkw-Halter in der Region sichert, zumindest in der ersten Zeit, eine weitestgehend neutrale Haltung dieser Gruppe. Die nicht ortsansässigen Autofahrer, die in die Region pendeln bzw. sie durchqueren wollen, werden den Vorschlag aufgrund der zusätzlichen Kosten ablehnen. Handel, Gewerbe und Gastronomie sind vermutlich ebenfalls auf seiten der Gegner zu finden. Die Geschäftsleute und Gastronomen befürchten Umsatzeinbußen durch das Fernbleiben ihrer Kundschaft, die nun nicht mehr bzw. nur zu höheren Kosten direkt mit dem Pkw vor den Laden bzw. das Geschäft fahren können.

Trotz der hohen ökologischen Treffsicherheit wird das Emissionsindikatoren-System nicht auf Zustimmung aller beteiligten Gruppen treffen. Besonders umstritten dürfte die elektronische Angurtsystem-Überwachung bei den Pkw-Haltern sein, denn sie ermöglicht, zumindest was die Insassenzahl anbelangt, eine staatliche Überwachung der Pkw-Halter. Inwieweit diese Methode aus Gründen des Datenschutzes zulässig ist, muß im Vorfeld geklärt werden. Überdies sind die Autofahrer die Hauptadressatengruppe des Modells. Von ihnen wird erwartet, daß sie zusätzliche Kosten akzeptieren oder auf andere Mobilitätsalternativen ausweichen. Ein solch rigider Eingriff muß unweigerlich auf Ablehnung stoßen. Wenig Wohlwollen wird Köhns Vorschlag auch bei der Automobilindustrie hervorrufen. Von den Automobilherstellern wird verlangt, daß sie in erster Linie leichtere Pkw konstruieren, die weniger CO_2 in der Produktion und im Betrieb erzeugen. Dies ist jedoch nicht ohne höhere Ausgaben für die Forschung und Entwicklung realisierbar. Den Unternehmen wird dementsprechend eine Richtung vorgegeben, in die sie zukünftig ihre Forschungs- und Entwicklungsaktivitäten lenken sollen. Ähnlich wie bei den Pkw-Haltern werden auch die Automobilproduzenten von einer staatlichen Bevormundung sprechen. Auf seiten der Gegner wird auch die Mineralölindustrie stehen, da sie mit Umsatzeinbußen rechnen muß. Obwohl sie nicht direkt vom Modell betroffen ist, darf ihr politischer Einfluß aufgrund der großen wirtschaftlichen Bedeutung des Energiesektors nicht unterschätzt werden. Einzig die Umweltverbände können dem Emissionsindikatoren-System wegen seiner hohen ökologischen Effektivität zustimmen, wobei jedoch zu bedenken ist, daß es sich um eine von den Umweltverbänden abgelehnte Anwendung des Zertifikateinstrumentes handelt.

Der Vorschlag, im Zuge einer allgemeinen ökologischen Steuerreform die Mineralölsteuer anzuheben, ist bisher in weiten Kreisen der Bevölkerung auf Ablehnung gestoßen. Dies ist nicht zuletzt im Vorfeld der Bundestagswahl 1998 deutlich geworden, als Bündnis 90/Die Grünen diesen Vorschlag öffentlich vertreten haben und daraufhin massiv Wählerstimmen bei den Landtagswahlen in Sachsen-Anhalt eingebüßt haben. Obwohl eine starke Anhebung der Mineralölsteuer aus ökologischen Gründen einsichtig erscheinen mag, sind Maßnahmen, die die finanziellen Mittel einer Gruppe beschneiden, sehr unpopulär. Dies gilt ohnehin in Zeiten hoher Arbeitslosigkeit und sinkender Reallöhne. Aufgrund der unelastischen Nachfrage nach Kraftstoff müßte die Steuererhöhung so einschneidend sein, daß ihr wohl kaum ein Autofahrer zustimmen dürfte. Zudem sind bei einer zu hohen Besteuerung sozial divergierende Mobilitätschancen zu erwarten, die von den unteren Einkommensschichten nicht akzeptiert werden können.[410] Gesellschaftlich ist die Maßnahme demnach praktisch nicht durchsetzbar. Vor diesem Hintergrund werden die großen Parteien Abstand von diesem Vorschlag nehmen, da sie sonst starke Stimmeneinbußen befürchten müßten. Die im Herbst 1998 in den Koalitionsverhandlungen zwischen SPD und Bündnis 90/Die Grünen vereinbarte Anhebung der Mineralölsteuer um 6 Pf. pro Liter ist daher auch auf rein fiskalische Ziele zurückzuführen. Für eine ökologisch motivierte Lenkung ist diese Erhöhung auch viel zu gering. Da das Instrument der starken Mineralölsteuererhöhung vorwiegend auf einen Vorschlag von Bündnis 90/Die Grünen zurückgeht, kann davon ausgegangen werden, daß auch die meisten Umweltverbände einer solchen Maßnahme positiv gegenüberstehen.

Als letztes muß noch die freiwillige Selbstverpflichtung der Automobilindustrie auf ihre politische und gesellschaftliche Durchsetzbarkeit hin untersucht werden. Ungeachtet indirekter Auswirkungen ist von der Selbstverpflichtung vordringlich die Automobilindustrie in Deutschland sowie deren Zuliefererindustrie betroffen. Obwohl die Automobilindustrie die Selbstverpflichtung vor dem Hintergrund einer staatlichen Drohung abgegeben hat, bei Nichtvereinbarung hoheitliche Zwangsmaßnahmen anzuwenden, kann davon ausgegangen werden, daß die deutsche Automobilindustrie der freiwilligen Verein-

---

[410] Vgl. Junkernheinrich 1998, S. 219.

barung positiv gegenübersteht, zumal damit ein positives Umweltimage zu Werbezwecken vermittelt werden kann. Die Zuliefererindustrie, die verstärkten Druck von seiten der Automobilindustrie, leichtere Teile zu produzieren, befürchten muß, wird die Regelung eher negativ bewerten. Die Pkw-Halter sind von der Vereinbarung nur wenig betroffen. Der reduzierte Kraftstoffverbrauch der Pkw wird zwar von ihnen begrüßt, jedoch nur so lange, wie sich die Automobile in der Anschaffung aufgrund der zusätzlichen Forschungs- und Entwicklungsaufwendungen nicht verteuern. Alles in allem kann eine weitestgehend neutrale Haltung der Pkw-Halter zur freiwilligen Selbstverpflichtung erwartet werden. Von den politischen Entscheidungsträgern wurde die Selbstverpflichtung bisher begrüßt. Wie sich jedoch die neue Regierung unter Gerhard Schröder verhält, muß abgewartet werden. Vehemente Gegner der freiwilligen Verpflichtung sind die Umweltverbände. Sie werfen der Industrie vor, nur solche Vereinbarungen zu treffen, die sie auch ohne die Selbstverpflichtung anstreben. Darüber hinaus wird die ökologische Wirksamkeit in Frage gestellt. Dies gilt noch um so mehr vor dem Hintergrund, daß keine rechtlich verbindliche Regelung die Automobilindustrie zwingt, die angegebenen Ziele einzuhalten.

6.3.6. Vergleichende Übersicht

Nachdem die einzelnen Modellvorschläge für den motorisierten Individualverkehr detailliert analysiert wurden, erfolgt an dieser Stelle eine vergleichende Übersicht der wesentlichen Ergebnisse. Tabelle 14 faßt die fünf Untersuchungsaspekte aus den vorangegangenen Abschnitten in aller Kürze zusammen. Abschließend wird der Versuch unternommen, das Flottenverbrauchsmodell im Vergleich zu den übrigen Vorschlägen auf seine Realitätsnähe hin zu bewerten.

Tab. 14: Vergleich der Modelle für den Individualverkehr

	Flottenverbrauchsmodell	weitere Zertifikatemodelle			Mineralölsteuererhöhung	freiwillige Selbstverpflichtung der Automobilindustrie
		Freie Kraftstoffmengen für die Verbraucher (Ramb)	**Fahrzeugnutzungszertifikate in Ballungsräumen (Kalleicher)**	**Emissionsindikatoren-System (Köhn)**		
Ökonomische Effizienz	Durch Verhandlungen der einzelnen Automobilhersteller werden einzelwirtschaftliche und somit auch gesamtwirtschaftliche Kosten gesenkt. Das Modell ist somit effizient, denn der Kraftstoffverbrauch kann dort gesenkt werden, wo dies zu den geringsten Kosten möglich ist.	Da der eigentliche Kostenträger der Staat ist, muß das Modell eher mit dem Abgabeninstrument als mit Umweltzertifikaten verglichen werden. Dennoch ist der Vorschlag von Ramb aus ökonomischer Sicht weitestgehend effizient.	Trotz differenzierter Kostenstruktur ist das Modell durch die Verhandlungen der einzelnen Pkw- Halter einzelwirtschaftlich und auch gesamtwirtschaftlich effizient.	Im komplexen Emissionsindikatoren-System sind die Hauptkostenträger die Pkw-Halter. Ihnen wird durch Verhandlungen die Möglichkeit gegeben, einzelwirtschaftliche und gesamtwirtschaftliche Kosten zu reduzieren. Das System ist somit ökonomisch effizient.	Das Instrument der Mineralölsteuererhöhung ist insofern ökonomisch effizient, als daß den einzelnen Pkw-Haltern die Möglichkeit gegeben wird, die Steuer zu leisten oder auf alternative Mobilitätsformen auszuweichen.	Da es sich in der Selbstverpflichtung um den durchschnittlichen Kraftstoffverbrauch handelt, kann die Automobilindustrie den Verbrauch bei den Modellen dort senken, wo dies zu den geringsten Kosten möglich ist. Durch diese Absprachemöglichkeit ist das Instrument ökonomisch effizient.

wird fortgesetzt

		weitere Zertifikatemodelle				
	Flottenverbrauchsmodell	**Freie Kraftstoffmengen für die Verbraucher (Ramb)**	**Fahrzeugnutzungszertifikate in Ballungsräumen (Kalleicher)**	**Emissionsindikatoren-System (Köhn)**	**Mineralölsteuererhöhung**	**freiwillige Selbstverpflichtung der Automobilindustrie**
Dynamische Anreizwirkung	Durch technischen Fortschritt bei der Verbrauchsreduzierung können die Automobilhersteller die nicht mehr benötigten Zertifikate verkaufen und so zusätzliche Gewinne erzielen. Insofern kann von einer dynamischen Anreizwirkung zum Induzieren technischen Fortschritts, die durch die Angebotsseite ausgelöst wird, gesprochen werden.	Aus Sparsamkeitsgründen werden die Verbraucher zunehmend kleinere Pkw nachfragen. Um auch weiterhin ihre gesamte Produktpalette absetzen zu können, müssen die Automobilproduzenten den Kraftstoffverbrauch durch technische Maßnahmen senken. Technische Innovationen werden folglich durch die Nachfrageseite ausgelöst.	Technischer Fortschritt wird, wenn überhaupt, über die Nachfrageseite ausgelöst. Da es sich um ein regional begrenztes Modell handelt, kann von einer dynamischen Anreizwirkung zum Induzieren technischen Fortschritts nicht gesprochen werden.	Da das Ziel des Modells eine Dematerialisierung der Mobilität ist, müssen, neben der Wahl anderer Mobilitätsformen, die Pkw kleiner, leichter und verbrauchsgünstiger werden. Die Autofahrer werden genau diese Eigenschaften beim Neukauf eines Pkw nachfragen. Somit wird technischer Fortschritt über die Nachfrageseite induziert.	Durch die Anhebung der Kraftstoffpreise sollen die Verbraucher veranlaßt werden, weniger Benzin zu verbrauchen. Um die individuelle motorisierte Mobilität zu sichern, werden die Pkw-Halter zunehmend verbrauchsgünstigere Fahrzeuge kaufen. Technischer Fortschritt wird über die Nachfrageseite ausgelöst, jedoch erst nach Überschreiten der „Schmerzgrenze" beim Benzinpreis.	Da dieses Instrument nur die Automobilindustrie betrifft, geht technischer Fortschritt von der Angebotsseite aus. Es besteht jedoch kein Anreiz, den Kraftstoffverbrauch über den allgemeinen technischen Fortschritt hinaus zu reduzieren, denn das Ziel ist bereits so gewählt, daß es auch ohne eine vom Instrument ausgelöste dynamische Anreizwirkung erreicht wird.

wird fortgesetzt

	Flottenverbrauchsmodell	weitere Zertifikatemodelle			Mineralölsteuererhöhung	freiwillige Selbstverpflichtung der Automobilindustrie
		Freie Kraftstoffmengen für die Verbraucher (Ramb)	**Fahrzeugnutzungszertifikate in Ballungsräumen (Kalleicher)**	**Emissionsindikatoren-System (Köhn)**		
Wettbewerbs- und strukturpolitische Aspekte	Das Modell ist so angelegt, daß die individuelle motorisierte Mobilität nicht eingeschränkt wird. Der Strukturwandel wird daher auch nicht aus Mobilitätsgründen verhindert. Zu strukturellen Verschiebungen kann es aber bei der Zuliefererindustrie kommen, die nicht unbedingt ökologische Wirkungen haben müssen.	Die wettbewerbs- und strukturpolitischen Auswirkungen des Modells sind sehr gering. Ähnlich wie beim Flottenverbrauchsmodell kann es zu strukturellen Verschiebungen bei den Zulieferern kommen. Die Effekte haben jedoch überwiegend ökologische Wirkungen.	Von diesem Modell gehen relativ starke regionale wettbewerbs- und strukturpolitische Effekte aus, die nicht unbedingt ökologische Wirkungen haben. So können vom Modell z.B. der Einzelhandel und die Gastronomie negativ betroffen sein.	Die Dematerialisierung der Mobilität kann zu strukturellen Verschiebungen in der Automobilindustrie und deren Zuliefererbetrieben führen. Zudem kommt es zu strukturellen Verlagerungen innerhalb des Verkehrssektors. Die wettbewerbs- und strukturpolitischen Effekte haben jedoch eine überwiegend ökologische Wirkung.	Die Effekte einer drastischen Steuererhöhung auf den Wettbewerb und die Wirtschaftsstruktur sind groß. Der strukturelle Wandel kann aus Mobilitätsgründen verhindert werden. Der Güterverkehr wird ebenso beeinträchtigt und kann unter Umständen im internationalen Wettbewerb benachteiligt sein. Konzentrationstendenzen im Transportsektor sind nicht auszuschließen.	Von der vorliegenden Selbstverpflichtung gehen grundsätzlich nur wenige wettbewerbs- und strukturpolitische Effekte aus. Es kann jedoch nicht ausgeschlossen werden, daß das Machtgefüge innerhalb des Verbandes zu überproportionalen Belastungen bei den schwächeren Mitgliedern führt.

wird fortgesetzt

	Flottenverbrauchsmodell	weitere Zertifikatemodelle			Mineralölsteuererhöhung	freiwillige Selbstverpflichtung der Automobilindustrie
		Freie Kraftstoffmengen für die Verbraucher (Ramb)	Fahrzeugnutzungszertifikate in Ballungsräumen (Kalleicher)	Emissionsindikatoren-System (Köhn)		
Ökologische Treffsicherheit	Die Mengensteuerung in diesem Modell garantiert eine genaue Erreichung der quantitativen Zielvorgaben. Das Ziel einer Reduzierung der CO_2-Emissionen ist dagegen nicht genau erreichbar. Durch Berücksichtigung der Entwicklungsperspektiven im motorisierten Individualverkehr ist eine hohe Umweltqualität des Ziels gesichert. Die zeitliche Dimension ist von vornherein auf 10 Jahre festgelegt.	Da es sich bei Ramb nicht um eine Mengensteuerung im eigentlichen Sinne handelt und über die zugewiesene Menge hinaus konsumiert werden kann, ist eine quantitative Zielerreichung nicht möglich. Auch die Qualität des Ziels ist aufgrund der Außerachtlassung prognostizierter Entwicklungen ungenügend. Die zeitliche Dimension der Zielerreichung wird gänzlich vernachlässigt.	Die in diesem Vorschlag angewendete Mengensteuerung sichert die quantitative Zielerreichung bzw. ermöglicht sogar eine Übererfüllung. Die Qualität muß aufgrund des regionalen Charakters der Maßnahme bezweifelt werden. Eine zeitliche Festlegung ist im Modell überflüssig, da die Zufahrt bereits im ersten Schritt in der vorgesehenen Menge beschränkt wird.	Durch das Instrument der Zertifikate ist die Zielerreichung in quantitativer Hinsicht gesichert. Die Qualität kann ebenfalls positiv bewertet werden, da die politischen Vorgaben überschritten werden. Der zeitliche Horizont des Modells ist auf das Jahr 2005 angelegt und somit genau fixiert.	Beim Instrument der Mineralölsteuererhöhung wird der Preis fixiert und die Menge paßt sich an. Daher ist eine genaue Mengenerreichung mit diesem Instrument unmöglich. Aufgrund der unelastischen Nachfrage und der unberücksichtigten Entwicklungsperspektiven ist auch die Qualität des Ziels zu bezweifeln. Darüber hinaus ist der Zeitpunkt der Zielerreichung mit Unsicherheit behaftet.	Das Instrument der freiwilligen Selbstverpflichtung ist aufgrund der Unverbindlichkeit für die Erreichung eines quantitativen und qualitativen Umweltziels ungeeignet. Dies trifft auch auf die vorliegende Vereinbarung zu. Obwohl die zeitliche Dimension genau bestimmt ist, bestehen Zweifel, ob diese auch eingehalten wird.

wird fortgesetzt

	Flottenverbrauchsmodell	weitere Zertifikatemodelle			Mineralölsteuererhöhung	freiwillige Selbstverpflichtung der Automobilindustrie
		Freie Kraftstoffmengen für die Verbraucher (Ramb)	**Fahrzeugnutzungszertifikate in Ballungsräumen (Kalleicher)**	**Emissionsindikatoren-System (Köhn)**		
Politische und gesellschaftliche Durchsetzbarkeit	Das Modell ist politisch und gesellschaftlich nur schwer durchsetzbar. Zu den Gegnern zählt die Automobilindustrie, da ihre freiwillige Selbstverpflichtung für sie günstiger ist. Ebenso wird die Mineralölindustrie das Modell ablehnen, da sie Einbußen befürchten muß. Auch im politischen Bereich wird sich das Modell nicht durchsetzen. Die Umweltverbände sind grundsätzlich gegen Zertifikatet. Einzig die Pkw-Halter dürften zustimmen.	Die Reaktionen auf den Vorschlag von Ramb werden unter den Autofahrern nicht einheitlich sein. Die Autofahrer, die weniger als die zugewiesene Menge benötigen, werden den Vorschlag begrüßen, die Vielfahrer dagegen den Vorschlag ablehnen. Gegner sind darüber hinaus die Politik, die Mineralölindustrie und die Umweltverbände, wenn auch nicht aus den gleichen Motiven heraus.	Bei diesem Modell muß ein Konsens bei einer Reihe regionaler Gruppen herbeigeführt werden. Der Großteil der Bewohner dürften zustimmen. Ebenso stehen die Verkehrsverbände aufgrund der Möglichkeit zur Expansion dem Modell positiv gegenüber. Handel und Gastronomie befürchten Einbußen und lehnen den Vorschlag vermutlich ab. Gegner werden auch die nicht ortsansässigen Autofahrer sein, die in oder durch die Region fahren wollen.	Das Modell von Köhn dürfte trotz hoher ökologischer Treffsicherheit auf Ablehnung bei fast allen beteiligten Gruppen stoßen. Die Pkw-Halter werden die Überwachung der Insassenzahl und die zusätzlichen Kosten bemängeln. Automobil- und Mineralölindustrie werden das Modell ebenfalls ablehnen. Zustimmung, wenn auch unter Vorbehalt, dürfte von den Umweltverbänden aufgrund der hohen ökologischen Wirkung kommen.	Die hohen Stimmenverluste von Bündnis90/Die Grünen haben im Frühjahr 1998 gezeigt, daß eine drastische Erhöhung der Mineralölsteuer auf wenig Zustimmung in der Bevölkerung stößt. Aus diesem Grund werden auch die politischen Parteien von solch einer Maßnahme Abstand nehmen. Lediglich die Umweltverbände werden einer Erhöhung positiv gegenüber stehen.	Da die freiwillige Selbstverpflichtung von der Automobilindustrie ausgeht, kann von einer positiven Einstellung ausgegangen werden. Auch die politischen Entscheidungsträger haben die Vereinbarung bisher begrüßt. Die Pkw-Halter sind vermutlich ebenfalls positiv bzw. neutral eingestellt, da sie durch den sinkenden Kraftstoffverbrauch Geld sparen können. Vehemente Gegner der Selbstverpflichtung sind die Umweltverbände.

Quelle: Eigene Darstellung.

Die zentralen Fragen in diesem Zusammenhang lauten: Ist das Flottenverbrauchsmodell in der Praxis anwendbar, oder handelt es sich lediglich um ein theoretisches Konstrukt? Sind die übrigen Modelle für die Erreichung eines vergleichbaren Umweltziels besser geeignet?

Das Flottenverbrauchsmodell ist in hohem Masse effizient. Ebenso kann die dynamische Anreizwirkung zum Induzieren technischen Fortschritts positiv bewertet werden. Aus wettbewerbs- und strukturpolitischer Sicht gibt es keine Bedenken gegen das Modell. Die ökologische Treffsicherheit ist aufgrund der angewendeten Mengensteuerung relativ hoch. Das eigentliche Problem des bisher rein theoretischen Modells liegt in der politischen und gesellschaftlichen Durchsetzbarkeit. Genau genommen liegen die Schwierigkeiten weniger auf gesellschaftlicher Ebene als vielmehr im politischen Bereich, denn es konnte gezeigt werden, daß die Pkw-Halter dem Modell neutral bis positiv gegenüberstehen. Um im politischen Bereich einen tragfähigen Konsens für die Einführung des Modells herbeizuführen, müssen neben nationalen auch internationale Gegebenheiten berücksichtigt werden.

In diesem Zusammenhang muß zunächst geklärt werden, ob ein nationaler Alleingang sinnvoll ist oder ob nur eine Einbindung in den internationalen Rahmen in Frage kommt. Es kann mittlerweile als Grundregel angesehen werden, daß sobald umweltpolitische Maßnahmen zur Reduzierung von Kohlendioxid diskutiert werden, die Kritiker und Gegner auf die Globalität des Problems hinweisen und nationale Vorreiterrollen bzw. Alleingänge kategorisch abgelehnt werden. Es wird darauf hingewiesen, daß nationale Maßnahmen eine zu geringe globale Mengenwirkung haben und zudem die Arbeitsplätze gefährden. Die positiven Effekte des Modells werden dabei zumeist unterschlagen.

Um am bundesdeutschen Automobilmarkt zu partizipieren, müssen in- und ausländische Automobilhersteller ihren durchschnittlichen Flottenverbrauch senken. Pkw mit geringem Verbrauch werden jedoch nicht nur in Deutschland, sondern auch in den übrigen Ländern gern gekauft. Die neu entwickelten verbrauchsärmeren Modelle werden aus diesem Grund auch nicht nur in Deutschland sondern weltweit auf den Markt gebracht. Insofern kann ein rein nationales Modell aufgrund international agierender Automobilkonzerne auf lange Sicht zu weltweiten Senkungen des durchschnittlichen Kraftstoffverbrauchs bei Pkw führen. Die Gefahr, daß ausländische Hersteller ihre Modelle nicht mehr auf dem deutschen Markt anbieten, ist relativ gering. Vielmehr werden sie zunächst versuchen, verstärkt kleinere Pkw nach Deutschland zu exportieren und die größeren in den übrigen Ländern abzusetzen. Dabei darf allerdings nicht vergessen werden, daß gerade die Deutschen ein besonderes Verhältnis zu ihren Automobilen haben und im Vergleich zu anderen Nationalitäten mehr Geld für die individuelle motorisierte Mobilität aufwenden. So werden in Deutschland im Durchschnitt wesentlich größere Automobile gekauft als beispielsweise in Italien. Ausländische Hersteller werden es sich dementsprechend gut überlegen, ob sie auf den Absatzmarkt Deutschland verzichten können. Ein Scheitern des Modells liegt demzufolge nicht an der mangelnden Realitätsnähe, sondern vielmehr am politischen Willen. Es kann damit festgehalten werden, daß, selbst wenn noch einige Parameter des Flottenverbrauchsmodells geändert werden müssen, es in der Praxis angewendet werden kann.

Die zweite Frage bezieht sich auf einen direkten Vergleich des Flottenverbrauchsmodells mit den übrigen Modellen. Dazu werden zunächst die Hauptschwachpunkte der Modelle näher betrachtet und mit dem Flottenverbrauchsmodell verglichen. Beim Modell der freien Kraftstoffmengen von Ramb ist die ökologische Treffsicherheit äußerst ungenau. Zudem handelt es sich nicht um eine Zertifikatemodell im eigentlichen Sinne, sondern um eine Mischform aus Zertifikaten und Abgaben. Einen politischen Konsens für dieses Modell herbeizuführen dürfte sehr schwierig sein. Kalleichers Vorschlag bezieht sich nur auf eine bestimmte Region und ist deshalb nur schwer mit einem nationalen Modell vergleichbar. Ungeachtet dessen ist die dynamische Anreizwirkung zum Induzieren technischen Fortschritts sehr begrenzt. Darüber hinaus sind negative wettbewerbs- und strukturpolitische Effekte nicht auszuschließen. Das komplexe Emissionsindikatoren-System von Köhn hat, trotz der hohen ökologischen Treffsicherheit, den Nachteil, daß es von keiner der beteiligten Gruppen akzeptiert werden dürfte. Die mangelnde politische und gesellschaftliche Durchsetzbarkeit ist somit der Hauptschwachpunkt des sonst sehr vorteilhaften Modells. Beim Instrument der Mineralölsteuererhöhung ist vor allem die ungenaue ökologische Treffsicherheit aufgrund der verwendeten Preissteuerung zu kritisieren. Hinzu kommt noch, daß aufgrund der bis zu einer „Schmerzgrenze" unelastischen Nachfrage nach Kraftstoff eine dynamische Anreizwirkung zum Induzieren technischen Fortschritts in Richtung verbrauchsärmerer Fahrzeuge nur bedingt vorhanden ist bzw. erst nach Überschreiten der „Schmerzgrenze" über die Nachfrageseite ausgelöst wird. Von den insgesamt sechs vorgestellten Modellen für den Individualverkehr wurde bisher die freiwillige Selbstverpflichtung der Automobilindustrie als einzige in die Praxis umgesetzt. Die mangelhafte dynamische Anreizwirkung zum Induzieren technischen Fortschritts und die Unverbindlichkeit der ökologischen Zielerreichung lassen das Modell in einem sehr fragwürdigen Licht erscheinen.

Zusammenfassend kann festgehalten werden, daß das Flottenverbrauchsmodell den übrigen Vorschlägen in nichts nachsteht, auch wenn die ökologischen Ziele der einzelnen Modelle nicht gänzlich vergleichbar sind, sondern sogar in vielen Bereichen deutliche Vorteile aufzuweisen hat.

6.4. Zusammenfassung

In Kapitel 6 wurden zunächst drei Zertifikatemodelle für den motorisierten Individualverkehr in Deutschland aufgeführt, die in der Fachliteratur bereits ausführlich beschrieben worden sind. Konkret handelt es sich dabei um das Modell freier Kraftstoffmengen für die Verbraucher von Ramb, die Vergabe von Fahrzeugnutzungs-Zertifikaten in Ballungsräumen von Kalleicher und das Emissionsindikatoren-System von Köhn.

Im zweiten Abschnitt wird alsdann ein Modell zur Zertifizierung des durchschnittlichen Flottenverbrauchs der einzelnen Automobilhersteller detailliert entwickelt. Als Teilnehmerkreis des Modells werden 46 größere in- und ausländische Automobilhersteller ermittelt, die in unterschiedlichem Maße am bundesdeutschen Automobilmarkt partizipieren. Die Berechnung des durchschnittlichen Flottenverbrauchs der einzelnen Automobilproduzenten erfolgt unter Einbeziehung der Verkaufszahlen der einzelnen Pkw-Modelle. Obwohl andere Berechnungsmethoden denkbar sind, erscheint das verwendete Verfahren relativ gerecht. Die Stückelung der Zertifikate ist für einen reibungslosen Handel von großer Bedeutung. Aufgrund der technischen Rahmenbedingungen erscheint eine Stückelung sinnvoll, bei der eine Lizenz zum durchschnittlichen Flottenverbrauch von 0,001 Litern berechtigt. Bei 46 größeren Marktteilnehmern kommt man auf eine Gesamtzahl der Zertifikate in einer Größenordnung von rund 400.000 bis 500.000 Stück. Die Vergabe der Zertifikate erfolgt nach dem „modifizierten" Grandfathering-Verfahren. Die kostenlose Vergabe wird bei diesem Verfahren so modifiziert, daß diejenigen Hersteller nicht bestraft werden, die bereits in der Vergangenheit Maßnahmen zur Verbrauchsreduzierung durchgeführt haben und Neueinsteiger nicht diskriminiert werden. Für die Erreichung eines ökologischen Ziels müssen die Zertifikate schrittweise abgewertet werden. Die Schrittweite orientiert sich an den „Modellpflegezeiträumen“ der Automobilindustrie und beträgt ein Jahr. Nach 10 Jahren, also im Jahr 2010, soll der durchschnittliche Kraftstoffverbrauch um 35% gesenkt worden sein. Der jährliche Reduzierungsbetrag orientiert sich am Flottenverbrauch des Vorjahres. Damit wird der Verbrauch jedes Jahr um den gleichen Prozentsatz, aber unterschiedlich hohe Literbeträge gesenkt. Die Erfahrungen mit dem amerikanischen Acid Rain- und dem RECLAIM-Programm haben gezeigt, daß eine Preisprognose vor der Einführung eines Modells sehr problematisch ist und bisher äußerst ungenau war. Auch Aussagen zur vermeintlichen Preisentwicklung sind mit Vorsicht zu genießen, da sich viele Einflußfaktoren erst nach der Umsetzung des Modells herauskristallisieren. Die Liste der möglichen Hindernisse, die den reibungslosen Marktablauf gefährden können, ist lang. So ist z.B. zu befürchten, daß sich zwei getrennte Märkte etablieren, nämlich ein konzerninterner und ein konzernübergreifender Markt mit unterschiedlichen Preisstrukturen. Wie bei jeder anderen Umweltpolitik auch kann ein Zertifikatemodell nur funktionieren, wenn Kontrollen in ausreichendem Maße durchgeführt und Verstöße mittels Sanktionsmaßnahmen geahndet werden. Bezüglich der Kontrollen werden unangekündigte und unregelmäßige Stichproben vorgeschlagen, die eine abschreckende Wirkung garantieren. In Anlehnung an die amerikanischen Erfahrungen wird die Höhe der Sanktionszahlung an den Zertifikatepreis gekoppelt. Um die Wirksamkeit der Sanktionen zu gewährleisten, wird die dreifache Höhe des Zertifikatepreises als Sanktionszahlung vorgeschlagen. Die Bestimmung eindeutiger Gewinner und Verlierer des Modells ist problematisch, da bereits bei der Konstruktion darauf geachtet wurde, daß möglichst keine Gruppe benachteiligt wird. Dennoch kann festgehalten werden, daß diejenigen Automobilhersteller als Gewinner bezeichnet werden können, die nach der Zuteilung der Zertifikate noch erhebliche Reduzierungspotentiale zu verhältnismäßig niedrigen Kosten ausschöpfen können. Als Verlierer können dagegen die Hersteller von kleinen Pkw angesehen werden, deren Fahrzeuge bereits weitestgehend verbrauchstechnisch optimiert sind.

Im dritten und letzten Abschnitt des Kapitels wurde das Flottenverbrauchsmodell im Vergleich zu ähnlichen umweltpolitischen Modellansätzen analysiert. Neben den drei Zertifikateansätzen aus dem ersten Abschnitt des Kapitels werden das Instrument der Mineralölsteuererhöhung sowie die freiwillige Selbstverpflichtung der deutschen Automobilindustrie mit in die Analyse eingebunden. Alle Modelle können als mehr oder weniger ökonomisch effizient eingestuft werden. Mit Ausnahme des Modells von Kalleicher und der freiwilligen Selbstverpflichtung geht von allen Ansätzen eine ausreichende dynamische Anreizwirkung zum Induzieren technischen Fortschritts aus. Die wettbewerbs- und strukturpolitischen Effekte der Modelle haben zumeist ökologisch erwünschte Wirkungen. Einzige Ausnahme bildet hier wiederum das Modell der Fahrzeugnutzungs-Zertifikate in Ballungsräumen, bei dem es zu negativen, regionalen wettbewerbs- und strukturpolitischen Effekten kommt. Die aufgeführten Zertifikatemodelle verfügen alle über eine hohe ökologische Treffsicherheit. Das Modell von Ramb mußte dabei jedoch gesondert bewertet werden, da es sich hierbei nicht um eine reine Mengensteuerung handelt. Ähnlich wie beim Instrument der Mineralölsteuererhöhung können die Pkw-Halter beliebige Kraftstoffmengen verbrauchen. Voraussetzung ist lediglich, daß sie in der Lage sind, die hohen Kraftstoffpreise zu bezahlen. Bei der Mineralölsteuererhöhung wird folglich der Preis fixiert, und die Menge bildet sich frei. Die ökologische Treffsicherheit der freiwilligen Selbstverpflichtung ist aufgrund der Unverbindlichkeit der Vereinbarung äußerst fragwürdig. Mit Ausnahme der freiwilligen Selbstverpflichtung, die bereits in der Praxis angewendet wird, sind alle Modelle bisher nur theoretische Konstruktionen. Ihre praktische Umsetzbarkeit darf aus politischer und/oder gesellschaftlicher Sicht bezweifelt werden, da sich immer eine Gruppe von dem jeweiligen Modell benachteiligt fühlen wird. Abschließend kann festgehalten werden, daß das Flottenverbrauchsmodell gegenüber anderen Modellansätzen mit ähnlichen ökologischen Zielsetzungen bestehen kann und diesen in nichts nachsteht.

7. Denkbare Strategien der Automobilhersteller nach der Einführung des Flottenverbrauchsmodells

Nach der Einführung des oben vorgestellten Flottenverbrauchsmodells werden die Automobilhersteller in irgendeiner Weise reagieren müssen, um sich an die neuen Rahmenbedingungen anzupassen. Aufgrund der kostenlosen Erstvergabe und der geplanten jährlichen Abwertung der Zertifikate ist spätestens nach einem Jahr mit der ersten Anpassungsmaßnahme der Automobilproduzenten zu rechnen. Die Heterogenität der in- und ausländischen Automobilhersteller läßt vermuten, daß auch die durchgeführten Anpassungsmaßnahmen von Unternehmen zu Unternehmen variieren werden. Die einzelnen Produzenten werden die jeweils für sie beste Strategie wählen, um durch die Regelungen des Flottenverbrauchsmodells keine Nachteile zu erfahren. Bei der Wahl der geeigneten Strategie müssen kurz- und langfristige Aspekte berücksichtigt werden. Die nachfolgenden Abschnitte sollen zunächst jeweils eine der denkbaren Strategien detailliert analysieren und sie dann, soweit dies möglich ist, in einem zweiten Schritt einer bestimmten Gruppe von Herstellern zuordnen.

7.1. Entwicklung technischer Lösungen zur Reduzierung des Kraftstoffverbrauchs beim Pkw mit konventionellem Verbrennungsmotor

Wie bereits in Kapitel 6.3.2. verdeutlicht wurde, ist das konstruierte Flottenverbrauchsmodell in der Lage, technischen Fortschritt zur Reduzierung des durchschnittlichen Kraftstoffverbrauchs von Automobilen zu induzieren. Die vom Modell ausgehende Anreizwirkung reizt die Automobilhersteller zur Entwicklung neuer Technologien an, um auf diese Weise zu verhindern, daß nach der Abwertung der bereits zugewiesenen Zertifikate neue hinzuerworben werden müssen. Die Automobilproduzenten werden jedoch nur so lange Techniken zur Verbrauchsreduzierung entwickeln, wie die Kosten dafür niedriger sind als für den Kauf der entsprechenden Menge an Zertifikaten. Es ist genau diese Anreizwirkung, die vom Modell beabsichtigt ist und die den durchschnittlichen Flottenverbrauch auf Dauer senken soll. Aus diesem Grund wird es auch die erste Strategie der Automobilhersteller sein, kostengünstige technische Lösungen zur Senkung des Verbrauchs zu entwickeln.

Bei einer Auflistung der technischen Maßnahmen, die den durchschnittlichen Treibstoffverbrauch von Automobilen senken können, entsteht schnell eine umfangreiche Liste von Möglichkeiten, die an dieser Stelle allerdings nur fragmentarisch behandelt werden soll. Zudem ist zu berücksichtigen, daß es im vorliegenden Kapitel nicht um technische Details geht, sondern vielmehr um das Aufzeigen von technischen Möglichkeiten als strategische Option für die Automobilhersteller. Der eher technisch interessierte Leser wird daher auf die in den Fußnoten aufgeführte Literatur verwiesen. Vor der Auflistung konkreter technischer Maßnahmen zur Reduzierung des Treibstoffverbrauchs kann festgehalten werden, daß der Kraftstoffverbrauch aus fahrzeugtechnischer Sicht grundsätzlich von drei Faktoren abhängig ist: dem Wirkungsgrad des Antriebs (einschl. der Qualität des Kraftstoffs), vom Luftwiderstand (c_w-Wert) und vom Rollwiderstand des Fahrzeugs.[411] Im folgenden werden drei der wesentlichen technischen Maßnahmen aufgeführt, die u.a. vom Umweltbundesamt (1996) im Zusammenhang mit Benzineinsparungen exemplarisch genannt wurden:

1. Reduzierung des Fahrzeuggewichts

Das Gewicht eines Automobils läßt sich durch die Verwendung von leichteren Materialien bei der Karosserie, dem Motorblock, dem Fahrwerk, der Innenausstattung und allen übrigen Fahrzeugkomponenten reduzieren. Im Karosseriebau ist in diesem Zusammenhang beispielsweise an die Verwendung höherfester Stähle, Aluminium oder Kunststoffe zu denken, die zum Teil auch für den Bau der übrigen Fahrzeugteile eingesetzt werden können.[412]

2. Verringerung des Luftwiderstands (c_W-Wert)

Der sogenannte „c_W-Wert" gibt die Windschlüpfrigkeit eines Automobils an. Je niedriger dieser Wert ist, desto besser sind die aerodynamischen Eigenschaften des Automobils, d.h. desto geringer ist der Widerstand, den die Karosserie dem Fahrtwind entgegensetzt und desto geringer ist auch der durch Luftwiderstand bedingte Kraftstoffverbrauch. Der durchschnittliche c_W-Wert der heutigen Serienfahrzeuge liegt bei ca. 0,3.[413] Bei höheren Geschwindig-

[411] Vgl. KATALYSE e.V. – Institut für angewandte Umweltforschung (Hrsg.) 1993, S. 403f.

[412] Vgl. u.a. Drewes et al. 1993, Berner et al. 1993, Schönleber 1993, Rösch 1993, Buchwalder/Rickel 1993 und Fuchs/Zeumer 1993, um nur einige zu nennen. Alle Autoren haben in einem gemeinsamen Sammelband unterschiedliche Aspekte der Gewichtsreduzierung durch die Verwendung neuer bzw. verbesserter Werkstoffe untersucht.

[413] Beim c_W-Wert handelt es sich um eine dimensionslose Größe.

keiten wird der größte Teil der Motorleistung und damit auch des Kraftstoffverbrauchs für die Überwindung des Luftwiderstands benötigt. Daher ist die Automobilindustrie bestrebt, möglichst Karosserien mit einem niedrigen c_w-Wert zu konstruieren. Im Stadtverkehr hat der c_w-Wert allerdings durch die ständigen Beschleunigungs- und Abbremsphasen nur sehr geringen Einfluß auf den Kraftstoffverbrauch und kann daher auch bei der Entwicklung von reinen Stadtautomobilen weitestgehend vernachlässigt werden.[414] Dennoch kann festgehalten werden, daß auch in bezug auf den Luftwiderstand noch Potentiale zur Kraftstoffeinsparung genutzt werden können, die jedoch immer vor dem Hintergrund der praktischen Nutzung des Automobils bewertet werden müssen.

3. Reibungswiderstand der Reifen

Neben dem Luftwiderstand der Fahrzeuge ist der Rollwiderstand der Reifen ein entscheidender Einflußfaktor auf den Kraftstoffverbrauch. Dieser Fahrwiderstand hängt vom Ausmaß der sog. „Hystereseverluste“ der im Reifen verwendeten Materialien ab, sowie von den Betriebsbedingungen Radlast (Fahrzeuggewicht), Fülldruck und Geschwindigkeit.[415] Das steigende Preis- und Umweltbewußtsein der Verbraucher hat auch bei den Reifenherstellern dafür gesorgt, daß neue Materialien mit besseren Umwelteigenschaften entwickelt werden. Dabei muß jedoch der bestehende Zielkonflikt zwischen der Rollwiderstandsverbesserung und einer gleichbleibend hohen Naßrutschfestigkeit sowie einer langen Lebensdauer gelöst werden. Es gilt zu verhindern, daß die neu entwickelten umweltfreundlicheren Reifen die Fahrsicherheit einschränken und so die Kraftstoffeinsparungen konterkarieren.[416] Ebenso wie die Erforschung neuer Werkstoffe für den Karosserieleichtbau kann die Reifentechnologie in Zukunft zur Verbrauchsreduzierung beitragen. Zwar werden die Reifen nicht von der Automobilindustrie gefertigt, wohl aber kann sie darauf hinwirken, daß die Reifenproduzenten ihre Forschungs- und Entwicklungsressourcen in diesen Bereich lenken.

Neben diesen drei grundsätzlichen Möglichkeiten, den Kraftstoffverbrauch zu reduzieren, führt Thielemann (1987) noch eine Reihe weiterer technischer Maßnahmen auf, die an dieser Stelle nur kurz genannt werden sollen.

---

[414] Vgl. Umweltbundesamt (Hrsg.) 1996, S. 58 sowie KATALYSE e.V. – Institut für angewandte Umweltforschung (Hrsg.) 1993, S. 158.

[415] Vgl. Schulze 1993, S. 177.

[416] Vgl. Lamour/Derenbach 1993, S. 189.

- Vermehrter Einsatz von Dieselmotoren als Ersatz für den Benzinmotor,
- Verminderung der Motorleistung,
- Verringerung des Hubraums,
- verstärkter Einsatz der Turbo-Aufladung,
- elektrische Steuerung der Aggregate (soweit nicht bereits schon eingeführt),
- Optimierung der Betriebslinie (z.B. 5-Gang- bzw. 4-Gang-Economy-Getriebe),
- Laststeuerung (z.B. Abschalten einzelner Zylinder im Teillastbetrieb),
- Verringerung der mechanischen Verluste (z.B. reibungsärmere Kugellager),
- Einbau von Stop-Start-Anlagen (z.B. Abschaltung des Motors an Ampeln),
- Einbau von Bordcomputern zur Steuerung des Fahrverhaltens.[417]

Abschließend muß noch darauf hingewiesen werden, daß viele der technischen Maßnahmen erst nach einer gewissen Vorlaufzeit in die Serienproduktion integriert werden können. In den ersten Jahren nach der Einführung des Flottenverbrauchsmodells können die Automobilhersteller noch viele der bisher nicht ausgenutzten technischen Optionen zur Reduzierung des Verbrauchs in die Praxis umsetzen. Die regelmäßige Abwertung der Zertifikate gestaltet es jedoch immer schwieriger und teuerer, neue technische Möglichkeiten zu entwickeln. Aus diesem Grund ist die Abwertung auch so angelegt, daß von Jahr zu Jahr die Reduzierungsbeträge kleiner werden.

7.2. Serienreife Entwicklung alternativer Antriebskonzepte für Pkw

Neben der Reduzierung des durchschnittlichen Kraftstoffverbrauchs bei Automobilen, die von einem konventionellen Verbrennungsmotor angetrieben werden, hat die Automobilindustrie eine zweite technische Möglichkeit, um die Mengenziele bei der jährlichen Zertifikateabwertung zu erfüllen. Es handelt sich dabei um die Entwicklung alternativer Antriebskonzepte, wie sie bereits in Kapitel 3.4. kurz vorgestellt wurden. Verlagert ein Automobilhersteller seine Forschungs- und Entwicklungsaktivitäten von der Verbesserung des Verbrennungsmotors zu alternativen Antriebsformen, die ohne Benzin

---

[417] Vgl. Thielemann 1987, S. 138ff.

bzw. Dieselkraftstoff auskommen, so kann er nach einer serienreifen Entwicklung derartiger Antriebsaggregate, in bezug auf die Regelungen des Flottenverbrauchsmodells, einen entscheidenden positiven Effekt realisieren, der jedoch bereits bei der Konstruktion des Flottenverbrauchsmodells berücksichtigt werden muß. Konkret geht es um die Einbeziehung von Automobilen mit alternativen Antriebsformen in den durchschnittlichen Flottenverbrauch eines Automobilherstellers. Die Fragen, die diesbezüglich geklärt werden müssen, lauten:

- Welche alternativen Antriebsformen können bei der Berechnung des durchschnittlichen Flottenverbrauchs mit einbezogen werden?
- Müssen die einzelnen alternativen Antriebsformen mit einem spezifischen Gewichtungsfaktor versehen werden?
- Welche Kriterien sind bei der Bestimmung eines derartigen Gewichtungsfaktors ausschlaggebend?

Unter alternativen Antriebsformen für Automobile sind zunächst alle Motorkonzepte zu verstehen, die nicht mit Benzin bzw. Dieselkraftstoff betrieben werden. Derartige Antriebskonzepte unterscheiden sich jedoch erheblich in der Art der eingesetzten Antriebsstoffe, so daß eine weitere Klassifizierung der alternativen Konzepte erforderlich ist. Für das vorliegende Flottenverbrauchsmodell, das den durchschnittlichen Kraftstoffverbrauch und somit die CO_2-Emissionen zertifiziert, ist es in erster Linie von Bedeutung, ob die alternativen Antriebe im Betrieb Kohlendioxid emittieren bzw. in der Herstellung des Antriebsstoffes Kohlendioxid freigesetzt wird. Aus Gründen der Einfachheit sollen nur die alternativen Antriebskonzepte mit einem Gewichtungsfaktor versehen werden, die während des Betriebs CO_2 emittieren. Diese Maßnahme erscheint deshalb sinnvoll, da es auf diese Weise zu keiner Benachteiligung der Automobile mit konventionellem Verbrennungsmotor kommt und nur solche alternativen Antriebskonzepte zur Serienreife entwickelt werden, die gegenüber dem konventionellen Benzin- bzw. Dieselmotor, zumindest während des Betriebs, eine bessere CO_2-Bilanz aufweisen. In diese Kategorie fallen in erster Linie Antriebsaggregate, die mit fossilen Energieträgern betrieben werden. Neben den Erdölprodukten Benzin und Dieselkraftstoff können auch verschiedene Erdgase in einem Explosionsmotor verbrannt werden. Der herkömmliche Motor muß zu diesem Zweck nur unwesentlich verändert werden und kann dann mit in verschiedenen Aggregatzuständen gespeichertem Erdgas angetrieben werden. Die Bestimmung eines Gewichtungsfaktors, der sich auf die emittierten CO_2-Einheiten bezieht, erfolgt proportional zum emittierten Kohlendioxid bei Benzin bzw. Dieselkraftstoff. Als Basis könnte das ausgestoßene CO_2 pro zurückgelegtem Kilometer dienen, das analog zum durchschnittlichen Kraftstoffverbrauch einen CO_2-Faktor bzw. Durchschnittsverbrauch für Erdgas ergibt. Die Bestimmung einer genauen Berechnungsmethode für einen Gewichtungsfaktor soll an dieser Stelle jedoch nicht weiter verfolgt werden. Es gilt vielmehr zu zeigen, daß nicht alle alternativen Antriebskonzepte deutliche Vorteile gegenüber dem konventionellen Verbrennungsmotor haben und daher entsprechend ihren spezifischen CO_2-Emissionen bewertet werden müssen.

Für Antriebskonzepte, die während des Betriebs kein CO_2 emittieren bzw. kein zusätzliches CO_2 ausstoßen[418], soll für die Gesamtlaufzeit von 10 Jahren zunächst kein Gewichtungsfaktor ermittelt werden.[419] Die beiden wesentlichen Gründe für diese Regelung sind im Zusammenhang mit der auf lange Sicht notwendigen Entwicklung nachhaltiger Konzepte im Individualverkehr zu sehen. Die Bestimmung eines Gewichtungsfaktors, der sich z.B. bei Elektrofahrzeugen auf die CO_2-Emissionen bei der Produktion des benötigten elektrischen Stroms beziehen müßte, könnte verhindern, daß die Automobilhersteller ihre Forschung- und Entwicklungsaktivitäten auf diesem Gebiet ausweiten, da je nach Kraftwerkstyp, in dem die Energie erzeugt wird, unter Umständen eine im Vergleich zum konventionellen Verbrennungsmotor ungünstigere CO_2-Bilanz entstehen könnte. Derartige Antriebsformen böten damit der Automobilindustrie keine technische Alternative, um die Mengenziele des Flottenverbrauchsmodells zu erfüllen. Nichtsdestotrotz ist die Erforschung von Antriebsquellen, die ohne fossile Brennstoffe auskommen, für die individuelle Mobilität im nächsten Jahrhundert unbedingt notwendig. Das Problem der Energiebereitstellung für Elektromotoren ist dabei auf einer anderen Ebene, nämlich bei den Kraftwerken, zu lösen.

Der zweite Grund, weshalb in der Gesamtlaufzeit von 10 Jahren kein Gewichtungsfaktor eingeführt werden soll, hängt mit der quantitativen Bedeutung der alternativen Antriebskonzepte zusammen. Aufgrund der technischen Pro-

---

[418] Gemeint ist hierbei in erster Linie Rapsölmethylester, auch Biodiesel genannt, bei dem während der Wachstumsphase der Rapspflanzen ebensoviel Kohlendioxid gebunden wird, wie bei der Verbrennung des Biodiesels emittiert wird.

[419] Zu dieser Kategorie zählen z.B. Fahrzeuge mit Elektroantrieb und Automobile mit Wasserstoffmotoren.

bleme, z.B. der Energiespeicherung bei Elektromotoren oder der Speicherung einer ausreichenden Menge Wasserstoff, ist in den nächsten 10 Jahren nicht damit zu rechnen, daß alternative Antriebssysteme zu einem bedeutenden Marktfaktor werden und die Automobile mit konventionellem Verbrennungsmotor verdrängen. Das CO_2-Problem ist aufgrund der Nischenfunktion derartiger Fahrzeuge aus quantitativer Sicht unerheblich. Nach dem Jahr 2010, wenn über eine mögliche Verlängerung des Flottenverbrauchsmodells diskutiert werden muß, ist die Problematik gerechter Gewichtungsfaktoren neu zu bewerten.

Für die Berechnung des Flottenverbrauchs eines Automobilherstellers, der verstärkt auf alternative Antriebstechniken ohne direkte CO_2-Emissionen während des Betriebs bzw. auf Techniken mit ausgeglichener CO_2-Bilanz setzt, bedeutet dies eine Senkung des Durchschnittsverbrauchs seiner Pkw-Flotte, die um so stärker ausfällt, je größer der prozentuale Anteil der alternativen Fahrzeuge an seiner Gesamtproduktion wird.

Dieser Vorgang läßt sich dadurch erklären, daß die alternativen Automobile in der Formel zur Berechnung des durchschnittlichen Flottenverbrauchs eines Automobilherstellers nur in den Nenner einfließen, da der Verbrauch dieser Fahrzeuge mit Null angesetzt wird. Die in Kapitel 6.2.2. entwickelte Formel ändert sich wie folgt:

$$\frac{\sum_{i=1}^{n}\left(x_{A_i}\gamma_{A_i}\right)+\sum_{i=1}^{m}\left(x_{B_i}\gamma_{B_i}\right)+\ldots\ldots+\sum_{i=1}^{k}\left(x_{Z_i}\gamma_{Z_i}\right)}{\lambda+\Omega} = (\delta) \text{ durchschnittl. Flottenverbrauch}$$

Ω = Anzahl der verkauften Automobile, die über ein alternatives Antriebs konzept verfügen, das keine CO_2-Emissionen während des Betriebs er zeugt bzw. eine ausgeglichene CO_2-Bilanz hat

Dagegen würde ein Gewichtungsfaktor für alternative Antriebskonzepte, die während des Betriebs zusätzliches CO_2 emittieren, auch in den Zähler der Formel eingehen. Dieser Aspekt alternativer Antriebstechniken soll hier jedoch nicht weiter verfolgt werden.

Die Forschungs- und Entwicklungsbemühungen der deutschen Automobilindustrie im Bereich alternativer Antriebssysteme sind bisher eher langfristig ausgerichtet. Der Verband der Automobilindustrie e.V. (VDA) geht in seinem Jahresbericht 1997 davon aus, daß mit hoher Wahrscheinlichkeit der herkömmliche Benzin- bzw. Dieselmotor auch in den nächsten 30 bis 40 Jahren die dominierende Antriebsquelle im motorisierten Individualverkehr bleiben wird.[420] Ungeachtet dessen erprobt die Automobilindustrie bereits seit Jahren alternative Antriebssysteme, die jedoch von einer Serienreife zum Teil noch weit entfernt sind. Im folgenden sollen die alternativen Antriebssysteme kurz genannt und ihre Zukunftsaussichten, so wie sie die deutsche Automobilindustrie einschätzt, bewertet werden:

- *Biodiesel*
  Aufgrund der begrenzten Anbaufläche erwartet die Automobilindustrie, daß der Anteil des Biodiesel (Rapsölmethylester) an der Gesamtproduktion von Dieselkraftstoff 5% nicht überschreiten wird.[421]

- *Wasserstoff*
  Da Wasserstoff als Primärenergieträger nicht zur Verfügung steht und der Aufwand für die Herstellung, den Transport und die Speicherung sehr hoch ist, werden Wasserstoffmotoren in naher Zukunft nicht zu einem massenhaften Einsatz kommen, der den konventionellen Verbrennungsmotor verdrängen könnte. Die Automobilindustrie favorisiert auf lange Sicht die direkte Umwandlung der im Wasserstoff gebundenen chemischen Energie in elektrische Antriebsenergie durch Brennstoffzellen.[422]

- *Brennstoffzellen*
  Die besten Zukunftschancen räumt die deutsche Automobilindustrie der Brennstoffzellen-Technologie ein. Beim indirekten Reagieren von Wasserstoff und Sauerstoff zu Wasser wandelt sich chemische in elektrische Energie um. Dieses Prinzip der elektrischen Stromerzeugung wurde bereits im ausgehenden 18. Jahrhundert entwickelt und erst in den sechziger Jahren dieses Jahrhunderts für die Raumfahrt und die Unterseeboote neu entdeckt.[423]

---

[420] Vgl. Verband der Automobilindustrie e.V. – VDA 1997, S. 165.
[421] Vgl. ebda, S. 165.
[422] Vgl. ebda, S. 165.
[423] Vgl. Gajewski 1995, S. 88f.

Die Brennstoffzelle als kleines Bordkraftwerk in Automobilen hat einige Vorteile aufzuweisen:

- Die Fahrzeuge emittieren keine Schadstoffe im Betrieb,
- über die gesamte Energiewandlungskette treten nur minimale Emissionen auf,
- hoher Wirkungsgrad der Primärenergie,
- lange Betriebsdauer,
- Kompatibilität mit Energiequellen wie Erdgas und nachwachsenden Rohstoffen,
- Reichweite und Wiederbefüllung sind mit den heutigen Verbrennungsmotoren vergleichbar.[424]

Beim Einsatz von solarem Wasserstoff entstehen zudem keine schädlichen Abgase. Die mittels der Brennstoffzelle entstehende elektrische Energie fließt in einen Elektromotor, der ohne die zusätzliche Gewichtsbelastung durch Batterien ein Kraftfahrzeug antreibt. Die bisherigen Erfahrungen mit dieser Technik sind nach Angaben des VDA positiv zu bewerten, obwohl noch nicht sämtliche Probleme für den Einsatz in Serienfahrzeugen gelöst sind.[425]

- *Elektroantrieb*

  Der durch Batterien gespeiste Elektroantrieb ist bereits heute in Serie verfügbar. Die relativ geringe Reichweite dieser Fahrzeuge hat bisher jedoch verhindert, daß dieses Antriebskonzept von einer breiten Masse nachgefragt wurde. Zudem hängt die Umweltbilanz von der Art der Stromerzeugung ab und hat mit Ausnahme der regenerativen Energieproduktion zumeist deutliche Nachteile gegenüber dem konventionellen Verbrennungsmotor. Die Automobilindustrie steht daher auch der Verbreitung dieses Antriebssystems im motorisierten Individualverkehr skeptisch gegenüber. Gute Einsatzmöglichkeiten werden lediglich im Personennahverkehr gesehen.[426]

---

[424] Vgl. Benz/Reindl/Tillmetz 1995, S. 97.
[425] Vgl. Verband der Automobilindustrie e.V. – VDA 1997, S. 165f.
[426] Vgl. ebda, S. 166.

- *Gas*
  Der mit Gas angetriebene Verbrennungsmotor wurde bereits im 19. Jahrhundert experimentell untersucht. Der Einsatz im modernen Verbrennungsmotor ist ohne Probleme möglich und hat sogar gegenüber dem Benzin und Dieselkraftstoff einige Vorteile aufzuweisen. Im Abgasbereich sind lediglich die relativ hohen NO_x-Emissionen ein Problem. Abgesehen davon muß auch ein mit Erdgas betriebenes Fahrzeug mit einem Katalysator ausgestattet sein. Die Automobilindustrie sieht in diesem Antriebssystem eine adäquate Alternative zum bisherigen Verbrennungsmotor[427] und rechnet mit einer weiteren Verbreitung, sobald ein ausreichend dichtes Tankstellennetz vorhanden ist und die Preise sich in denselben Kategorien bewegen wie die von Benzin bzw. Dieselkraftstoff.[428] Ungeachtet dieser Perspektive emittiert auch ein mit Erdgas betriebener Verbrennungsmotor Kohlendioxid und muß bei einer Einbeziehung in das Flottenverbrauchsmodell mit einem Gewichtungsfaktor versehen werden.

Sowohl die Erforschung technischer Maßnahmen zur Reduzierung des Kraftstoffverbrauchs beim konventionellen Verbrennungsmotor als auch die Entwicklung alternativer Antriebssysteme sind für die Automobilindustrie ein gangbarer Weg, um die Mengenziele des Flottenverbrauchsmodells zu erfüllen. Von den einzelnen Automobilherstellern kann erwartet werden, daß sie beide technischen Möglichkeiten nutzen werden, um nicht gegenüber konkurrierenden Unternehmen ins Hintertreffen zu geraten.

7.3. Ankauf von Zertifikaten

Das Flottenverbrauchsmodell ist so angelegt, daß die Automobilhersteller im Zuge der Zertifikateabwertung den durchschnittlichen Kraftstoffverbrauch ihrer Pkw-Flotte senken oder aber Zertifikate erwerben können. Wie bereits in Kapitel 2.3.2. ausführlich beschrieben, hängt die Wahl der Strategie von den individuellen Grenzvermeidungskosten der einzelnen Automobilproduzenten ab. Der Ankauf von Zertifikaten kommt für einen Automobilhersteller nur

[427] Im öffentlichen Personennahverkehr in einigen bundesdeutschen Städten, so z.B. in Hannover, werden bereits überwiegend mit Erdgas betriebene Busse eingesetzt. Zu erkennen sind diese Busse an dem auf dem Dach eingebauten Erdgastank.

[428] Vgl. Verband der Automobilindustrie e.V. – VDA 1997, S. 166f.

dann in Frage, wenn die Kosten dafür niedriger sind als für die Senkung des Flottenverbrauchs um die entsprechende Menge.

Grundvoraussetzung für den Ankauf von Zertifikaten ist allerdings das Angebot von nicht mehr benötigten Lizenzen auf dem Markt. Denkbar ist eine Situation, bei der alle am Modell beteiligten Gruppen Schwierigkeiten haben, die entsprechenden Reduzierungsvorgaben zu erfüllen. In diesem Fall wäre ein Angebot an Zertifikaten auf dem Markt praktisch nicht vorhanden und der Preis für ein freies Zertifikat sehr hoch. Eine solche Situation ist jedoch nicht beabsichtigt und muß verhindert werden. Eine Abschwächung der Reduzierungsziele böte einen Ausweg aus dem Dilemma.

Sehr viel wahrscheinlicher ist dagegen eine Konstellation, bei der einige Automobilhersteller die Sollvorgaben übererfüllen und andere die Ziele nicht ganz erreichen. Auf diese Weise wird der Handel mit Zertifikaten möglich und die Lizenzen können von den Produzenten erworben werden, die sie am höchsten bewerten. Für einen Automobilhersteller, der sich darauf verläßt, daß stets genügend freie Zertifikate auf dem Markt vorhanden sind, hat die Strategie des Zertifikateankaufens folgende Konsequenzen:

- Es besteht stets eine Ungewißheit, ob zum entsprechenden Zeitpunkt genügend Zertifikate zum Kauf angeboten werden. Dadurch wird die Planungssicherheit der Unternehmen in einer Weise beeinträchtigt, daß Wettbewerbsnachteile gegenüber den Konkurrenten entstehen können und strategische Unternehmensentscheidungen mit einem unnötig hohen Risikograd behaftet werden.

- Direkte Konkurrenten, die eigentlich nicht auf den Kauf von Zertifikaten angewiesen sind, könnten sich die Situation zunutze machen und über den Zertifikatemarkt einen Verdrängungswettbewerb initiieren. Das Horten von Zertifikaten und die Verdrängung von unliebsamen Konkurrenten über den Zertifikatemarkt wird von den meisten Experten jedoch für sehr unwahrscheinlich gehalten. Bonus (1994) führt dazu aus, daß es sich bei Zertifikaten um einen Produktionsfaktor handelt und ein Verdrängungswettbewerb über einen Faktormarkt sehr viel ineffizienter und kostenintensiver ist als über den Absatzmarkt.[429]

[429] Vgl. Bonus 1990, S. 354.

- Ebenso wie bei der Erforschung technischer Möglichkeiten, um den durchschnittlichen Kraftstoffverbrauch zu senken, besteht auch bei der Strategie, die jeweils benötigten Zertifikate hinzuzuerwerben die Notwendigkeit, die entstehenden Kosten über höhere Preise auf die Automobilkäufer abzuwälzen. Die dabei auftretenden Probleme werden im nächsten Abschnitt ausführlich diskutiert.

7.4. Anhebung der Verkaufspreise für Automobile

Um die oben aufgeführten technischen Optionen realisieren zu können, müssen die Automobilproduzenten ihre Forschungs- und Entwicklungsaktivitäten intensivieren. Dies ist jedoch nur möglich, wenn die Automobilhersteller ihren FuE-Etat mit zusätzlichen finanziellen Mitteln aufstocken. Durch die Einführung des Flottenverbrauchsmodells entstehen den Automobilherstellern somit, trotz der modifizierten Grandfathering-Vergabe, über den Forschungs- und Entwicklungssektor zusätzliche Kosten, die zwar kurzfristig weniger stark ins Gewicht fallen, jedoch mittel- und langfristig gedeckt werden müssen. Daneben steigen auch vermutlich die Produktionskosten, da unter Umständen neue Fertigungsverfahren eingeführt werden müssen. Ebenso ist die Strategie des Ankaufs von Zertifikaten mit Kosten verbunden.

Neben der bestehenden Möglichkeit unternehmens- bzw. konzerninterner Umschichtung der Finanzen wird die erste Strategie der Automobilhersteller darauf hinauslaufen, die zusätzlichen Kosten auf den Endverbraucher abzuwälzen. Die damit verbundenen Anhebungen der Verkaufspreise für Personenkraftwagen sollen im folgenden analysiert werden.

Zur Einschätzung der praktischen Durchführbarkeit dieser Strategie ist es sinnvoll, zunächst einen Blick auf die Entwicklung der durchschnittlichen Pkw-Preise zu werfen. Der betrachtete Zeitraum umfaßt 20 Jahre und erstreckt sich von 1978 bis 1997. Die nachfolgende Abbildung 34 veranschaulicht die durchschnittliche Preisentwicklung von Neu- und Gebrauchtwagen, wobei jedoch zu beachten ist, daß sich die Zahlen bis einschließlich 1990 auf die alten Bundesländer beziehen und erst ab 1991 auf die gesamte Bundesrepublik.

Der durchschnittliche Preis für einen Neuwagen ist von 1978 bis 1997 um 141% gestiegen. Der Preisanstieg bei den durchschnittlichen Gebrauchtwagen ist sogar mit 167% noch etwas stärker ausgefallen. Der Durchschnittspreis für einen Neuwagen lag 1978 etwa genauso hoch wie der Preis für einen durchschnittlichen Gebrauchtwagen im Jahr 1997. Durch die Öffnung der Märkte im Osten ist der Preis für Gebrauchtwagen zwischen 1989 und 1992 überdurchschnittlich stark angestiegen. Nach der Marktsättigung in den neuen Bundesländern fiel der Preisanstieg wieder moderater aus.[430]

Abb. 34: Entwicklung der durchschnittlichen Preise für Neu- und Gebrauchtwagen in Deutschland von 1978 bis 1997

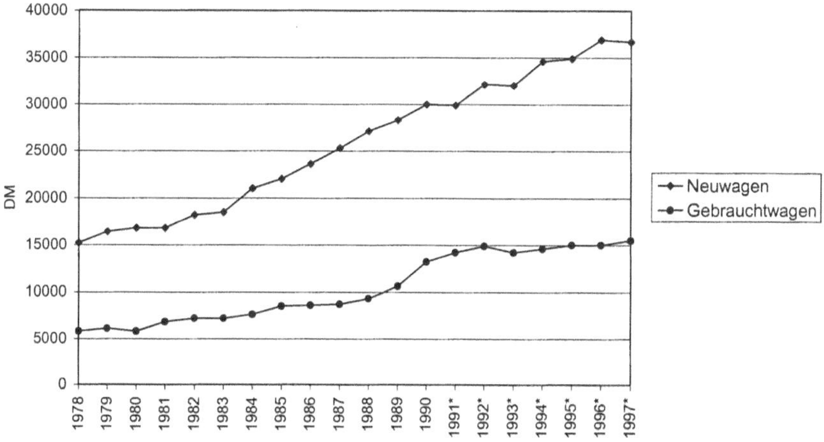

*) Alte und Neue Bundesländer zusammen

Quelle: Eigene Darstellung, nach Angaben aus: Deutsche Automobil Treuhand GmbH (Hrsg.) 1998, S. 45.

Der Anstieg der absoluten Preise für Pkw muß nun mit der Entwicklung des durchschnittlichen Haushaltseinkommens der Fahrzeughalter verglichen werden. Erst damit ist eine Aussage über den tatsächlichen Preisanstieg von Fahrzeugen möglich. Abbildung 35 zeigt die Entwicklung des durchschnittlichen monatlichen Netto-Haushaltseinkommens der Fahrzeughalter, wobei bis einschließlich 1994 die Daten nur für die alten Bundesländer gelten.

[430] Vgl. Deutsche Automobil Treuhand GmbH (Hrsg.) 1998, S. 45f.

Abb. 35: Entwicklung des durchschnittlichen Netto-Haushaltseinkommens von Fahrzeughaltern in der Bundesrepublik Deutschland von 1978 bis 1997

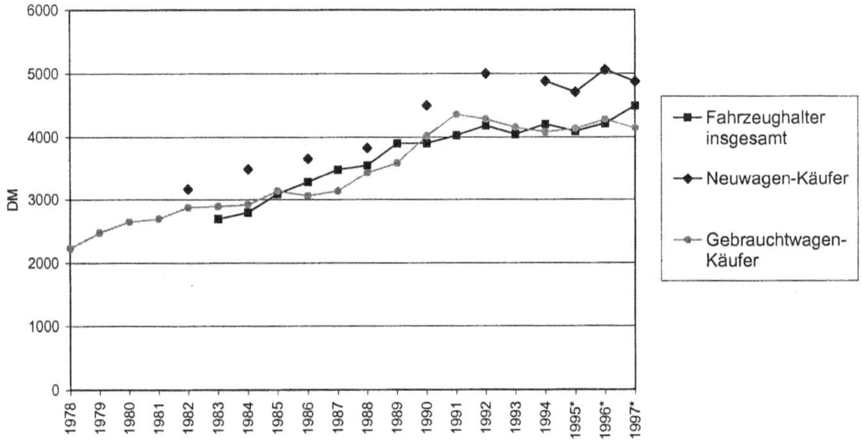

*) Alte und Neue Bundesländer zusammen

Quelle: Eigene Darstellung, nach Angaben aus: Deutsche Automobil Treuhand GmbH (Hrsg.) 1998, S. 48.

Es muß noch bemerkt werden, daß nicht alle Daten bereits seit 1978 erhoben wurden. Bei den Käufern von Neuwagen erfolgte die Erhebung auch zunächst nur alle zwei Jahre. Deutlich zeichnet sich ab, daß die Neuwagen-Käufer über das größte monatliche Haushaltseinkommen verfügen.[431]

Da über den gesamten Zeitraum von 20 Jahren nur Einkommensdaten der Gebrauchtwagen-Käufer zur Verfügung stehen, sollen diese mit dem Preisanstieg bei Gebrauchtwagen verglichen werden. Von 1978 bis 1997 ist das durchschnittliche monatliche Netto-Haushaltseinkommen von Gebrauchtwagen-Käufern um rund 85% gestiegen. Dagegen ist im gleichen Zeitraum der Preis für Gebrauchtwagen um 167% gestiegen. Ein vergleichbares Bild ergibt sich, wenn man den Bereich der Neuwagen betrachtet. Hier besteht jedoch das Problem, daß die Daten erstmals 1982 erhoben wurden und somit nicht der gesamte Zeitraum von 20 Jahren betrachtet werden kann. Vergleich man jedoch die Preisentwicklung bei den durchschnittlichen Neuwagen von 1982 bis 1997

[431] Vgl. Deutsche Automobil Treuhand GmbH (Hrsg.) 1998, S. 47f.

mit dem dazugehörigen Netto-Haushaltseinkommen der Neuwagen-Käufer im gleichem Zeitraum, so kann man feststellen, daß sich der Kaufpreis vom durchschnittlichen Neuwagen um 102% erhöht hat, wohingegen das durchschnittliche Netto-Haushaltseinkommen der Neuwagen-Käufer nur um lediglich 54% angestiegen ist. Somit kann festgehalten werden, daß der durchschnittliche Preis für Neu- und Gebrauchtwagen stärker angestiegen ist als das durchschnittliche monatliche Netto-Haushaltseinkommen der jeweiligen Käufergruppen.

Der starke Anstieg beim Kaufpreis für einen durchschnittlichen Neu- bzw. Gebrauchtwagen kann darauf zurückgeführt werden, daß die Fahrzeughalter mit der Zeit verstärkt größere bzw. komfortablere Personenkraftwagen nachgefragt haben. Der durchschnittliche Neuwagen, der noch 1978 gekauft wurde, ist mit einem 1997 gekauften durchschnittlichen Neuwagen nicht mehr zu vergleichen. So hat nicht nur der durchschnittliche Hubraum der Fahrzeuge kontinuierlich zugenommen, sondern auch die Zahl der Sonderausstattungen. Selbst im kurzem Zeitraum von 1996 bis 1997 ist die Zahl der Sonderausstattungen von 11,82 auf 11,95 im Durchschnitt gestiegen. In erster Linie handelt es sich hierbei um Sicherheitsausrüstungen wie z.B. Airbags. Aber auch Komfortausstattungselemente, wie z.B. energieintensive Klimaanlagen, werden verstärkt nachgefragt.[432]

Die Vergleichbarkeit von Gütern über einen Zeitraum von Dekaden ist ein Problem, vor dem auch das Statistische Bundesamt bei der Ermittlung langer Zeitreihen steht. Abbildung 36 zeigt die Entwicklung des Preisindexes für die Pkw-Anschaffung im Vergleich zum durchschnittlichen Bruttolohn- bzw. Gehaltsindex von Arbeitern und Angestellten. Beim Arbeiterindex handelt es sich um den durchschnittlichen Bruttowochenverdienst der Arbeiter im produzierenden Gewerbe und beim Angestelltenindex um den durchschnittlichen Bruttomonatsverdienst der Angestellten im produzierenden Gewerbe, in Handel, Instandhaltung und Reparatur von Kraftfahrzeugen und Gebrauchsgütern sowie Kredit- und Versicherungswesen. Als Basis dient bei allen drei Indexreihen das Jahr 1991.[433]

---

[432] Vgl. Deutsche Automobil Treuhand GmbH (Hrsg.) 1998, S. 11.

[433] Da sowohl beim Arbeiterindex als auch beim Angestelltenindex der Oktober 1995 als Basisjahr angegeben war, mußte eine Umbasierung vorgenommen werden. Dies wurde mit Hilfe der folgenden Formel durchgeführt: $\frac{\text{Index des Beobachtungsjahres}}{\text{Index des gewünschten Basisjahres}} * 100$

Die Daten des Statistischen Bundesamtes ergeben ein anderes Bild als der Vergleich der durchschnittlichen Netto-Haushaltseinkommen von Fahrzeughaltern mit dem durchschnittlichen Preis für Neu- und Gebrauchtwagen. Die Bruttolohn- bzw. Gehaltsentwicklung verläuft annähernd auf dem gleichen Niveau wie die Entwicklung des Indexes für die Pkw-Anschaffung. Seit 1994 steigt der Bruttoverdienst sogar schneller als der Preisindex für die Pkw-Anschaffung. Der Preisindex für die Pkw-Anschaffung bezieht sich nicht wie beim DAT auf den durchschnittlichen Neuwagen, sondern auf ein über die Jahre stets vergleichbares Modell.

Abb. 36: Entwicklung des Preisindexes für die Pkw-Anschaffung im Vergleich zu den Bruttolohn- bzw. Gehaltsindizes von Arbeitern und Angestellten in den alten Bundesländern von 1978 bis 1997 (1991=100)

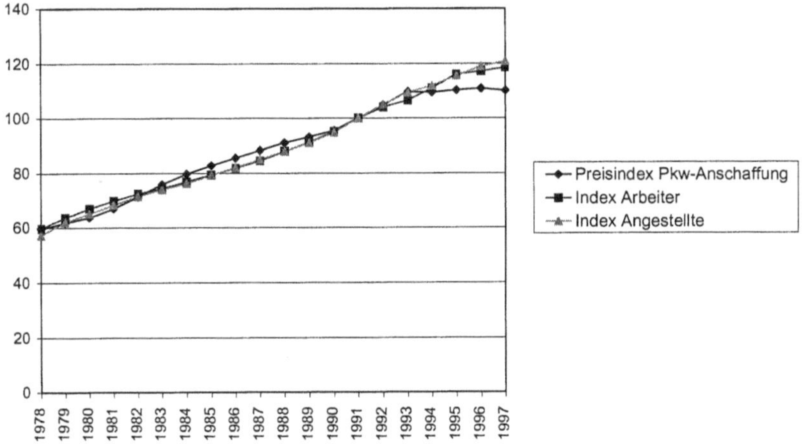

Quelle: Eigene Darstellung, nach Angaben aus: Statistisches Bundesamt (Hrsg.) 1998.

Es kann festgehalten werden, daß, je nach Art der verwendeten Daten, die Preisentwicklung für Personenkraftwagen relativiert wird. Dennoch steigt der prozentuale Anteil des Einkommens, der für die Anschaffung eines durchschnittlichen Pkw aufgewendet wird.

Die Bereitschaft der Automobilkäufer, zunehmend mehr Geld für die Anschaffung eines Neuwagens auszugeben, hat vielfältige Ursachen, die sich nicht ausschließlich aus einem individuellen ökonomischen Kalkül erklären lassen, sondern vielfach aus den gesellschaftlichen Strukturen abgeleitet werden können. In vielen Bereichen der Automobiltechnik ist es so, daß erst das Angebot einer bestimmten Technik die Nachfrage danach auslöst. Insbesondere gilt dies für den mittlerweile hohen Ausstattungsgrad an Sicherheits- und Komfortelementen.[434] Bei der Kaufentscheidung für einen bestimmten Pkw spielen viele außerökonomische Faktoren eine wichtige Rolle. Informationen der Deutschen Automobil Treuhand zufolge ist das wichtigste Kriterium beim Kauf eines Neuwagens die Zuverlässigkeit des Fahrzeugs. Erst an zweiter Stelle steht der Anschaffungspreis und somit ein ökonomisches Kriterium. Die nachfolgende Tabelle 15 listet die relevanten Kaufkriterien nach ihrer Bedeutung auf. Die Bandbreite der Bewertung läuft dabei von 1 (= sehr wichtig) bis 4 (= unwichtig).

Tab. 15: Kriterien beim Kauf eines Neuwagens nach ihrer Wichtigkeit sortiert

Kriterium	**Wichtigkeit**
Zuverlässigkeit	1,2
Anschaffungspreis	1,6
Kraftstoffverbrauch	1,6
Serienausstattung	1,6
Aussehen	1,7
Reparatur- und Wartungskosten	1,7
Dichte des Kundendienstnetzes	1,9
Wiederverkaufswert	2,0
Lieferzeit	2,0
Günstige Inzahlungnahme des Vorwagens	2,2
Prestigewert	2,5

Quelle: Deutsche Automobil Treuhand GmbH (Hrsg.) 1998, S. 14.

Bei der Interpretation dieser Angaben ist zu berücksichtigen, daß es sich um Durchschnittswerte handelt, die über alle Käuferschichten gemittelt werden.

[434] Vgl. Kapitel 3.3.

Betrachtet man jedoch die Käufer einzelner Marken, so können zum Teil erhebliche Abweichungen vom Durchschnitt beobachtet werden. Für die Käufer von größeren Limousinen, wie z.B. Mercedes oder BMW, hat der Anschaffungspreis mit einer Bewertung von 1,9 bis 2,0 eine deutlich geringere Bedeutung als bei Käufern kleinerer Marken, die diesbezüglich einen Wert von 1,4 bis 1,6 aufweisen. Einen sehr geringen Prestigewert messen die Käufer von importierten Fahrzeugen ihrem Automobil bei. Für die Käufer von deutschen Automobilmarken ist diese Eigenschaft dagegen deutlich wichtiger. Bezüglich des Anschaffungspreises kann festgehalten werden, daß mit zunehmendem Haushaltseinkommen die Bedeutung dieses Kriteriums in den Hintergrund tritt.[435]

Für die denkbare Strategie der Automobilhersteller, die zusätzlichen Kosten, die aus dem Flottenverbrauchsmodell erwachsen können, auf die Automobilkäufer über die Preise abzuwälzen, bedeuten die oben aufgeführten Informationen folgendes:

1. Die Anhebung der Verkaufspreise ist je nach bedientem Marktsegment unterschiedlich durchführbar. Für die Hersteller größerer bzw. luxuriöserer Fahrzeuge dürfte diese Strategie ohne Probleme durchführbar sein. Die Produzenten von Kleinwagen müssen dagegen, aufgrund der hohen Bewertung des Anschaffungspreises durch die Käufer, vorsichtig mit dem Instrument der Preisanhebung umgehen. In der sog. „Mittelklasse" sind moderate Preiserhöhungen aufgrund der relativ hohen Markentreue der Kunden durchaus möglich.

2. Die größten Schwierigkeiten mit Preisanhebungen dürften die ausländischen Kleinwagenhersteller, vordringlich die asiatischen Produzenten, haben. Die Käufer dieser Fahrzeuge machen ihre Kaufentscheidung vor allem von ökonomischen Faktoren und weniger von psychologischen oder gesellschaftlichen Kriterien abhängig. Bei den Käufern von deutschen Automobilen stehen dagegen eher Kriterien wie die Zuverlässigkeit im Vordergrund.

3. Die Produzenten von Sportwagen können Preiserhöhungen vermutlich am leichtesten durchsetzen. Da der Preis für einen neuen Sportwagen ohnehin

---

[435] Vgl. Deutsche Automobil Treuhand GmbH (Hrsg.) 1998, S. 14.

schon relativ hoch ist und es sich bei den Käufern zumeist um solvente Kunden handelt, schreckt eine Anhebung der Preise die Kunden nicht von einer Kaufentscheidung ab. Darüber hinaus handelt es sich bei Sportwagen häufig um sog. „Traumautos", bei denen eher psychologische Kriterien, wie beispielsweise Prestige oder Aussehen, eine Rolle spielen.

4. Die Hersteller in allen Marktsegmenten müssen jedoch gleichermaßen die Marktkonkurrenz beachten. Preiserhöhungen lassen sich zumeist nur dann durchsetzen, wenn die direkten Konkurrenten in ähnlichem Umfang die Preise anheben. Je stärker der Markt umkämpft ist, desto weniger ist die Strategie der Kostenabwälzung auf den Endverbraucher durchführbar. Solange es sich jedoch um moderate Preiserhöhungen handelt, dürften diese trotz Marktkonkurrenz in den meisten Segmenten durchsetzbar sein.

5. Die Preiselastizität der Nachfrage ist von Marktsegment zu Marktsegment unterschiedlich. Bei der gehobenen Luxusklasse und bei den Sportwagen verhält sich die Nachfrage bis zu einer bestimmten Preisobergrenze weitestgehend unelastisch.[436] Sobald die Fahrzeuge jedoch kleiner werden, reagiert die Nachfrage auf Preiserhöhungen umso elastischer. Bei Kleinwagen, die ohnehin zumeist aus ökonomischen Gründen angeschafft werden, reagiert die Nachfrage äußerst sensibel bzw. elastisch auf relativ geringe Preiserhöhungen. Doch auch bei Kleinwagen muß die Käuferschicht näher analysiert werden. Handelt es sich bei den Käufern um Haushalte mit einem relativ niedrigen Einkommen, die den Kleinwagen als einziges Automobil nutzen, so kann von einer elastischen Nachfrage ausgegangen werden. Wird der Kleinwagen jedoch als Zweitwagen von solventen Haushalten genutzt, so reagiert die Nachfrage nicht mehr ganz so elastisch. Somit hängt die Preiselastizität weitestgehend von den Einkommensverhältnissen der Käuferschicht sowie deren Kaufkriterien ab.[437] Die Automobilhersteller, die vermutlich weitestgehend Klarheit über die Struktur ihrer Kunden haben, müssen diese Kenntnisse bei der Abwälzung der durch das Flottenverbrauchsmodell entstehenden Kosten berücksichtigen.

---

[436] Psychologische Effekte, wie beispielsweise das Überschreiten einer Zehntausender- bzw. der Einhunderttausender-Grenze können auch in diesem Marktsegment zu Nachfragerückgängen führen, ohne daß der Preis über die Maßen erhöht wird.

[437] Am Rande sei noch erwähnt, daß die Geschlechter unterschiedlich stark auf Preiserhöhungen reagieren. Männliche Käufer legen viel mehr Wert auf Kriterien wie Aussehen und Prestige ihrer Fahrzeuge, wohingegen bei Frauen der Kostenaspekt deutlich im Vordergrund steht. Vgl. Deutsche Automobil Treuhand GmbH (Hrsg.) 1998, S. 14.

7.5. Umstrukturierung der Produktpalette nach der Erstvergabe

Der durchschnittliche Flottenverbrauch eines Automobilherstellers läßt sich nicht nur durch technische Maßnahmen zur Reduzierung des spezifischen Durchschnittsverbrauchs der einzelnen Modelle senken, sondern auch durch Umgestaltung der Produktpalette der einzelnen Produzenten. Diese Umstrukturierungen innerhalb der Produktpalette können auf unterschiedliche Weise erfolgen.

Die erste Möglichkeit besteht darin, daß ein Automobilhersteller nach der Erstvergabe ein Modell mit hohem Kraftstoffverbrauch aus seiner Produktpalette streicht. Der Kraftstoffverbrauch dieses Modells muß jedoch über dem durchschnittlichen Flottenverbrauch des Herstellers liegen. Bei dieser Strategie empfiehlt es sich für den Produzenten, ein bzw. mehrere Modelle auszuwählen, die ohnehin in Deutschland schwer absetzbar sind bzw. deren Anteil am Gesamtumsatz des Unternehmens sehr gering ist. Obwohl bei der Berechnung des durchschnittlichen Flottenverbrauchs die Modelle mit ihren spezifischen Verkaufszahlen gewichtet werden und wenig verkaufte Modelle nur einen geringen Einschluß auf den Gesamtwert haben, wäre ein Automobilhersteller schlecht beraten, wenn er ein verbrauchsstarkes Modell vom Markt nimmt, das sich gut verkaufen läßt. Eine Umstrukturierung der Produktpalette auf diese Art ist sehr problematisch und hat vermutlich negative Auswirkungen auf die Wettbewerbsstellung des Unternehmens. Eine praktische Anwendung der Strategie ist bei den meisten Herstellern nur in Ergänzung zu anderen Maßnahmen wahrscheinlich und wird von einem Unternehmen auch nur dann durchgeführt werden, wenn ohnehin schon an die Streichung bestimmter Modelle gedacht wurde. Dies trifft z.B. auf Automobilhersteller zu, die ihre Produktpalette verstärkt auf kleinere Fahrzeuge ausrichten bzw. ihr Modellangebot schlanker gestalten wollen. Denkbar wäre aber auch eine Situation, bei der ein Automobilproduzent erwägt, seine verbrauchsstärkeren Modelle nur noch im Ausland abzusetzen und diese nach und nach vom deutschen Markt nimmt. Für ausländische Hersteller, die ohnehin nur einen geringen Anteil ihres Umsatzes in Deutschland erzielen, wäre dies ein gangbarer Weg, die Reduzierungsziele des Flottenverbrauchsmodells einzuhalten, ohne technische Maßnahmen zur Verbrauchssenkung durchführen oder Zertifikate ankaufen zu müssen.

Eine zweite Möglichkeit, durch die Umgestaltung der Produktpalette die Reduzierungsziele zu erfüllen, ist dergestalt, daß nach der Erstvergabe zusätzlich kleinere und verbrauchsgünstigere Fahrzeuge in die Angebotspalette aufgenommen werden. Der Kraftstoffverbrauch der neu hinzukommenden Modelle muß unter dem ermittelten durchschnittlichen Flottenverbrauch des Herstellers liegen. Sofern jedoch ein Produzent noch nicht über eine serienreife Konzeption eines kleineren und verbrauchsgünstigeren Fahrzeugs verfügt, ist diese Strategie mit zusätzlichen finanziellen Aufwendungen für die Forschung und Entwicklung verbunden. Darüber hinaus treten Kosten für die Einrichtung der Produktion der neuen Modelle auf. Ein Automobilhersteller muß demnach den finanziellen Aufwand für die Modelleinführung mit den Kosten für alternative Maßnahmen zur Erreichung des Reduzierungsziels im Flottenverbrauchsmodell vergleichen und die für ihn günstigste Strategie wählen.

Nicht für alle Automobilhersteller ist diese Möglichkeit, mit den Regelungen des Flottenverbauchsmodells umzugehen, gleichermaßen interessant. Für Produzenten, die überwiegend große Limousinen oder Sportwagen fertigen, wäre die Erweiterung ihrer Produktpalette eine unter Umständen bessere Alternative, als die benötigten Zertifikate hinzuzuerwerben bzw. den Verbrauch der vorhandenen Modelle zu senken. Dies gilt vor allem dann, wenn es zu Absatzproblemen bei den relativ teueren Limousinen bzw. Sportwagen kommt. Für Automobilhersteller, die die gesamte Produktbandbreite von Kleinwagen bis Limousinen bedienen, kann die Strategie, weitere kleine Fahrzeuge in die Angebotspalette aufzunehmen, nur eine Ergänzung zu den technischen Maßnahmen zur Verbrauchsreduzierung sein. Die Notwendigkeit, stets neue Modelle auf den Markt zu bringen, ist für sämtliche Automobilproduzenten aus Konkurrenzgründen ohnehin unablässig. So brachte z.B. Volkswagen kürzlich den Lupo auf den Markt und bedient damit ein Marktsegment, das noch unter dem des Polo angesiedelt ist und vorher von anderen Produzenten abgedeckt wurde. Wäre das Modell bereits eingeführt, so hätte VW durch den Lupo seinen durchschnittlichen Flottenverbrauch deutlich senken und somit die jährlichen Abwertungsschritte zumindest teilweise erfüllen können. Für die Hersteller, die überwiegend Kleinwagen produzieren, bietet die Strategie keine nennenswerte Alternative zu den technischen Verbrauchsreduzierungen oder dem Ankauf von Zertifikaten.

Als letzte Möglichkeit, über Veränderungen der Produktpalette die Reduzierungsziele des Flottenverbrauchsmodells zu erfüllen, soll hier eine auf den ersten Blick ungewöhnlich anmutende Methode angesprochen werden, die vorwiegend für die Hersteller von großen Luxuslimousinen in Frage kommen könnte. Es geht um ein Paketangebot von Personenkraftwagen, bei dem der Käufer eines großen teueren Automobils gleichzeitig einen kleinen kostengünstigen Wagen dazubekommt. Der Gedanke ist insofern gar nicht so abwegig, als bereits einige Hersteller Fahrräder beim Kauf von Neuwagen mitliefern, wie z.B. Peugeot, die über eine eigene Fahrradproduktion verfügen. Für Haushalte, die über zwei Automobile verfügen, böte ein derartiges Paketangebot die Möglichkeit, Erst- und Zweitwagen vom gleichen Hersteller zu beziehen. Bisher kauften beispielsweise einige Haushalte ihren Erstwagen bei Mercedes und ihren Zweitwagen bei einem Hersteller, der auch kleinere Fahrzeuge in seiner Produktpalette anbietet. Ob sich letztendlich eine solche Produktpalette am Markt durchsetzen kann, hängt jedoch in erster Linie vom Käuferverhalten ab. Dennoch handelt es sich im Zusammenhang mit dem Flottenverbrauchsmodell um eine adäquate Möglichkeit, die Reduzierungsziele im Hinblick auf den durchschnittlichen Kraftstoffverbrauch zu erreichen. Inwieweit sich durch diese Strategie der Gesamtbestand an Pkw erhöhen kann, ist schwer abzuschätzen und soll an dieser Stelle nicht weiter erforscht werden. Eine deutliche Zunahme des Bestandes ist jedoch unwahrscheinlich.

7.6. Rückzug vom deutschen Markt

Eine sehr radikale und vom Flottenverbrauchsmodell nicht beabsichtigte Maßnahme eines Unternehmens könnte darauf hinauslaufen, die Präsenz auf dem deutschen Markt aufzugeben. Diese Strategie kommt für die in Deutschland produzierenden Automobilhersteller nicht in Betracht, da sie einen Großteil ihrer Produktion auf dem inländischen Markt absetzen. Für ausländische Hersteller, deren Absatz auf dem deutschen Markt im Verhältnis zu ihrem Gesamtabsatz relativ unbedeutend ist, wäre ein Rückzug vom deutschen Automobilmarkt eine durchaus denkbare Alternative, um die Regelungen des Flottenverbrauchsmodells zu umgehen bzw. dem nur national wirksamen Modell gänzlich zu entgehen.

Als Beispiel seien an dieser Stelle die Produzenten von ausländischen Sportwagen genannt, die es in Erwägung ziehen könnten, ihr ohnehin nur dünn gesätes Filialnetz in Deutschland zu schließen und den Vertrieb nach Deutschland ausschließlich über ausländische Filialen abzuwickeln. Deutsche Käufer müßten die gewünschten Sportwagen somit im benachbarten Ausland oder im Herstellerland direkt erwerben. Unabhängig vom Verkauf könnte der ausländische Automobilhersteller in Deutschland ein Servicenetz betreiben, so daß der Käufer nicht bei jeder Wartung oder Reparatur ins Ausland fahren müßte. Obwohl es sich bei Sportwagen zumeist um „Traumautos“ handelt, legen die Käufer dennoch hohen Wert darauf, Reparaturen und Wartungen möglichst in der näheren Umgebung durchführen zu lassen.

Ein wesentlicher Aspekt, den es bei dieser Strategie zu berücksichtigen gilt, bezieht sich auf die internationalen Zollabkommen. Sofern die Automobilhersteller ihren Produktionsstandort bzw. ihre Verkaufsfilialen im EU-Ausland haben, können deutsche Kunden ohne Schwierigkeiten die Automobile dort kaufen und nach Deutschland einführen. Ein Ausgleich erfolgt lediglich über die möglicherweise unterschiedlichen Mehrwertsteuersätze. Bilaterale Zollabkommen mit Staaten außerhalb der Europäischen Union sehen unter Umständen ähnliche oder nur leicht strengere Vorschriften für den Erwerb von Fahrzeugen im Ausland und die Einfuhr nach Deutschland vor.

Zur Verhinderung eines derartigen Verhaltens von seiten der ausländischen Automobilhersteller müßte, soweit dies mit internationalen und EU-Verträgen vereinbar ist, daß Flottenverbrauchsmodell um Regelungen ergänzt werden, wie etwa die Entrichtung einer bestimmten Geldsumme bei der Zulassung eines im Ausland gekauften Pkw. Bevor jedoch solche Sonderregelungen eingeführt werden, muß geprüft werden, ob dafür überhaupt ein ausreichenden Bedarf besteht oder ob die Unternehmen von dieser Strategieoption vielleicht gar keinen Gebrauch machen.

7.7. Erschließung neuer Absatzmärkte außerhalb Deutschlands

Die Erschließung neuer Absatzmärkte außerhalb Deutschland als Maßnahme zur Erfüllung der Regelungen des Flottenverbrauchsmodells ist eng mit den beiden vorangegangenen Strategien verbunden und sei hier nur der Vollständigkeit halber erwähnt. Ähnlich wie bei einer Umstrukturierung der Produktpalette könnte es ein Automobilhersteller in Erwägung ziehen, einzelne Modelle vom Markt zu nehmen bzw. sich ganz vom deutschen Markt zurückzuziehen. Diese Möglichkeiten werden von einem Produzenten jedoch nur unter der Voraussetzung durchgeführt, daß er neue Absatzmärkte außerhalb Deutschlands erschließen kann. Sofern ein Unternehmen keine Verkleinerung plant, muß es seinen Umsatz im Ausland in dem Maße steigern, wie es sich vom deutschen Markt zurückzieht. Die Schaffung neuer Absatzmärkte im Ausland ist somit eine notwendige Voraussetzung für die in den Kapiteln 7.5. und 7.6. beschriebenen Strategien.

Nebenbei muß in diesem Zusammenhang noch erwähnt werden, daß sofort nach der Bekanntgabe von Planungen für ökologisch motivierte Maßnahmen in Deutschland, die noch dazu die Unternehmen betreffen könnten, eine emotionsgeladene Standortdiskussion ausgelöst wird, in deren Verlauf die Unternehmen mit einer Abwanderung ins Ausland und einem damit verbundenen Arbeitsplatzverlust drohen. Diese Drohung der Industrie könnte vor der Einführung des Flottenverbrauchsmodells auf den Absatzmarkt ausgeweitet werden. Obwohl diese Androhung von Automobilproduzenten, die einen Großteil ihrer Pkw auf dem deutschen Markt absetzen, sehr unglaubwürdig ist, könnte sie dennoch zu einer Abmilderung der Modellziele bzw. zur Schaffung von Ausnahmeregelungen führen. Da es sich beim Flottenverbrauchsmodell zunächst um eine nationale Regelung handeln soll, werden vermutlich die deutschen Automobilhersteller mit dem Hinweis auf internationale Wettbewerbsnachteile Sonderregelungen fordern, die ebenfalls zu einer Verwässerung der Zielvorgaben beitragen. Inwieweit jedoch alle diese Drohungen ernstzunehmen sind, muß im Einzelfall geprüft werden und soll an dieser Stelle nicht weiter verfolgt werden.

7.8. Fusionen von Automobilherstellern

Spätestens seit dem Zusammenschluß von Daimler und Chrysler im Spätherbst 1998 dürfte klar sein, daß die Fusionswelle auch an der Automobilindustrie nicht vorbeigeht. Die Bündelung der Marktkräfte scheint zur Zeit die einzig wirkungsvolle Strategie zu sein, um mit den Auswirkungen der Globalisierung fertig zu werden. Dieser Prozeß könnte auch bei einer nationalen Einführung des Flottenverbauchsmodells im Automobilbereich beschleunigt werden. Zur Erfüllung des Reduzierungsziels im Flottenverbrauchsmodell sind nicht alle Fusionskonstellationen geeignet. Im folgenden sollen die Zusammenschlüsse identifiziert werden, die für die jeweilig beteiligten Fusionspartner im Sinne des Flottenverbrauchsmodells vorteilhaft sind.

Ein Produzent von großen verbrauchsstarken Fahrzeugen schließt sich mit einem Hersteller von kleinen verbrauchsgünstigen Pkw zusammen. Diese Fusion wirkt sich jedoch nur unter bestimmten Voraussetzungen positiv auf die zu haltende Zertifikatemenge des fusionierten Herstellers aus. Der Produzent der großen Fahrzeuge muß die kleineren Fahrzeuge in seine Produktpalette integrieren und die Automobilmarke des Herstellers der verbrauchsgünstigeren Fahrzeuge wird aufgelöst. Der Flottenverbrauch errechnet sich anschließend aus der nun gemischten Angebotspalette beider Hersteller und liegt beim Hersteller der größeren Fahrzeuge deutlich niedriger als vor der Fusion. Mit seiner neuen Gesamtflotte benötigt der Fahrzeugproduzent nun weniger Zertifikate als vor der Fusion und bekommt noch die Zertifikate des kleineren Herstellers dazu. Auf diese Weise versetzt er sich in die Lage, nicht nur die Reduzierungsziele des Modells zu erfüllen, sondern darüber hinaus noch einen Gewinn aus dem Verkauf der ungenutzten Zertifikate zu erzielen. Bei der angestrebten Laufzeit der Zertifikate von 5 Jahren müssen die Automobilproduzenten jedoch den Zeitpunkt einer Fusion genau bedenken. Liegt dieser zu dicht am Ende der Gültigkeitsdauer der Lizenzen, so sollte die Fusion auf einen späteren Zeitpunkt verschoben werden, an dem die Zertifikate wieder eine längere Gültigkeitsdauer haben.

Da weiterhin alle Modelle in vermutlich unveränderten Mengen produziert werden, hat die hier beschriebene Fusion keine positive Wirkung auf den durchschnittlichen Kraftstoffverbrauch aller Pkw, sondern nur einen vorteilhaften Effekt für die jeweiligen Fusionspartner. Die angestrebte Umweltwirkung wird auf diese Weise verfehlt, und es ist im Vorfeld zu überlegen, ob das Flottenverbrauchsmodell nicht durch Regelungen ergänzt werden sollte, die derartige kontraproduktive Maßnahmen untersagen.

Bei der Fusion eines Herstellers mit gemischter Produktpalette bzw. eines Sportwagenherstellers mit einem Produzenten kleinerer verbrauchsgünstigerer Fahrzeuge gelten die gleichen Voraussetzungen wie in dem oben beschriebenen Fall. Wichtig ist lediglich, daß die Marke des Produzenten der verbrauchsgünstigeren Fahrzeuge vom Markt verschwindet.

Die Hersteller von Luxus- bzw. Sportwagen müssen jedoch bei einer Fusion den möglicherweise damit verbundenen Reputationsverlust bedenken. Die Aufnahme kleinerer verbrauchsgünstigerer Fahrzeuge in die Produktpalette kann unter Umständen zu einer Abkehr des alten Kundenstammes führen, da die Marke nicht mehr so prestigeträchtig erscheint.

7.9. Umstrukturierungen innerhalb eines Automobilkonzerns

Neben dem Zusammenschluß von Automobilproduzenten sind auch konzerninterne Umstrukturierungsmaßnahmen vorstellbar, damit zumindest einige Konzernunternehmen bzw. Automobilmarken die Reduzierungsanforderungen erfüllen können. Es geht hierbei weniger um das Verschieben der ungenutzten Zertifikate zwischen den einzelnen Markenherstellern[438], sondern vielmehr darum, einzelne Pkw-Modelle zwischen den beteiligten Konzernunternehmen zu verteilen bzw. auszutauschen. So ist es z.B. denkbar, daß ein Markenhersteller, der überwiegend Mittelklassewagen produziert, ein kleineres Modell eines anderen konzerninternen Herstellers unter seinem eigenen Markennamen in seine Produktpalette integriert. Über mögliche Gegenleistungen soll an dieser Stelle nicht spekuliert werden. Ebenso sollen Konkurrenzgesichtspunkte hier vernachlässigt werden, da es sich um eine rein theoretische Möglichkeit handelt, deren praktische Anwendung ohnehin höchst fragwürdig ist.

Dennoch besteht die Möglichkeit, auf diese Weise die Ausgaben zur Entwicklung verbrauchsärmerer Fahrzeuge innerhalb eines Konzerns zu senken. Das Flottenverbrauchsmodell könnte dementsprechend zu einer Bündelung der konzerninternen Forschungs- und Entwicklungsaktivitäten führen, die durch den Austausch bereits vorhandener Technologien und Erkenntnisse unterstützt wird. Andererseits kann davon ausgegangen werden, daß derartige Informationen auch ohne das Flottenverbrauchsmodell ausgetauscht werden.

[438] Vgl. hierzu auch die Ausführungen in Kapitel 6.2.7.

7.10. Zusammenfassung

Die in diesem Kapitel analysierten Strategien der Automobilproduzenten zur Erfüllung der Reduzierungsziele des Flottenverbrauchsmodells stellen nur eine Auswahl aus allen denkbaren Maßnahmen dar. Das Ziel der Untersuchung war es daher auch, nur möglichst realistische Strategien aufzuführen und nicht eine vollständige Liste aller Möglichkeiten zu entwerfen.

Die wahrscheinlichste und vom Flottenverbrauchsmodell beabsichtigte Strategie eines Herstellers ist die Entwicklung technischer Lösungen zur Reduzierung des durchschnittlichen Kraftstoffverbrauchs bei Pkw mit konventionellem Verbrennungsmotor. Es konnte gezeigt werden, daß im wesentlichen drei Maßnahmen, die auch ausführlich untersucht wurden, den Kraftstoffverbrauch senken können. Darüber hinaus bestehen noch weitere Möglichkeiten, die hier jedoch nur aufgelistet und nicht näher besprochen wurden.

Die zweite technische Option, die ein Automobilproduzent zur Erfüllung der Modellregelungen wählen kann, bezieht sich auf die serienreife Entwicklung alternativer Antriebssysteme für Personenkraftwagen. Da das Modell über eine Senkung des durchschnittlichen Kraftstoffverbrauchs die CO_2-Emissionen des motorisierten Individualverkehrs reduzieren will, wurden vorwiegend solche alternativen Antriebskonzepte aufgeführt und bewertet, die keine CO_2-Emissionen aufweisen bzw. deutlich geringere als ein Verbrennungsmotor. Nach Einschätzung der Automobilindustrie haben die alternativen Konzepte in Zukunft zwar eine wachsende Bedeutung, für den 10-Jahres-Zeitraum des Flottenverbrauchsmodells sind sie allerdings trotz vielversprechender Ansätze unerheblich.

Neben den rein technischen Möglichkeiten können die Automobilunternehmen auch die jeweils fehlenden Lizenzen auf dem Zertifikatemarkt erwerben. Diese Strategie ist vor allem für diejenigen Hersteller interessant, für die die Kosten des Ankaufs von Zertifikaten niedriger sind als die Aufwendungen für die entsprechenden technischen Verbrauchssenkungen. Es konnte gezeigt werden, daß diese Möglichkeit, die Vorschriften des Modells zu erfüllen, mit einigen Unsicherheiten behaftet ist und ebenso wie bei den technischen Maßnahmen die Notwendigkeit besteht, die entstandenen Kosten zumindest mittel- und langfristig auf die Verbraucher abzuwälzen.

Die Kosten, die den Automobilproduzenten zusätzlich durch das Flottenverbrauchsmodell entstehen, werden vermutlich über höhere Verkaufspreise auf den Endverbraucher abgewälzt. Diese logisch erscheinende Strategie ist jedoch nicht ohne Einschränkungen in die Praxis umsetzbar. Es konnte gezeigt werden, daß die Möglichkeiten bei der Preisanhebung in den verschiedenen Marktsegmenten, in denen die einzelnen Hersteller ihre Modelle anbieten, variieren. Die jeweiligen Kunden der einzelnen Fahrzeugkategorien reagieren unterschiedlich stark auf die Preisanhebungen. In diesem Zusammenhang wurde festgestellt, daß die Preiselastizität weitestgehend von den Einkommensverhältnissen der Käuferschicht sowie von den Kaufkriterien abhängt. Zudem muß die nationale und internationale Wettbewerbssituation beachtet werden.

Eine gänzlich andere Methode, den durchschnittlichen Flottenverbrauch eines Fahrzeugherstellers zu senken, ist die Umstrukturierung der Produktpalette, die in unterschiedlicher Weise erfolgen kann. Denkbar ist dabei neben einer Herausnahme verbrauchsstarker Modelle aus der Produktpalette auch eine Aufnahme kleinerer verbrauchsgünstiger Modelle in das Angebot. Als letzte Möglichkeit wurde auf den Paketverkauf von Automobilen hingewiesen, bei dem gleichzeitig mit dem Verkauf einer größerer Limousine ein Kleinwagen mitveräußert wird.

Eine radikale, aber nicht ganz abwegige Strategie eines Automobilherstellers könnte darauf hinauslaufen, sich vom deutschen Automobilmarkt zurückzuziehen und die Pkw nur noch über Vertriebsstellen im benachbarten Ausland nach Deutschland zu verkaufen. Ein in Deutschland vorhandenes Servicenetz könnte weiterhin die Kundennähe garantieren. Diese Variante, mit den Regelungen des Flottenverbrauchsmodell umzugehen, ist allerdings nur für die wenigsten Hersteller interessant und auch nur unter der Voraussetzung, daß der Produzent neue Absatzmärkte außerhalb Deutschlands erschließen kann, die seine Umsatzverluste in Deutschland ausgleichen können.

Die Fusion von Automobilherstellern mit unterschiedlich strukturierter Fahrzeugpalette ist eine Strategie, die unter gewissen Voraussetzungen zur Erfüllung der Reduzierungsziele des Modells beitragen kann. Dabei ist wichtig, daß die Marke des Produzenten mit den verbrauchsgünstigeren Fahrzeugen in die Produktpalette des anderen Herstellers integriert wird und nicht mehr als eigenständige Marke auf dem Markt auftritt.

Die letzte der untersuchten Maßnahmen ist eine Umstrukturierung der Produktpalette innerhalb eines Automobilkonzerns, der mehrere Marken unter einem Konzerndach vereint. Bei diesen Umstrukturierungen geht es letztendlich darum, einzelne Modelle zwischen den Konzernmitgliedern zu verschieben, damit zumindest einige Markenhersteller ihren durchschnittlichen Flottenverbrauch senken können. Auf diese Weise können auch die Kosten für die Entwicklung verbrauchsärmerer Fahrzeuge konzernintern gesenkt werden.

8. Zusammenführung der Ergebnisse und Ausblick

Die Umweltauswirkungen, die der mittlerweile massenhafte Einsatz von Automobilen im motorisierten Individualverkehr mit sich gebracht hat, sind zu einem Problem geworden, das den Einsatz von umweltpolitischen Instrumenten erfordert. Vor diesem Hintergrund wurde in der vorliegenden Arbeit ein detailliertes Flottenverbrauchsmodell auf Zertifikatebasis entwickelt, das in der Lage ist, diese negativen Auswirkungen zu begrenzen. Die wesentlichen Gedanken, die zum Flottenverbrauchsmodell geführt haben, die konkrete Ausgestaltung sowie die Analyse denkbarer Strategien der Automobilindustrie nach einer Einführung, sollen an dieser Stelle mit Hilfe des in der Einleitung aufgestellten Fragenkomplexes noch einmal zusammenfassend nachvollzogen werden.

Handelt es sich bei Umweltzertifikatemodellen um rein theoretische Konzepte, oder gibt es bereits praktische Erfahrungen, die bei einem Zertifikatemodell im Verkehrsbereich genutzt werden können?

Seit Mitte der 60er Jahre wurden eine Vielzahl von theoretischen Konzepten für den Einsatz von Zertifikaten in der Umweltpolitik entworfen. Die meisten dieser Vorschläge blieben bisher jedoch rein theoretisch, was nicht zuletzt daran lag, daß die Entscheidungsträger in der praktischen Umweltpolitik vor diesem relativ neuen Instrument zurückschrecken und stattdessen lieber den altbekannten Instrumenten wie Auflagen und Abgaben den Vorrang geben. Eine eindeutige Vorreiterrolle bei der praktischen Anwendung von Lizenzlösungen hat die USA inne, die bereits seit vielen Jahren mehrere praktische Modelle in ihrer Umweltpolitik implementiert hat. Allen voran sind das Acid rain- und das kalifornische RECLAIM-Programm zu nennen, die nach anfänglichen Schwierigkeiten von der Fachwelt inzwischen als erfolgreich eingestuft werden. Fromm und Hansjürgens (1998) sprechen sogar von Zertifikatemodellen der „zweiten Generation“ und weisen somit direkt auf die bereits gesammelten und umgesetzten Erfahrungen mit diesen Modellen hin. Obwohl es sich bei diesen beiden Programmen nicht um Anwendungen für den Verkehrssektor handelt, können die gesammelten Erfahrungen gerade im Hinblick auf eine detaillierte Entwicklung und Abschätzung bestimmter Modellparameter hilfreich sein. Ebenso können auf diese Weise bereits im Vorfeld Fehler vermieden werden, die sich erst nach einer praktischen Umsetzung der beiden Modelle gezeigt haben. Somit kann festgehalten werden, daß das Instrument der Umweltzertifikate die Ebene des Abstrakt-theoretischen verlassen hat und erste nutzbare Erfahrungen für ein Modell im motorisierten Individualverkehr der Bundesrepublik Deutschland vorhanden sind. Dennoch muß darauf hingewiesen werden, daß nicht alle Erfahrungen für den Verkehrsbereich relevant sind, da neben den unterschiedlichen Akteuren und zu beschränkenden Schadstoffen der Verkehrssektor eigenen Gesetzmäßigkeiten unterliegt, die sich deutlich von denen im Acid rain- und RECLAIM-Programm unterscheiden.

Ist es sinnvoll, ein Zertifikatemodell ausschließlich auf den Individualverkehr in Deutschland zu beschränken, obwohl der gesamte Verkehrssektor deutlich mehr Bereiche umfaßt?

Bei der Größte und den unterschiedlich gelagerten Problemen im Verkehrsbereich ist es sinnvoll, nach unterschiedlichen Lösungen für die einzelnen Verkehrsarten zu suchen. Von allen Verkehrsarten ist der Straßenverkehr mit deutlichem Abstand der Hauptverbraucher von Endenergie. Analysiert man den Straßenverkehr weiter, so kommt man zu dem Ergebnis, daß innerhalb des Straßenverkehrs über 2/3 des Energieverbrauchs dem Individualverkehr zugerechnet werden muß. Bei den Personenkilometern sind es sogar über 4/5, die mit Personenkraftwagen zurückgelegt wurden. Hinzu kommt ein stetiger Anstieg des Pkw-Bestands, der im Jahr 1997 eine Größe von 41,4 Mio. Fahrzeugen hatte. Neueste Prognosen gehen davon aus, daß der Bestand bis zum Jahr 2020 auf 50,3 Mio. Pkw ansteigen wird.[439] Die prognostizierten Wachstumstendenzen im motorisierten Individualverkehr und die damit verbundene Zunahme an Luftschadstoffen und vor allem an CO_2 erfordern ein schnelles, begrenzendes Eingreifen, um die Auswirkungen des anthropogen verursachten Treibhauseffekts abzumildern. Aufgrund der großen Bedeutung des motorisierten Individualverkehrs innerhalb des Verkehrsbereichs, erscheint eine separate Lösung durchaus sinnvoll und angebracht.

Wie hat sich die wirtschaftliche Bedeutung des Automobils seit seiner Erfindung entwickelt, und welche Faktoren waren bisher ausschlaggebend, damit verstärkt kleinere und verbrauchsgünstigere Pkw produziert werden?

---

[439] Vgl. Europäisches Zentrum für Wirtschaftsforschung und Strategieberatung – prognos 1998, S. 17.

Nachdem Karl Benz am 29. Januar 1886 den ersten funktionsfähigen Motorwagen mit Explosionsmotor erfunden hatte, setzte zunächst in den westlichen Industrienationen, allen voran in den USA, eine Motorisierungswelle ein, in der sich weite Kreise der Bevölkerung mit Automobilen ausstatteten. Die starke Nachfrage nach Automobilen sorgte für einen ständigen Ausbau der Produktionskapazitäten. Nachdem zunächst die USA der größte Automobilproduzent der Welt war, errang Japan Mitte der 80er Jahre diese Spitzenstellung. Deutschland liegt in dieser Produktionszahlenrangliste derzeit auf dem dritten Platz. Die große wirtschaftliche Bedeutung der Automobilindustrie in Deutschland läßt sich an einer Reihe von Zahlen ablesen. Der Umsatz im Bereich Straßenfahrzeugbau, Reparatur von Kraftfahrzeugen usw. bewegte sich in den vergangenen Jahren in einer Größenordnung von 8-10% vom Bruttosozialprodukt in den jeweiligen Preisen. Von allen Erwerbspersonen in Deutschland waren in den letzten Jahren zwischen 2 und 3% in diesem Bereich beschäftigt. Rechnet man den Bereich Vorleistungen und die übrigen, nur mittelbar betroffenen, Sektoren mit hinzu, so beläuft sich die Zahl der Beschäftigten auf ca. 5 Mio. (Stand 1995). Damit hängt rund jeder 7. Arbeitsplatz direkt oder indirekt vom Automobil ab. Als letzte der branchenspezifischen Eckdaten sei noch auf die hohe Exportquote hingewiesen. 1995 wurden über 56% aller in Deutschland produzierten Kraftfahrzeuge und Straßenzugmaschinen ins Ausland exportiert. Aufgrund dieser hohen Bedeutung des Automobilsektors für die Volkswirtschaft der Bundesrepublik Deutschland müssen Maßnahmen in diesem Bereich mit großer Vorsicht gewählt werden.

Die Analyse der Kleinstwagenwellen und Krisen der deutschen Automobilindustrie in diesem Jahrhundert hat gezeigt, daß technische Innovationen in Richtung kleinerer und verbrauchsgünstigerer Fahrzeuge nicht durch die Veränderung eines Faktors, wie etwa eine Erhöhung der Benzinpreise ausgelöst wurden, sondern erst durch die Veränderung einer Vielzahl von gesamtwirtschaftlichen Rahmenbedingungen. Die wirtschaftlichen Krisen nach den beiden Weltkriegen und die Weltwirtschaftskrise hatten daher auch zumindest kurzfristig einen deutlich größeren Einfluß auf das Erscheinungsbild des Automobils als die beiden Ölkrisen in den 70er Jahren und Erhöhungen der Mineralölsteuer in den 90er Jahren. Langfristig waren dagegen sowohl die wirtschaftlichen Rezessionen als auch die Erhöhungen der Kraftstoffpreise nicht in der Lage, den durchschnittlichen Verbrauch der Automobile dauerhaft zu senken. Die Untersuchung hat ferner gezeigt, daß das Instrument der Mineralölsteuererhöhung allein, zumindest nach den historischen Erfahrungen, ungeeignet ist, technische Innovationen zur Verbrauchssenkung bei der Automobilindustrie auszulösen. Um diesen Effekt zu erzielen, müßten die Kraftstoffpreise deutlich stärker erhöht werden.

Welche Strategie zur Reduzierung des Kraftstoffverbrauchs von Automobilen ist unter den gegenwärtigen wirtschaftlichen und gesellschaftlichen Rahmenbedingungen sinnvoller: Die Einschränkung der individuellen Mobilität oder die Induzierung von Innovationsanreizen zur Entwicklung verbrauchsgünstigerer Fahrzeuge?

Um die durch den motorisierten Individualverkehr verursachten CO_2-Emissionen zu beschränken bzw. sogar zu reduzieren, sind grundsätzlich zwei Strategien denkbar. Zum einen kann darauf hingewirkt werden, die individuelle motorisierte Mobilität des Einzelnen einzuschränken und dadurch die Gesamtfahrleistung aller zu verringern, zum anderen kann versucht werden, durch technische Verbesserungen den durchschnittlichen Kraftstoffverbrauch der Fahrzeuge zu senken. Die wirtschaftliche Lage in der zweiten Hälfte der 90er Jahre in Deutschland ist vor allem durch eine hohe Arbeitslosigkeit gekennzeichnet. Von den Arbeitsuchenden wird daher auch eine hohe Mobilität erwartet, die aus vielfältigen Gründen oft nur mit einem eigenen Pkw erreicht werden kann. Unter den gegenwärtigen gesellschaftlichen und wirtschaftlichen Bedingungen ist eine Einschränkung der individuellen Mobilität, etwa durch eine starke Anhebung der Mineralölsteuer, nur sehr schwer durchsetzbar und im Hinblick auf die Beschäftigungspolitik sogar kontraproduktiv. Aus diesen Gründen soll von solchen Maßnahmen Abstand genommen werden und stattdessen eine Strategie der Induzierung von Innovationsanreizen zur Entwicklung verbrauchsgünstigerer Fahrzeuge verfolgt werden.

Welche Grundüberlegungen spielen bei der zeitlichen Dimensionierung eines Zertifikatemodells für den Individualverkehr eine Rolle?

Der für den traditionellen Verbrennungsmotor benötigte Kraftstoff wird überwiegend aus dem erschöpflichen fossilen Energieträger Erdöl gewonnen. Vorsichtige Schätzungen gehen davon aus, daß bei einem relativ konstanten Verbrauch das derzeitig verfügbare konventionelle Erdöl in rund 100 Jahren erschöpft sein wird. Obwohl dieser Zeitpunkt noch in weiter Ferne liegt und noch ständig neue Ölfelder entdeckt werden, sollte eine perspektivische Umweltpolitik schon heute den Übergang zu alternativen nachhaltigen Antriebskonzepten fördern, um so den Übergangszeitraum möglichst moderat zu gestalten. Auf diese Weise wäre es zudem möglich, das noch verbleibende Erdöl sinnvolleren Verwendungen zuzuführen als der Verbrennung im Motor.

Welche Umweltwirkungen gehen vom motorisierten Individualverkehr in Deutschland aus?

Die Auswirkungen des motorisierten Individualverkehrs auf die Umwelt sind vielfältiger Natur. Neben der Lärmbelastung, dem Verbrauch nicht regenerierbarer Ressourcen, dem Flächenverbrauch und den weiteren Auswirkungen auf Mensch, Tier und Pflanzenwelt sind es vor allem die Luftschadstoffe, die in der öffentlichen Diskussion stehen. Sie sind in erster Linie verantwortlich für den sauren Regen, die Schäden an Kulturdenkmälern und Gebäuden, und nicht zuletzt bewirkt das emittierte Kohlendioxid, das zwar kein Schadstoff ist, den anthropogenen Treibhauseffekt. Aufgrund der Dringlichkeit des CO_2-Problems erscheint es sinnvoll, bei der Konstruktion eines Zertifikatemodells für den motorisierten Individualverkehr genau diese Emissionen, über eine Senkung des durchschnittlichen Kraftstoffverbrauchs der Fahrzeuge, zu begrenzen. Eine Reduzierung des durchschnittlichen Verbrauchs hätte zudem positive Auswirkungen auf die Menge der emittierten Luftschadstoffe und unter Umständen auch auf andere negative Umwelteffekte.

Welche grundsätzlichen Überlegungen sind im Vorfeld der Konstruktion eines Zertifikatemodells für den Individualverkehr anzustellen, und welche Ergebnisse können diesbezüglich festgehalten werden?

Als Gegenstand, den es zu zertifizieren gilt, wurde das von Pkw emittierte Kohlendioxid festgelegt. Da die Menge des CO_2 unmittelbar von der Menge des eingesetzten Kraftstoffs abhängt, setzt das Zertifikatemodell am Kraftstoffverbrauch der Automobile an. Die Bestimmung der Menge einer zukünftig erlaubten Umweltnutzung bereitete insofern Probleme, als daß neben international vereinbarten Klimazielen Prognosen über den wachsenden Pkw-Bestand mit einbezogen werden mußten. Als realistisches Reduzierungsziel wurde eine 35%ige Verminderung des durchschnittlichen Kraftstoffverbrauchs, bezogen auf das Basisjahr 1995, bis zum Jahr 2010 fixiert. Die Festlegung der zeitlichen Modellparameter bezieht sich auf verschiedene Bereiche. Zunächst wurde die Gesamtlaufzeit auf 10 Jahre ausgelegt. Das Modell beginnt im Jahr 2000 und endet 2010. Die Gültigkeitsdauer der Zertifikate wurde auf 10 Jahre festgelegt, wobei sich der Abwertungszeitraum an den Modellpflegezeiträumen der Automobilindustrie orientiert und ein Jahr betragen soll. Von den verschiedenen Verfahren für die Erstvergabe der Zertifikate wurde ein modifiziertes Grandfathering als die geeignete Methode identifiziert. Als mögliche Adressatengruppen für Zertifikate im motorisierten Individualverkehr kommen der Mineralölhandel, die Automobilindustrie und die Pkw-Halter in Frage. Für die Vergabe, die Überwachung und die Kontrolle wurde das Umweltbundesamt als eine geeignete Institution vorgeschlagen, die in technischen Fragen vom TÜV oder der Dekra unterstützt werden könnte. Zur weiteren Einsparung von Transaktionskosten könnte der Zertifikatehandel über die Börse in Frankfurt abgewickelt werden.

Gibt es bereits theoretische Zertifikatemodelle für den Individualverkehr, und an welchen Stellen setzen sie an?

Mittlerweile gibt es einige theoretische Konzepte für Zertifikatemodelle im Individualverkehr. Im Rahmen dieser Arbeit wurden drei dieser Konzepte herausgegriffen und näher analysiert. Das Modell von Ramb (1991) sieht freie Kraftstoffmengen für die Verbraucher vor und ist kein Zertifikatemodell im eigentlichen Sinne. Kalleicher (1991) setzt dagegen an regionalen Problemen an und hat ein Modell für Fahrzeugnutzungszertifikate in Ballungsräumen entwickelt. Der weitreichendste Vorschlag stammt von Köhn (1996), der ein Emissionsindikatoren-System auf der Basis handelbarer Zertifikate kreiert hat. Diese drei Modellvorschläge wurden im weiteren Verlauf der Arbeit mit dem hier entwickelten Flottenverbrauchsmodell verglichen.

Wie sieht das Flottenverbrauchsmodell in seinen konkreten Bestimmungsparametern aus?

Den Teilnehmerkreis für das Flottenverbrauchsmodell bilden die in- und ausländischen Automobilhersteller, die ihre Fahrzeuge auf dem deutschen Automobilmarkt absetzen. Insgesamt konnte aus den Neuzulassungszahlen des Jahres 1996 46 Automobilmarkenhersteller ermittelt werden. Über 2/3 aller neu zugelassenen Fahrzeuge wurden in Deutschland gefertigt. Die Berechnung des Flottenverbrauchs eines Automobilherstellers erfolgt unter Einbeziehung der jeweiligen Verkaufszahlen der einzelnen Modelle. Als Grundlage dienen hierbei die spezifischen Verbrauchswerte der einzelnen Modelle, die nach dem sog. „ECE-Zyklus“ ermittelt werden. Zur Gewährleistung der Handelbarkeit müssen genügend Zertifikate auf dem Markt vorhanden sein. Die Stückelung wurde daher so gewählt, daß eine Lizenz zum durchschnittlichen Flottenverbrauch von 0,001 Litern berechtigt. Bei 46 Marktteilnehmern liegt die Gesamtzahl der Zertifikate in einer Größenordnung von rund 400.000 bis 500.000 Stück. Die Vergabe der Zertifikate erfolgt nach einem „modifizierten" Grandfathering-Verfahren. Bei dieser Methode sollen diejenigen Hersteller belohnt werden, die ihre Pkw-Flotte bereits weitestgehend verbrauchsoptimiert haben. Zudem sind Regelungen vorgesehen, die den Marktzutritt von neuen Fahrzeugherstellern ermöglichen. Der jährliche Abwertungsfaktor der Zertifikate ist so gewählt, daß in den ersten Jahren hohe Reduzierungen von den Produzenten gefordert werden und gegen Ende des Zehnjahreszeitraums niedrige. Der Abwertungsfaktor beträgt rund 4,2% pro Jahr. Aussagen über die Preisbildung und –entwicklung auf dem Zertifikatemarkt sind mit großer Unsicherheit behaftet. Die amerikanischen Erfahrungen haben gezeigt, daß Vorab-Prognosen zumeist stark von den tatsächlichen Preisen abweichen. Das liegt unter anderem daran, daß sich ein Großteil der maßgeblichen Einflußfaktoren auf die Preisbildung und –entwicklung erst nach der praktischen Umsetzung herauskristallisieren. Mögliche Hindernisse für die Funktionsfähigkeit des Zertifikatemarktes können auf exogene und endogene Einflüsse zurückgeführt werden. So bleibt z.B. die Konzentration von mehreren Markenherstellern in einem Konzern nicht ohne Auswirkungen auf den Handel mit Zertifikaten zwischen den einzelnen Marktakteuren. Denkbar ist unter anderem ein sehr kostenintensives „politisches Horten" von Zertifikaten sowie eine Planungsunsicherheit, die aus starken Schwankungen der Zertifikatepreise erwachsen kann. Um die Einhaltung der Bestimmungen sicherzustellen, werden stichprobenartige Kontrollen bei den einzelnen Herstellern vorgeschlagen, die in unregelmäßigen Zeitintervallen durchgeführt werden sollen. Bei Regelübertretungen wird eine Sanktionszahlung fällig, die dreimal so hoch sein soll wie der Preis für die nicht gehaltenen Zertifikate. Zu den Gewinnern des Flottenverbrauchsmodells zählen vermutlich diejenigen Hersteller, die nach der Erstvergabe der Zertifikate ohne hohe Kosten große Verbrauchssenkungspotentiale erschließen können. Verlierer sind dagegen wahrscheinlich die Hersteller, die ihre Pkw-Fotte ohnehin schon weitestgehend verbrauchsoptimiert haben. Dabei ist das Modell jedoch so konstruiert, daß es nicht zu existenzgefährdenden Benachteiligungen kommen sollte.

Wie schneidet das Flottenverbrauchsmodell in einer vergleichenden Analyse mit den übrigen Zertifikatenmodellen, dem Instrument der Mineralölsteuererhöhung und der freiwilligen Selbstverpflichtung der Automobilindustrie ab?

Die Kriterien für die vergleichende Bewertung der einzelnen Modelle sind Endres (1985) entliehen und beziehen sich auf die folgenden Bereiche: Ökonomische Effizienz, dynamische Anreizwirkung beim Induzieren technischen Fortschritts, wettbewerbs- und strukturpolitische Aspekte, ökologische Treffsicherheit sowie politische und gesellschaftliche Durchsetzbarkeit.

Bei den Zertifikatemodellen einschl. dem Flottenverbrauchsmodell, dem Instrument der Mineralölsteuererhöhung und der freiwilligen Selbstverpflichtung der Automobilindustrie kann davon ausgegangen werden, daß sie, wenn auch in einem unterschiedlichen Maße, ökonomisch effizient sind.

Bezüglich der dynamischen Anreizwirkung beim Induzieren technischen Fortschritts ist das Bild nicht ganz so homogen. Das Flottenverbrauchsmodell ist so angelegt, daß die Automobilhersteller durch die Möglichkeit der Veräußerung ungenutzter Zertifikate einen Anreiz haben, technische Lösungen zur Verbrauchsreduzierung zu entwickeln. Technische Innovationen werden somit über die Angebotsseite ausgelöst. Beim Modell der freien Kraftstoffmengen und beim Emissionsindikatoren-System wird technischer Fortschritt über die Nachfragerseite hervorgerufen. Dies trifft auch für die Mineralölsteuererhöhung zu, bei der jedoch erst eine bestimmte „Schmerzgrenze“ überschritten werden muß. Durch die starke regionale Begrenzung in Kalleichers Modell wird technischer Fortschritt nur sehr begrenzt bzw. gar nicht angeregt. Die freiwillige Selbstverpflichtung der Automobilindustrie sieht zwar technischen Fortschritt vor, es ist jedoch zu befürchten, daß der Umfang nicht über den allgemeinen technischen Fortschritt hinausreicht und daher auch ohne die freiwillige Selbstverpflichtung erreicht wird.

Die wettbewerbs- und strukturpolitischen Effekte im Flottenverbrauchsmodell, im Modell der freien Kraftstoffmengen für die Verbraucher, im Emissionsindikatoren-System und bei der freiwilligen Selbstverpflichtung der Automobilindustrie sind nur sehr schwach. Vom Modell der Fahrzeugnutzungszertifikate für Ballungsräume gehen starke regionale Struktur- und Wettbewerbswirkungen aus. Die drastische Anhebung der Benzinpreise hat dagegen Auswirkungen auf die gesamte Volkswirtschaft. Dies wird schon allein bei einer

Betrachtung des hohen Güterverkehrsaufkommens deutlich, das Produktionsverfahren wie just-in-time erst ermöglicht.

Durch die Mengensteuerung beim Instrument der Umweltzertifikate ist die ökologische Treffsicherheit im Flottenverbrauchsmodell, im Modell der Fahrzeugnutzungszertifikate und im Emissionsindikatoren-System sehr hoch. Beim Flottenverbrauchsmodell muß jedoch einschränkend bemerkt werden, daß sich die genaue Mengensteuerung nur auf den Flottenverbrauch bezieht und nicht auf die Kohlendioxid-Emissionen im gesamten motorisierten Individualverkehr. Dieses eigentliche ökologische Ziel kann nicht genau fixiert werden, da die Zunahme des Pkw-Bestands und der Fahrleistung nur geschätzt werden können. Da es sich bei Rambs Modell der freien Kraftstoffmengen nicht um eine Mengensteuerung im eigentlichen Sinne handelt, ist eine quantitative Zielerreichung nicht gewährleistet. Da es sich bei der Mineralölsteuererhöhung um eine Preissteuerung handelt, kann eine bestimmte Menge erst über Anpassungsprozesse erreicht werden. Trotz quantitativer Zielvorgaben ist die ökologische Treffsicherheit bei der freiwilligen Selbstverpflichtung aufgrund ihrer Unverbindlichkeit tendenziell unbefriedigend.

Politisch und gesellschaftlich dürfte das Flottenverbrauchsmodell nur sehr schwer durchsetzbar sein. Ähnliches gilt auch für die drei übrigen Zertifikatemodelle und vor allem für die starke Anhebung der Mineralölsteuer. Die freiwillige Selbstverpflichtung der Automobilindustrie, die mittlerweile in die Praxis umgesetzt wurde, hat dagegen nur mit sehr geringem Widerstand, der in erster Linie von den Umweltverbänden kommt, zu kämpfen.

Nach dieser kurzen Zusammenfassung der wesentlichen Ergebnisse der vergleichenden analytischen Beurteilung der einzelnen Modelle wird im folgenden der Versuch unternommen, die in der Einleitung aufgestellte These, anhand dieser Ergebnisse zu belegen. Zur Erinnerung sei diese These zunächst noch einmal kurz genannt:

Unter den gegenwärtigen gesellschaftlichen, wirtschaftlichen und politischen Bedingungen im ausgehenden 20. Jahrhundert läßt sich der durchschnittliche Kraftstoffverbrauch von Personenkraftwagen in Deutschland mittels eines auf Zertifikaten basierenden Flottenverbrauchsmodells zumindest ebenso effizient senken wie mit anderen umweltpolitischen Instrumenten.

Bezüglich der ökonomischen Effizienz konnte festgestellt werden, daß das Flottenverbrauchsmodell zumindest ebenso effizient ist wie die übrigen untersuchten Modellansätze. Auch bei der dynamischen Anreizwirkung zum Induzieren technischen Fortschritts nimmt das Flottenverbrauchsmodell im Vergleich zu den übrigen Modellen eine Spitzenstellung ein. Da das Modell die individuelle motorisierte Mobilität nicht einschränkt, sind wettbewerbs- und strukturpolitische Effekte nur in geringem Umfang zu erwarten. Auch in diesem Bereich hat das Flottenverbrauchsmodell keine Nachteile gegenüber den anderen Konzepten. Durch die angewendete Mengensteuerung kann ein ökologisches Ziel genau erreicht werden, was bei dem Instrument der Mineralölsteuererhöhung und der freiwilligen Selbstverpflichtung der Automobilindustrie nicht oder nur bedingt der Fall ist. Das Hauptproblem, mit dem das Flottenverbrauchsmodell zu kämpfen hat, ist seine politische und gesellschaftliche Durchsetzbarkeit. Diese Schwierigkeit beschränkt sich jedoch nicht nur auf das hier entwickelte Modell, sondern ist vielmehr ein grundsätzliches Problem, das im Zusammenhang mit der geplanten Einführung von umweltpolitischen Instrumenten auftaucht. Abgesehen von der freiwilligen Selbstverpflichtung muß auch bei allen anderen untersuchten Konzepten mit ähnlichen Widerständen bei der Umsetzung gerechnet werden.

Insgesamt kann die oben aufgeführte These als belegt angesehen werden. Das Flottenverbrauchsmodell ist in fast allen Bereichen eine zumindest ebenso gute Alternative zur Reduzierung des Kraftstoffverbrauchs der Pkw wie die übrigen Konzepte. Lediglich bei der politischen und gesellschaftlichen Durchsetzbarkeit muß eingeräumt werden, daß die freiwillige Selbstverpflichtung der Automobilindustrie hier besser abschneidet. Dafür sind ihre Nachteile in den anderen Bereichen um so deutlicher. Abschließend muß noch darauf hingewiesen werden, daß das Flottenverbrauchsmodell zwar in Konkurrenz zu anderen umweltpolitischen Modellansätzen steht, doch die gegenwärtige Situation dadurch geprägt ist, daß lediglich die sehr moderat angelegte freiwillige Selbstverpflichtung der Automobilindustrie zur Reduzierung des durchschnittlichen Kraftstoffverbrauchs umgesetzt wurde. Insofern muß sich das Flottenverbrauchsmodell im direkten Vergleich zunächst nur mit den Ergebnissen der freiwilligen Selbstverpflichtung messen lassen.

Welche Strategien können von seiten der Automobilhersteller ergriffen werden, um die Reduzierungsanforderungen des Flottenverbrauchsmodells zu erfüllen?

Nach der Einführung des Flottenverbrauchsmodells haben die Automobilhersteller mehrere Möglichkeiten, die Reduzierungsanforderungen zu erfüllen. An erster Stelle stehen die rein technischen Lösungen, die vom Modell auch beabsichtigt sind. Dies sind zum einen die Entwicklung technischer Lösungen zur Reduzierung des Kraftstoffverbrauchs bei Pkw mit konventionellem Verbrennungsmotor und zum anderen die serienreife Entwicklung alternativer Antriebskonzepte. Darüber hinaus haben die Automobilhersteller die Möglichkeit, die fehlenden Zertifikate an der Zertifikatebörse zu erwerben. Bei der Anwendung der drei genannten Strategien werden die Automobilproduzenten bemüht sein, die zusätzlichen Kosten über eine Anhebung der Verkaufspreise an die Automobilkäufer weiterzugeben. Es konnte jedoch gezeigt werden, daß dies nicht in allen Fällen möglich ist.

Neben diesen Möglichkeiten konnten noch eine Reihe weiterer Strategien identifiziert werden, die jedoch nicht für alle Hersteller in Betracht kommen. Dazu zählen: Eine Umstrukturierung der Produktpalette nach der Erstvergabe, der Rückzug vom deutschen Automobilmarkt, die Erschließung neuer Absatzmärkte außerhalb Deutschlands, die Fusion von Automobilherstellern sowie Umstrukturierungen innerhalb eines Automobilkonzerns.

Welche Perspektiven ergeben sich für eine nationale Einführung des Flottenverbrauchsmodells vor dem Hintergrund globaler und europäischer Umweltauswirkungen des Individualverkehrs?

Die zunehmende Harmonisierung innerhalb der EU und die Globalisierung der Märkte hat zur Folge, daß die nationale Einführung von umweltpolitischen Instrumenten zum einen von der EU auf ihre Rechtmäßigkeit hin geprüft werden muß und zum anderen Benachteiligungen der nationalen Unternehmen im internationalen Wettbewerb vermieden werden müssen.

Neben diesen rechtlichen bzw. wettbewerbspolitischen Hindernissen gibt es einen bisher unbeachteten Aspekt, der den Kritikern eines Flottenverbrauchsmodells Gegenargumente liefert und die Einführung sehr unwahrscheinlich erscheinen läßt. Dieser Aspekt bezieht sich auf die Globalität des CO_2-Problems und die damit verbundenen Mengeneffekte des Individualverkehrs in Deutschland im Vergleich zu den globalen CO_2-Emissionen. Daneben muß noch angemerkt werden, daß der zusätzliche anthropogene Treibhauseffekt nur zu rund 50% von Kohlendioxid ausgelöst wird. Der Beitrag des motorisierten Individualverkehrs in Deutschlands zum globalen anthropogenen Treibhauseffekt ist dementsprechend gering.

Im folgenden sollen kurz die beiden Hauptargumente der mutmaßlichen Gegner eines Flottenverbrauchsmodells auf nationaler Ebene genannt werden:

- Ein national eingeführtes Flottenverbrauchsmodell benachteiligt die einheimischen Automobilhersteller und gefährdet die Arbeitsplätze in Deutschland durch mögliche Abwanderungsbewegungen der Unternehmen.
- Die durch das Flottenverbrauchsmodell reduzierte CO_2-Menge ist im Verhältnis zur global emittierten CO_2-Menge unerheblich und hat nur sehr geringe Auswirkungen auf eine Zurückführung des anthropogen ausgelösten Treibhauseffekts.

Daneben gibt es aber eine Reihe von Argumenten, die für die nationale Einführung eines Flottenverbrauchsmodells sprechen:

- Bei der eindeutigen gesellschaftlichen Ablehnung einer drastischen Mineralölsteuererhöhung, wie sie von Bündnis 90/Die Grünen gefordert wird, ist das Flottenverbrauchsmodell eine brauchbare Alternative, die von gesellschaftlicher Seite her akzeptiert werden dürfte, da sie nicht die finanziellen Mittel des einzelnen beschneidet und auch keine Einschränkungen der individuellen motorisierten Mobilität mit sich bringt.

- Im Vergleich zur derzeitig umgesetzten freiwilligen Selbstverpflichtung der Automobilindustrie sind die Regelungen des Flottenverbrauchsmodells wesentlich stringenter angelegt und haben somit eine höhere ökologische Wirksamkeit.

- Die praktische Anwendung des Flottenverbrauchsmodells reduziert nicht nur die CO_2-Emissionen des motorisierten Individualverkehrs, sondern darüber hinaus eine Reihe weiterer lokal wirkender Luftschadstoffe, die vom Verbrennungsmotor ausgestoßen werden.

- Das Flottenverbrauchsmodell trägt zur Schonung nicht regenerierbarer Ressourcen bei und ermöglicht auf diese Weise eine längere Entwicklungszeit für die unvermeidlich notwendigen alternativen Antriebssysteme.

- Die durch das Flottenverbrauchsmodell ausgelösten technischen Innovationen kommen vor allem der deutschen Automobilindustrie im internationalen Wettbewerb zugute, da die ausländischen Pkw-Hersteller mit nur geringem Absatz in Deutschland vermutlich andere Strategien[440] zur Erfüllung der Modellvorschriften wählen.

Realistischerweise muß jedoch, trotz der vielen Pro-Argumente eingestanden werden, daß eine nationale Einführung des Modells zum gegenwärtigen Zeitpunkt eher unwahrscheinlich ist. Die Erfahrungen haben gezeigt, daß umweltpolitische Maßnahmen in Zeiten angespannter wirtschaftlicher und finanzieller Lagen nur schwer durchsetzbar sind. Hohe Arbeitslosigkeit und leere öffentliche Kassen lassen Umweltfragen in den Hintergrund treten. Auch eine EU-weite Umsetzung des Flottenverbrauchsmodells erscheint unrealistisch, da es bisher noch nicht einmal gelungen ist, eine einheitliche Mineralölsteuer einzuführen.

Ungeachtet dessen, ist das in dieser Arbeit entworfene Flottenverbrauchsmodell bei Nichteinhaltung der freiwilligen Selbstverpflichtung möglicherweise eine bessere Alternative für alle Beteiligten, insbesondere für die Automobilindustrie, als eine drastische Anhebung der Mineralölsteuer. Vor diesem Hintergrund ist es durchaus denkbar, daß die Automobilindustrie ihren politischen Einfluß für die Einführung des Modells geltend macht, nur um ungünstigere hoheitliche Zwangsmaßnahmen zu verhindern.

---

[440] Vgl. die Kapitel 7.3. bis 7.9.

9. Literaturverzeichnis

Ahmad, Y. J./El Serafy, S./Lutz, E. (Hrsg.) (1990): Environmental Accounting for Sustainable Development, The World Bank, Washington D. C.

Aldcroft, D. H. (1978): Die zwanziger Jahre. Geschichte der Weltwirtschaft im 20. Jahrhundert, Band 3, München.

Andel, N. (1990): Finanzwissenschaft, Tübingen.

Arndt, H.-W. (1988): Grundzüge des allgemeinen Steuerrechts, München.

Atkinson, S./Tietenberg, T. H. (1984): Approaches for Reaching Ambient Standards in Non-Attainment Areas: Financial Burden and Efficiency Considerations, in: Land Economics, Vol. 60, S. 148-159.

Bach, W. (1994): Umsetzungsstrategien für die Klimakonvention, in: Enquete-Kommission Schutz der Erdatmosphäre, Arbeitsunterlage 12/308, 27.05.1994.

Bade, W. (1938): Das Automobil erobert die Welt, Berlin.

Bauer, A./Illing, G. (1992): Transaktionskosten und das Coase-Theorem, in: WISU 12/92, S. 933-936.

Baumol, W. J./Oates, W. E. (1971): The Use of Standards and Prices for Protection of the Environment, in: Swedish Journal of Economics, Vol. 73, S. 160-176.

Becker, U./Bertram, M. (1992): Externe Effekte im Straßenverkehr, Prognos-Schriftenreihe „Identifizierung und Internalisierung externer Kosten der Energieversorgung“, Basel.

Becker-Neetz, G. (1988): Rechtliche Probleme der Umwelt – Zertifikatemodelle in der Luftreinhaltepolitik, Frankfurt am Main.

Benz, U./Reindl, M./Tillmetz, W. (1995): Brennstoffzellen mit Polymermembranen für mobile Anwendungen, in: Spektrum der Wissenschaft, Juli 1995, S. 97-104.

Berliner Morgenpost (1997): Klimagipfel beginnt mit einem Schlagabtausch zwischen USA und EU, Tageszeitung vom 2.12.97.

Berner, K. et al. (1993): Vorschläge zur Karosserie-Leichtbauweise durch konstruktionsoptimierten Einsatz höherfester Stähle mit besonderen Umformungeigenschaften, in: VDI-Gesellschaft Fahrzeug- und Verkehrstechnik (Hrsg.): Beiträge der Fahrzeugtechnik zur Verbrauchssenkung, VDI Berichte 1099, Düsseldorf, S. 225-243.

Binswanger, H. C. (1981): Emissionsrechte als Erweiterung der Eigentumsordnung, in: Wegehenkel, L. (Hrsg.): Marktwirtschaft und Umwelt, Tübingen, S. 87-93.

Binswanger, H. C./Frisch, H./Nutzinger, H. G. et al. (1983): Arbeit ohne Umweltzerstörung. Strategien einer neuen Wirtschaftspolitik, Frankfurt am Main.

Bochmann, D. (1992): Bedingungen für die Marktverbreitung von Motor-Fahrzeug-Konzeptionen für alternative Kraftstoffe, Diplomarbeit, Mannheim.

Bonus, H. (1977): Umweltschutz durch Umweltzertifikate, in: Umwelt, 7. Jg., S. 252ff.

Bonus, H. (1981a): Emissionsrechte als Mittel der Privatisierung öffentlicher Ressourcen aus der Umwelt, in: Gutzler, H. (Hrsg.), Umweltpolitik und Wettbewerb, Baden-Baden.

Bonus, H. (1981b): Instrumente einer ökologisch verträglichen Wirtschaftspolitik, in: Binswanger, H. C./Bonus, H./Timmermann, M.: Wirtschaft und Umwelt, Möglichkeiten einer ökologisch verträglichen Wirtschaftspolitik, Stuttgart/Berlin/Köln/Mainz, S. 84-163.

Bonus, H. (1982): Emissionsrechte als Mittel der Privatisierung öffentlicher Ressourcen aus der Umwelt, in: von Möller, H. et al. (Hrsg.): Umweltökonomik, Königstein, S. 295-314.

Bonus, H. (1990): Preis- und Mengenlösungen in der Umweltpolitik, in: Jahrbuch für Sozialwissenschaft 41/1990, S. 343-358.

Bonus, H. (1994): Umweltlizenzen, Arbeitspapier Nr. 4 der Forschungsgruppe Umweltökonomie und Umweltmanagement an der Westfälischen Wilhelms-Universität Münster, Münster.

Bonus, H. (1995): Umweltlizenzen, in: Junkernheinrich, M. et al. (Hrsg.): Handbuch der Umweltökonomie, Bd. 2, Berlin, S. 301-306.

Bonus, H. (1998): Energiesteuer oder Umwelt-Zertifikate?, in: Spektrum der Wissenschaft, 8/1998, S. 33-35.

Bonus, H./Maselli, A. (1997): Transaktionskostenökonomik, in: Gabler Wirtschaftslexikon, 14. Auflage, Wiesbaden, S. 3804-3807.

Bössmann, E. (1979): Externe Effekte I, in: WISU 2/79, S. 9-18.

Boulding, K. E. (1964): The Meaning of the Twentieth Century, New York.

Brundtland-Bericht (1987): Weltkommission für Umwelt und Entwicklung: Unsere gemeinsame Zukunft, deutsche Ausgabe, herausgegeben von Volker Hauff, Greven, englische Ausgabe: WECD (World Commission on Environment and Development) (1987): Our Common Future, Oxford and New York.

Buchwalder, J. P./Rinckel, F. (1993): Lightweight design in exhaust systems, in: VDI-Gesellschaft Fahrzeug- und Verkehrstechnik (Hrsg.): Beiträge der Fahrzeugtechnik zur Verbrauchssenkung, VDI Berichte 1099, Düsseldorf, S. 245-270.

Bund für Umwelt und Naturschutz Deutschland (BUND) (Hrsg.) (1994): Trotz Tränen: kein Abschied. Autoverkehr ist Quelle für das Reizgas Ozon, Bonn.

Bundesminister des Inneren (Hrsg.) (1984): 3. Immissionsschutzbericht der Bundesregierung, Bundesdrucksache 10/1364, Bonn.

Bundesministerium der Finanzen (Hrsg.) (1995): Unsere Steuern von A-Z, Bonn.

Bundesministerium für Umwelt, Naturschutz und Reaktorsicherheit (Hrsg.) (1996): Umweltpolitik. Bericht der Bundesregierung an den Deutschen Bundestag, sechster Immissionsschutzbericht der Bundesregierung, Drucksache 13/4825, Bonn.

Bundesministerium für Umwelt, Naturschutz und Reaktorsicherheit (Hrsg.) (1998): Nachhaltige Entwicklung in Deutschland, Entwurf eines umweltpolitischen Schwerpunktprogramms, Bonn.

Bundesministerium für Wirtschaft (1995a): Energiedaten 1995, Computerprogramm des Bundesministeriums für Wirtschaft, Bonn.

Bundesministerium für Wirtschaft (1995b): Die Energiemärkte Deutschlands im zusammenwachsenden Europa - Perspektiven bis zum Jahr 2020, BMWI-Dokumentation Nr. 387, Bonn.

Bundesministerium für Wirtschaft (1995c): Reserven, Ressourcen und die Verfügbarkeit von Energierohstoffen 1995, Zusammenfassung der Studie der Bundesanstalt für Geowissenschaften und Rohstoffe Hannover, Bonn.

Bundesministerium für Wirtschaft (Hrsg.) (1996): Wirtschaft in Zahlen `96, Bonn.

Bündnis 90/Die Grünen (1995): Eckpunkte für den Einstieg in eine ökologische Steuerreform, beschlossenes Diskussionspapier vom 04. September 1995.

Bündnis90/Die Grünen (1997): Grün ist der Wechsel! 2. Entwurf vom 12.12.1997 für das Programm zur Bundestagswahl 1998, Bonn.

Buttgereit, R. (1991): Ökologische und ökonomische Funktionsbedingungen umweltökonomischer Instrumente, Berlin.

Cameron, R. (1992): Geschichte der Weltwirtschaft, Band 2, Von der Industrialisierung bis zur Gegenwart, aus dem Amerikanischen übersetzt von Rainer und Barbara Fremdling, Stuttgart.

Cansier, D. (1975): Ökonomische Grundprobleme der Umweltpolitik, Berlin.

Cansier, D. (1993): Umweltökonomie, Stuttgart/Jena.

Cansier, D. (1998a): Folgekosten des Verkehrs und ihre Internalisierung, Tübinger Diskussionsbeitrag Nr. 1441, Tübingen.

Cansier, D. (1998b): Ausgestaltungsformen handelbarer Emissionsrechte und ihre politische Durchsetzbarkeit, in: Zeitschrift für angewandte Umweltforschung (ZAU), Sonderheft 9/1998, S. 97-112.

Coase, R. (1960): The Problem of the Social Cost, in: Law & Economics 3, S. 1-44.

Crocker, T. D. (1966): The Structuring of Atmospheric Pollution Control Systems, in: Wolozin, H. (Hrsg.), The Economics of Air Pollution, New York, S. 61-86.

Dales, J. H. (1968): Pollution, Property and Prices, Toronto.

Der Bundesminister für Umwelt, Naturschutz und Reaktorsicherheit (1986): Leitlinien der Bundesregierung zur Umweltvorsorge durch Vermeidung und stufenweise Verminderung von Schadstoffen (Leitlinien Umweltvorsorge), Bonn.

Deutsche Automobil Treuhand GmbH (Hrsg.) (1998): DAT-Veedol-Report `98, Ausgabe 32, Sonderbeilage zur Wochenzeitung „Kfz-Betrieb“, Stuttgart.

Deutsche Shell AG (Hrsg.) (1994): Saubere Luft und Klimaschutz – ein Zielkonflikt?, Hamburg.

Deutsche Shell AG (Hrsg.) (1995a): Gipfel der Motorisierung in Sicht, Szenarien des Pkw-Bestands und der Neuzulassungen in Deutschland bis zum Jahr 2020, 9/1995, Heft 26, Hamburg.

Deutsche Shell AG (Hrsg.) (1995b): Weniger Emissionen durch verbesserte Kraftstoffqualität - Möglichkeiten der Mineralölindustrie, Hamburg.

Deutsche Shell AG (Hrsg.) (1996a): Fakten und Argumente, Aktuelle Themen aus der Mineralölwirtschaft, Hamburg.

Deutsche Shell AG (Hrsg.) (1996b): Geringere Umweltbelastung durch verbesserte Fahrzeugbetriebsstoffe, Hamburg.

Deutsche Shell AG (Hrsg.) (1996c): Emissionsarme Ottokraftstoffe – Heute, ab 2000 und danach, Hamburg.

Deutsches Institut für Wirtschaftsforschung - DIW (1994): Ökosteuern - Sackgasse oder Königsweg? Ein Gutachten im Auftrag von Greenpeace e.V., Berlin.

Deutsches Institut für Wirtschaftsforschung - DIW (1996): Verkehr in Zahlen, 1996, Bundesminister für Verkehr (Hrsg.), Bonn/Berlin.

Deutsches Institut für Wirtschaftsforschung – DIW (1997): Verkehr in Zahlen 1997, Bundesminister für Verkehr (Hrsg.), Bonn/Berlin.

Deutsches Institut für Wirtschaftsforschung – DIW (1998): Verkehr in Zahlen 1998, Bundesminister für Verkehr (Hrsg.), Bonn/Berlin.

Dichtl, E./Issing, O. (Hrsg.) (1993): Vahlens großes Wirtschaftslexikon, Band 2, 2. Auflage, München.

Drewes, E.-J. et al. (1993): Neue Ansätze zur Gewichts- und Verbrauchsreduzierung aus der Sicht eines Systemlieferanten, in: VDI-Gesellschaft Fahrzeug- und Verkehrstechnik (Hrsg.): Beiträge der Fahrzeugtechnik zur Verbrauchssenkung, VDI Berichte 1099, Düsseldorf, S. 211-224.

Drewitz, H.-J. (1987): Stadtbusantriebe mit Flüssiggas, Erdgas und Methanol, in: Deutsche Verkehrswissenschaftliche Gesellschaft e.V.: Energieeinsparung im Straßenverkehr, Schriftenreihe der Deutschen Verkehrswissenschaftlichen Gesellschaft e.V. , Reihe B 103, Bergisch Gladbach, S. 77-87.

Eckermann, E. (1981): Vom Dampfwagen zum Auto. Motorisierung des Verkehrs, Reinbek bei Hamburg.

Eheart, J./Brill, E./Lyon, R. (1983): Transferable Discharge Permits for Control BOD: An Overview, in: Joeres, E. F./David, M. (Hrsg.): Buying a Better Environment, S. 163-195.

El-Shagi, E.-S. (1982): Die externen Effekte und ihre Wirkung auf das Marktergebnis, in: WISU 11/82, S. 137-144.

El-Shagi, E.-S. (1993): Umweltzertifikate, in: WISU 12/93, S. 1037-1042.

Endres, A. (1976): Die pareto-optimale Internalisierung externer Effekte, Frankfurt am Main/ Bern.

Endres, A. (1977): Die Coase-Kontroverse, in: Zeitschrift für die gesamte Staatswissenschaft 133, S. 637-651.

Endres, A. (1985): Umwelt- und Ressourcenökonomie, Darmstadt.

Endres, A. (1991): Umweltzertifikate, in: El-Shagi, E.-S./ Knappe, E./ Müller-Hagedorn, L. (Hrsg.): Umweltpolitik in der Marktwirtschaft, Pfaffenheim, S. 47-74.

Endres, A. (1993): Die Ökonomie natürlicher Ressourcen. Kurseinheit 1: Erschöpfliche natürliche Ressourcen, FernUniversität-Gesamthochschule Hagen, Fachbereich Wirtschaftwissenschaften, Hagen.

Endres, A. (1994): Umweltzertifikate: Eine marktwirtschaftliche Alternative im Widerstreit, in: Endres, A./Rehbinder, E./Schwarze, R. (Hrsg.): Umweltzertifikate und Kompensationslösungen aus ökonomischer und juristischer Sicht, Bonn, S. 1-27.

Endres, A./Schwarze, R. (1994): Das Zertifikatsmodell vor der Bewährungsprobe? Eine ökonomische Analyse des Acid Rain-Programms des neuen US-Clean Air Act, in: Umweltzertifikate und Kompensationslösungen aus ökonomischer und juristischer Sicht, Bonn, S. 137-215.

Enquete-Kommission „Vorsorge zum Schutz der Erdatmosphäre“ des Deutschen Bundestages (Hrsg.) (1991): Schutz der Erdatmosphäre. Eine Bestandsaufnahme mit Vorschlägen zu einer neuen Energiepolitik, Teilband I, Bonn.

Erdöl-/Energie-Informationsdienst (1998a): EID Tankstellen Umfrage: 600 Stationen weniger – Knapp zwei Drittel mit Saugrüssel ausgerüstet, Heft Nr. 7/98, S. 3-5.

Erdöl-/Energie-Informationsdienst (1998b): 326 Autobahn-Tankstellen in Deutschland, Heft Nr. 7/98, S. 10.

Europäisches Zentrum für Wirtschaftsforschung und Strategieberatung – prognos (1998): Die längerfristige Entwicklung der Energiemärkte im Zeichen von Wettbewerb und Umwelt, Trendskizze für das Bundesministerium für Wirtschaft, in Zusammenarbeit mit dem Energiewirtschaftlichen Institut an der Universität Köln (EWI), Stand: Oktober 1998, Basel.

Ewringmann, D. (1995): Umweltabgaben, in: Junkernheinrich, M. et al. (Hrsg.): Handbuch der Umweltökonomie, Bd. 2, Berlin, S. 250-256.

Fisher, A. C. (1981): Resource and Environmental Economics, Cambridge.

Fitz, S. (1984): Die Einwirkungen von Luftverunreinigungen auf ausgewählte Kunstwerke mittelalterlicher Glasmalerei, Materialien 2/84, Umweltbundesamt, Berlin.

Förderverein ökologische Steuerreform - FÖS (Hrsg.) (1994): Weniger Umweltbelastung und mehr Beschäftigung - Memorandum zur ökologischen Steuerreform, Bonn/Berlin.

Franzen, A. (1997): Umweltbewußtsein und Verkehrsverhalten. Empirische Analysen zur Verkehrsmittelwahl und der Akzeptanz umweltpolitischer Maßnahmen, Chur/Zürich.

Frey, B. (1991): Umweltökonomie, Göttingen.

Fromm, O./Hansjürgens, B. (1994): Umweltpolitik mit handelbaren Emissionszertifikaten - eine ökonomische Analyse des RECLAIM-Programms in Südkalifornien -, in: Zeitschrift für angewandte Umweltforschung, Jg. 7, Heft 2, S. 211-223.

Fromm, O./Hansjürgens, B. (1998): Zertifikatemärkte der „zweiten Generation" – Die amerikanischen Erfahrungen mit dem Acid Rain- und dem RECLAIM-Programm, in: Zeitschrift für angewandte Umweltforschung (ZAU), Sonderheft 9/1998, S. 150-165.

Fuchs, H./Zemmer, N. (1993): Werkstofflicher und konstruktiver Leichtbau durch Einsatz von Aluminium- und Magnesiumguß, in: VDI-Gesellschaft Fahrzeug- und Verkehrstechnik (Hrsg.): Beiträge der Fahrzeugtechnik zur Verbrauchssenkung, VDI Berichte 1099, Düsseldorf, S. 305-321.

Gajewski, W. (1995): Die Brennstoffzelle – ein wiederentdecktes Prinzip der Stromerzeugung, in: Spektrum der Wissenschaft, Juli 1995, S. 88-92.

Gawel, E. (1991): Gemischte Lenkungsstrategien auf Zertifikatmärkten für Umweltgüter: ein Modell kombinativen Einsatzes von handelbaren Emissionsrechten und Abgaben, in: Zeitschrift für Umweltpolitik & Umweltrecht, 1991, Heft 3, S. 279-297.

Gawel, E./Hansmeyer, K.-H. (1995): Umweltauflagen, in: Junkernheinrich, M. et al. (Hrsg.): Handbuch der Umweltökonomie, Bd. 2, Berlin, S. 262-268.

Glaser, H. (1986): Das Automobil. Eine Kulturgeschichte in Bildern, München.

Goeudevert, D. (1990): Die Zukunft ruft, Herford.

Görres, A./Ehringhaus, H./von Weizsäcker, E. U. (1994): Der Weg zur ökologischen Steuerreform. Weniger Umweltbelastung und mehr Beschäftigung, München.

Greenpeace e.V. (Hrsg.) (1991): Ökobilanz Auto, Hamburg.

Grevsmähl, J. (1990): Entwicklungsperspektiven des Pkw-Verkehrs, in: Internationales Verkehrswesen, 42. Jg., 1990, S. 197-202.

Groombridge, B. (Hrsg.) (1992): Global Biodiversity. Status of the Earth's Living Resources. Compiled by World Conservation Monitoring Centre, London u.a.

Hahn, R./Noll, R. (1982): Designing a market for Tradeable Emissions Permits, in: Magat, W. A. (Hrsg.): Reform of Environmental Regulation, Cambridge, Massachusetts, S. 120-146.

Hampicke, U. (1992): Ökologische Ökonomie. Individuum und Natur in der Neoklassik. Natur in der ökonomischen Theorie: Teilband 4, Opladen.

Hansjürgens, B./Fromm, O. (1994): Erfolgsbedingungen von Zertifikatelösungen in der Umweltpolitik - am Beispiel der Novelle des US-Clean Air Act von 1990, in: Zeitschrift für Umweltpolitik & Umweltrecht, Heft 4/94, S. 473-505.

Hansmeyer, K.-H. (1993): Spektrum umweltpolitischer Instrumente, in: König, H. (Hrsg.): Umweltverträgliches Wirtschaften als Problem von Wissenschaft und Politik, Jahrestagung des Vereins für Socialpolitik, Gesellschaft für Wirtschafts- und Sozialwissenschaften in Oldenburg 1992, Neue Folge, Band 224, Berlin, S. 63-86.

Hansmeyer, K.-H./Schneider, H. K. (1990): Umweltpolitik. Ihre Fortentwicklung unter marktsteuernden Aspekten, Göttingen.

Harborth, H.-J. (1989): Dauerhafte Entwicklung (Sustainable Development). Zur Entstehung eines ökologischen Konzeptes, Wissenschaftszentrum für Sozialforschung, Berlin.

Hartkopf, G./Bohne, E. (1983): Umweltpolitik, Bd. 1, Opladen.

Heister, J./Michaelis, P. (1991): Handelbare Emissionsrechte für Kohlendioxid, in: Zeitschrift für angewandte Umweltforschung, Jg. 4, H. 1, S. 68-80.

Heister, J./Michaelis, P. et al. (1991): Umweltpolitik mit handelbaren Emissionsrechten, Möglichkeiten zur Verringerung der Kohlendioxid- und Stickoxidemissionen, Tübingen.

Henke, K.-D./Zimmermann, H. (1977): Finanzpolitik im Dienste der Eindämmung von Umweltschäden, in: Wirtschaftswissenschaftliches Studium, Heft 6, 1977, S. 153-163.

Henstock (1988): Design for Recyclability, Institut of Metals, London.

Hoppe, W./Beckmann, M. (1989): Umweltrecht: Juristisches Kurzlehrbuch für Studium und Praxis, München.

Howe, C. (1994): Taxes versus Tradeable Discharge Permits. A Review in the Light of the U.S. and the European Experience, in: Environmental and Resource Economics, Vol. 4, S. 151-169.

Hucke, J. (1983): Regulative Politik. Das Beispiel Umweltschutz, in: Vogt, R. (Hrsg.): Abschied vom Recht, Frankfurt am Main.

Huckestein, B. (1993): Umweltlizenzen – Anwendungsbedingungen einer ökonomisch effizienten Umweltpolitik durch Mengensteuerung, in: Zeitschrift für Umweltpolitik & Umweltrecht (ZfU), 1/93, S. 1-29.

Im Auftrag der Zukunft. Eine Initiative von WWF und DR DB (Hrsg.) (1993): Kilometer-Bilanz. Personenverkehr, Informationen über die Verkehrssysteme in Deutschland, Frankfurt am Main.

Immler, H. (1992): Nachhaltige Wirtschaft. Ist das Nachhaltigkeitsprinzip auf unsere Wirtschaft übertragbar?, in: Universitas, H. 7/92, S. 661-670.

Industriegesellschaft Metall (Hrsg.) (1990): Auto, Umwelt und Verkehr. Umsteuern, bevor es zu spät ist, Schriftenreihe der IG-Metall Nr. 122, Frankfurt am Main.

Institut der deutschen Wirtschaft (Hrsg.) (1996): Zahlen zur wirtschaftlichen Entwicklung der Bundesrepublik Deutschland, Köln.

Institut der Deutschen Wirtschaft (Hrsg.) (1997): Zahlen zur wirtschaftlichen Entwicklung der Bundesrepublik Deutschland, Köln.

Institut der Deutschen Wirtschaft (Hrsg.) (1999): Zahlen zur wirtschaftlichen Entwicklung der Bundesrepublik Deutschland, Köln.

IPCC (1994): An Evaluation of the IPCC IS92 Emission Szenarios. IPCC Second Assessment Working Group III, o.O.

Isecke, B. (1986): Einfluß von Luftverunreinigungen auf das Korrosionsverhalten verschiedener Materialien, in: Kosten der Umweltverschmutzung, Tagungsband zum Symposium im Bundesministerium des Inneren, 12./13.9.1985, Bericht 7/86, Umweltbundesamt, Berlin.

James, H. (1988): Deutschland in der Weltwirtschaftskrise 1924-1936, aus dem Englischen übertragen von Werner Stingl, Stuttgart.

Jubb, C./van Vliet, R. (1992): Environmental Regulation. The Economics of Tradeable Permits - A Survey on Theory and Research, Report No. 42, Canberra.

Junkernheinrich, M. (1998): Handelbare Emissionsrechte im Verkehrspolitischen Instrumentenmix, in: Zeitschrift für angewandte Umweltforschung (ZAU), Sonderheft /1998, S. 209-221.

Kabelitz, K. R. (1984): Handelbare Emissionsgenehmigungen als Instrument einer ökologisch und ökonomisch rationalen Luftreinhaltepolitik, in: Schneider, G./Sprenger, R.-U. (Hrsg.): Mehr Umweltschutz für weniger Geld – Einsatzmöglichkeiten und Erfolgschancen ökonomischer Anreizsysteme in der Umweltpolitik, ifo studien zur umweltökonomie 4, München.

Kalleicher, D. (1992): Ausgewählte Instrumente zur Reduktion von Kfz-Abgasemissionen, Berlin.

Kampmann, C. (1995): Empirische Untersuchung der Verteilungswirkungen umweltpolitischer Instrumente am Beispiel einer erhöhten Mineralölbesteuerung, Diskussionspapiere aus der Fakultät für Sozialwissenschaft, Ruhr-Universität Bochum.

KATALYSE e.V. - Institut für angewandte Umweltforschung (Hrsg.) (1993): Das Umweltlexikon, Köln.

Kemper, M. (1989): Das Umweltproblem in der Marktwirtschaft. Wirtschaftstheoretische Grundlagen und vergleichende Analyse umweltpolitischer Instrumente in der Luftreinhalte- und Gewässerschutzpolitik, Berlin.

Kindleberger, C. P. (1979): Die Weltwirtschaftskrise, Geschichte der Weltwirtschaft im 20. Jahrhundert, Band 4, München.

Klemmer, P. (1994): Nachhaltige Entwicklung – aus ökonomischer Sicht, in: Zeitschrift für angewandte Umweltforschung, Jg. 7, H. 1, S. 14-19.

Koenig, C. (1996): Möglichkeiten und Grenzen von Zertifikatmärkten als Steuerungsmedien im Umweltrecht - Überlegungen zum Rechtsproblem ökologischer Präferenzen künftiger Generationen, in: Die öffentliche Verwaltung, November 1996, Heft 22, S. 943-950.

Kohlhaas, M./Praetorius, B. (1994): Selbstverpflichtung der Industrie zur CO_2-Reduktion, Berlin.

Köhn, J. (1996): Autos und Zertifikate. Neue Ansätze für die Autopolitik aus der ökologischen und ökonomischen Perspektive, in: Köhn, J./Welfens, M. J. (Hrsg.), Neue Ansätze in der Umweltökonomie, Marburg.

Kolb, E. (1988): Die Weimarer Republik, München.

Kölle, C. (1992): Zertifikate in der Energie- und Umweltpolitik, in: Zeitschrift für Energiewirtschaft (ZfE), 4/92, S. 293-301.

Krebs, R. (1994): Fünf Jahrtausende Radfahrzeuge. 2 Jahrhunderte Straßenverkehr mit Wärmeenergie. Über 100 Jahre Automobil, Berlin, Heidelberg.

Kruk, M./Lingnau, G. (1986): 100 Jahre Daimler-Benz. Das Unternehmen, Mainz.

Kubisch, U. (1986): Aller Welts Wagen. Die Geschichte eines Automobilen Wirtschaftswunders. Von Porsches Volkswagen-Vorläufer zum Käfer-Ausläufer-Modell, Berlin.

Lamour, J. P./Derenbach, T. (1993): Reifen der neuen Generation mit geringem Rollwiderstand, in: VDI-Gesellschaft Fahrzeug- und Verkehrstechnik (Hrsg.): Beiträge der Fahrzeugtechnik zur Verbrauchssenkung, VDI Berichte 1099, Düsseldorf, S. 189-210.

Leipert, C. (1989): Die heimlichen Kosten des Fortschritts. Wie Umweltzerstörung das Wirtschaftswachstum fördert, Frankfurt am Main.

Leipert, C. (1997): Der fiktive Charakter des Ökoinlandsproduktes, in: Ökologisches Wirtschaften, 2/97, S. 27-30.

Lerch, A. (1995): Der Einsatz ökonomischer Instrumente beim Übergang zu einer nachhaltigen Energieversorgung, in: Nutzinger, H. G. (Hrsg.): Nachhaltige Wirtschaftsweise und Energieversorgung. Konzepte, Bedingungen, Ansatzpunkte, Marburg, S. 169-199.

Lerch, A. (1996): Verfügungsrechte und biologische Vielfalt. Eine Anwendung der ökonomischen Analyse der Eigentumsrechte auf die spezifischen Probleme genetischer Ressourcen, Marburg.

Lerch, A./Nutzinger, H.G. (1998): Nachhaltigkeit. Methodische Probleme der Wirtschaftsethik, in: Zeitschrift für Evangelische Ethik, 42. Jg., S. 208-223.

Linscheidt, B./Truger, A. (1998): Preise für die Umweltnutzung – gibt es eine bessere Lösung?, in: Spektrum der Wissenschaft, 8/1998, S. 30-33.

Loske, R. (1996): Klimapolitik. Im Spannungsfeld von Kurzzeitinteressen und Langzeiterfordernissen, Marburg.

Lyon, R. (1982): Auctions and Alternative Procedures for Allocating Pollution Rights, in: Land Economics, Vol. 58, S. 16-32.

Lyon, R. (1986): Equilibrium Properties of Auctions and Alternative Procedures for Allocating Transferable Permits, in: Journal of Environmental Economics and Management, Vol. 13, S. 129-152.

Marshall, A. (1920): Principles of Economics, 8. Auflage, London.

Massarrat, M. (1998): Das Dilemma der ökologischen Steuerreform, in: Spektrum der Wissenschaft, 8/1998, S. 35-37.

McNeely, J. A. (1988): Economics and Biological Diversity. Developing and Using Economic Incentives to Conserve Biological Resources, Gland.

Meadows, D. (1990): Die Grenzen des Wachstums. Bericht des Club of Rome zur Lage der Menschheit, Stuttgart.

Menrad, H./König, A. (1982): Alkoholkraftstoffe, Wien.

Michaelis, P. (1996): Ökonomische Instrumente in der Umweltpolitik. Eine anwendungsorientierte Einführung, Heidelberg.

Mineralölwirtschaftsverband e. V. (Hrsg.) (1996): Mineralöl-Zahlen 1995, Hamburg.

Moll, J. (1997): Eine unendliche Geschichte: Das Drei-Liter-Auto, in: Globus, Heft 2/97, S. 47-51.

Müller, F. G. (1981): Ressourcenknappheit und Ressourcenknappheitsindikatoren, in: Zeitschrift für Umweltpolitik, 1981, S. 69-94.

Müller, U./Schwenke, H. J. (1992): Umwelt und Verkehr - Strategien zur Jahrtausendwende, Diskussionspapier Nr. 166; Fachbereich Wirtschaftswissenschaften, Universität Hannover.

Müller-Witt, H. (1989): Öko-Steuern als neues Instrument in der Umweltpolitik. Eine kritische Analyse umweltpolitischer Anreizinstrumente in den USA und in der Bundesrepublik Deutschland, München.

Mummert und Partner (1990): Wie reagieren Autofahrer auf Veränderungen des Kraftstoffpreises? Untersuchung der Mummert und Partner Wirtschafts- und Sozialforschung GmbH, Essen.

Münzinger, F. (1949): Dampfkraft, Berlin.

Nagel, T. (1993): Umweltgerechte Gestaltung des deutschen Steuersystems. Theoretische und empirische Analyse der Aufkommens- und Verteilungseffekte, Gießen.

Nutzinger, H. G./Beschorner, A./Kniestedt, D. (1996): Umweltsteuern und -abgaben im internationalen Vergleich, unveröffentlichter Forschungsbericht, Kassel.

Nutzinger, H. G./Radke, V. (1995): Wege zur Nachhaltigkeit, in: Nutzinger, H. G. (Hrsg.): Nachhaltige Wirtschaftsweise und Energieversorgung. Konzepte, Bedingungen, Ansatzpunkte, Marburg, S. 225-256.

Oberender, P. (1986): Ökologische Marktwirtschaft. Gewässerschutz nicht gegen, sondern mit dem Markt durch Emissionszertifikate, in: Wirtschaftswissenschaftliches Studium, Nr. 7, S. 371-374.

OECD (Organisation for Economic Co-Operation and Development) (Hrsg.) (1996): Towards clean transport. Fuel-Efficient and Clean Motor Vehicles, Paris.

OECD (Organisation for Economic Co-Operation and Development) (Hrsg.) (1994): Managing the Environment: The Role of Economic Instruments, Paris.

OTA (Congress of the United States Office of Technology Assessment) (1991): Replacing Gasoline - Alternative Fuels for Light-Duty Vehicles, Congress of the United States Office of Technology Assessment (Hrsg.), Massachusetts.

Pearce, D. W. (1987): Economics, equity and sustainable development, in: Future, London, S. 598-605.

Pearce, D. W./Atkinson, G. D. (1993): Measuring Sustainable Development, in: Ecodecision, June, S. 64-66.

Pearce, D./Markandya, A./Barbier, E. A. (1994): Blueprint for a Green Economy, London.

Petersen, F. M./Fisher, A. C. (1977): The Exploitation of Extractive Resources - A Survey, in: The Economic Journal, 1977, S. 681-721.

Pigou, A. C. (1932): Economics of Welfare, 4. Auflage, (1. Auflage 1920), London.

Ramb, T. (1991): Privatisierung der Umweltnutzung durch Zuweisung individueller Nutzungsrechte, in: List Forum für Wirtschafts- und Finanzpolitik, 17, 1991, S. 363-375.

Rat der Sachverständigen für Umweltfragen - RSU (1974): Umweltgutachten 1974, Stuttgart/Mainz.

Rat der Sachverständigen für Umweltfragen - RSU (1978): Umweltgutachten 1978, Stuttgart/Mainz.

Rehbinder, E. (1973): Politische und rechtliche Probleme des Verursacherprinzips, Berlin.

Rennings et al. (1998): Nachhaltigkeit, Ordnungspolitik und freiwillige Selbstverpflichtung, Heidelberg.

Rommerskirchen, S./Becker, U./Eland, M. (1992): Entwicklung der Luftschadstoffemissionen des Verkehrs in Deutschland bis 2010, in: Internationales Verkehrswesen, 44. Jg., H. 3, 1992.

Rösch, F. (1993): Aluminium – Leicht und deshalb besonders geeignet – Leistungsfähigkeit von Aluminium-Automobilstrukturen, in: VDI-Gesellschaft Fahrzeug- und Verkehrstechnik (Hrsg.): Beiträge der Fahrzeugtechnik zur Verbrauchssenkung, VDI Berichte 1099, Düsseldorf, S. 345-357.

Rosellen, H. P. (1977): Deutsche Kleinwagen nach 1945, geliebt, gelobt und unvergessen..., Stuttgart.

Sachs, W. (1984): Die Liebe zum Automobil. Ein Rückblick in die Geschichte unserer Wünsche, Reinbek bei Hamburg.

Sass, F. (1962): Geschichte des deutschen Verbrennungsmotorenbaus von 1860 bis 1918, Berlin/Göttingen/Heidelberg.

Schallaböck, K. O. (1990): Limitierung des spezifischen Treibstoffverbrauchs der Nutzfahrzeuge, in: Enquete-Kommission „Vorsorge zum Schutz der Erdatmosphäre" des Deutschen Bundestages (Hrsg.): Energie und Klima, Band 7, Konzeptionelle Fortentwicklung des Verkehrsbereichs, Bonn, S. 679-776.

Scheelhaase, J. (1994): Abgaben und Zertifikate als Instrumente zur CO_2-Reduktion in der EG-Ausgestaltung und regionalwirtschaftliche Wirkung, München.

Schmidt, A. (1994): Die Anwendbarkeit der umweltökonomischen Lizenzlösung auf die Umweltbelastungen durch den zivilen Luftverkehr, Frankfurt am Main.

Schönleber, G. (1993): Großserienfertigung von Faserverbundbauteilen für Leichtbaustrukturen im Automobilbau, VDI-Gesellschaft Fahrzeug- und

Verkehrstechnik (Hrsg.): Beiträge der Fahrzeugtechnik zur Verbrauchssenkung, VDI Berichte 1099, Düsseldorf, S. 271-285.

Schulze, T. (1993): Der Rollwiderstand von Reifen und seine Auswirkung auf den Kraftstoffverbrauch von Pkws, in: VDI-Gesellschaft Fahrzeug- und Verkehrstechnik (Hrsg.): Beiträge der Fahrzeugtechnik zur Verbrauchssenkung, VDI Berichte 1099, Düsseldorf, S. 177-187.

Scitovsky, T. (1954): Two Concepts of External Economics, in: Journal of Political Economy, Bd. 17, 1954, S. 143-151.

Seherr-Thoss, H. C. Graf von (1979): Die deutsche Automobilindustrie, Stuttgart.

Seiffert, U./Walzer, P. (1989): Automobiltechnik der Zukunft, Düsseldorf.

Seper, H. (1968): Damals als die Pferde scheuten. Die Geschichte der österreichischen Kraftfahrt, Wien.

Seper, H. (1974): Siegfried Marcus und seine Verbrennungsmotoren, Wien.

Setzer, M. (1998): Wirtschaftliche Entwicklung und Energieintensität. Zur Theorie und Empirie der Determinanten der Energieintensität, Marburg.

Skeet, I. (1988): Opec: Twenty-five years of prices and politics, Cambridge.

Smith, V. K. (1980): The Evaluation of Natural Resource Adaequarcy: Elusive Quest or Frontier of Economic Analysis, in: Land Economics, 1980, S. 257-298.

Sohmen, E. (1976): Allokationstheorie und Wirtschaftspolitik, Tübingen.

SPD-Bundestagsfraktion (1995): Ökologische Modernisierung der Industriegesellschaft -Wirtschaft-Umwelt-Arbeitsplätze-, Entwurf eines Diskussionspapiers, in der Fraktion am 24. Oktober 1995 beschlossen, Bonn.

Sporkmann, B. (1990): Emissionsvergleich von Verbrennungsmotor und Elektrofahrzeugen, in: Energiewirtschaftliche Tagesfragen, Heft 6/1990, S. 418-423.

Staehelin-Witt, E./Spillmann, A. (1994): Emissionshandel. Erfahrungen in der Region Basel und neue Ansätze, in: Zeitschrift für Umweltpolitik & Umweltrecht, Heft 2/94, S. 207-223.

Stahmer, C. (1995): Umweltberichterstattung und das System der Volkswirtschaftlichen Gesamtrechnung, in: van Dieren, W. (Hrsg.): Mit der Natur rechnen, Basel, S. 247-272.

Statistisches Bundesamt (Hrsg.) (1998): Kfz-Anschaffung und Unterhaltung, („Kraftfahrer-Preisindex“) sowie Übersicht EWM-I, Wiesbaden.

Statistisches Bundesamt (Hrsg.) (1992): Lange Reihen zur Wirtschaftsentwicklung, Wiesbaden.

Statistisches Bundesamt (Hrsg.) (verschiedene Jahrgänge): Statistisches Jahrbuch für die Bundesrepublik Deutschland, Wiesbaden.

Steenblock, R. (1995): Eckpunkte des bündnisgrünen Vorschlags für eine ökologische Steuerreform, in: Ökologisch-Soziale Steuerreform auf den Weg bringen, Dokumentation der Beiträge der ReferentInnen und bündnisgrüner Diskussionspapiere zum Hearing am 15. Juni 1995 in Bonn, Bonn, S. 13-17.

Stromthemen (1998): Erster Elektro-Pkw mit Brennstoffzelle, in: Stromthemen 6/98, S. 7.

Suntum van, U. (1989): Ökosteuern im Verkehr, in: Wirtschaftsdienst, 69. Jg., S. 557-563.

Swingland, J. R. (1993): Tropical forests and biodiversity conservation: a new ecological imperative, in: Barbier, E. B. (Hrsg.): Economics and Ecology, London, S. 118-129.

Teufel, D. et al. (1988): Ökosteuern als marktwirtschaftliches Instrument im Umweltschutz: Vorschläge für eine ökologische Steuerreform, UPI-Bericht Nr.9, Heidelberg.

Teufel, D. et al. (1994): Entwicklung der CO_2-Emissionen der Bundesrepublik Deutschland seit 1987, UPI-Bericht Nr. 33, Heidelberg.

Teufel, D. et al. (1995a): Folgen einer globalen Motorisierung, UPI-Bericht Nr. 35, Heidelberg.

Teufel, D. et al. (1995b): Ökologische und soziale Kosten der Umweltbelastung in der Bundesrepublik Deutschland, UPI-Bericht Nr. 20, Heidelberg.

Teufel, D. et al. (1995c): Öko-Bilanzen von Fahrzeugen, UPI-Bericht Nr. 25, Heidelberg.

Teufel, D. et al. (1996): Bodennahes Ozon – Belastung, Gegenmaßnahmen, Wirksamkeit des Sommer-Smog-Gesetzes, UPI-Bericht Nr. 40, Heidelberg.

Teufel, D. et al. (1996b): Umwelt-Ranking von 140 Pkw-Modellen, UPI-Bericht Nr. 39, Heidelberg.

Thielemann, W. (1987): Die Energieversorgung im Spannungsfeld sozioökonomischer und ökologischer Sachzwänge, Stuttgart.

Tiefentahler, H./Zimmeter, W. (1990): Mobilitär versus Umwelt, in: Prabitz, G./Schopper, W. (Hrsg.): Uni 2000, Zukunftsperspektiven universitärer Forschung und Lehre am Beispiel der Universität Innsbruck, S. 35-50.

Tietenberg, T. H. (1980): Transferable Discharge Permits and the Control of Air Pollution: A Survey and Synthesis: in: Zeitschrift für Umweltpolitik, 1, 1980, S. 477-508.

Tietenberg, T. H. (1985): Emissions Trading, an exercise in reforming pollution policy, Ressources for the Future, Inc., Washington D.C.

Tietenberg, T. H. (1992): Environmental and Natural Resource Economics, New York.

Tietenberg, T. H. (1994): Market-Based Mechanism for Controlling Pollution. Lessons from U.S., in: Sterner, T. (Hrsg.): Economic Policies for Sustainable Development, Dordrecht, S. 20-45.

Tietenberg, T. H. (1998): Tradeable Permits and the Control of Air Pollution – Lessons from the United States -, in: Zeitschrift für angewandte Umweltforschung (ZAU), Sonderheft 9/1998, S. 11-31.

Umweltbundesamt (1990): Daten zur Umwelt, 1988/89, Berlin.

Umweltbundesamt (1995a): Jahresbericht 1995, Berlin.

Umweltbundesamt (1995b): Umweltdaten Deutschland 1995, Berlin.

Umweltbundesamt (1998a): Datensammlung des Umweltbundesamtes, veröffentlicht im Internet auf Seite: http://www.umweltbundesamt.de, Stand: 1. Januar 1998.

Umweltbundesamt (1998b): Daten zu Verkehr und Umwelt, Diskettenversion mit Excel-File, zusammengestellt am 5.2.1998 von Maja Zarske, Berlin.

Umweltbundesamt (Hrsg.) (1996): Was ich schon immer über Auto und Umwelt wissen wollte, Stuttgart/Berlin/Köln.

United Nations (verschiedene Jahrgänge): Statistical Yearbook, New York.

van der Wee, H. (1984): Der gebremste Wohlstand. Geschichte der Weltwirtschaft im 20. Jahrhundert, Band 6, München.

VCD (Verkehrsclub Deutschland), VCO (Verkehrsclub Österreich), VCS (Verkehrsclub Schweiz) (1993): Wissenschaft und Verkehr, Kostenwahrheit im europäischen Verkehr, Wien.

Verband der Automobilindustrie e.V. - VDA (1996): AUTO 1996, Frankfurt am Main.

Verband der Automobilindustrie e.V. – VDA (1997): AUTO 1997, Frankfurt am Main.

Verband der Automobilindustrie e.V. – VDA (1997b): Zulassung von fabrikneuen Personen- und Kombinationskraftwagen nach wichtigen Marken und Typen in Deutschland, FAX-Auskunft vom 12.12.1997, Frankfurt am Main.

Vereinte Nationen (1988): Umweltperspektiven der Vereinten Nationen - bis zum Jahr 2000 und danach, Berlin.

Vester, F. (1990): Ausfahrt Zukunft. Strategien für den Verkehr von morgen. Eine Systemuntersuchung, München.

von Fersen, H.-H. (1976): Autos in Deutschland 1885-1920. Eine Typengeschichte, Stuttgart.

von Frankenberg, R./Matteucci, M. (1976): Geschichte des Automobils, Stuttgart.

Wagner, U. (1990): Betriebserfahrungen und Energieverbrauch für Elektrostraßenfahrzeuge, in: ETZ, Heft 15/1990, S. 790-793.

Walter, J./Schlüter, S./Koch, R. (1995): Alles Öko alles teuer oder was? Eine Einführung in die Diskussion um eine ökologische Steuerreform, Hannover.

Weimann, J. (1991): Umweltökonomik. Eine theorieorientierte Einführung, Berlin/Heidelberg.

Weyer, P. (1991): Noch immer zuviel Druck, in: stern, Heft 19/1991, S. 130.

Wicke, L. (1986): Die ökologischen Milliarden, München.

Wicke, L. (1991): Umweltökonomie, München.

Wiehr, U. (1996): Klimagipfel, Politische Ökologie 44, Januar/Februar 1996.

Zimmermann, H. (1984): Typen ökonomischer Anreizinstrumente in der Umweltpolitik, in: Schneider, G./Sprenger, R.-U. (Hrsg.): Mehr Umweltschutz für weniger Geld, München.

Zimmermann, H./Henke, K.-D. (1990): Finanzwissenschaft. Eine Einführung in die Lehre von der öffentlichen Finanzwirtschaft, München.

Kolibri 360 GmbH
Ferdinand-Jühlke-Straße 7
99095 Erfurt, Deutschland
produktsicherheit@kolibri360.de

Druck:
CPI Druckdienstleistungen GmbH
im Auftrag der
Kolibri 360 GmbH
Ferdinand-Jühlke-Str. 7
99095 Erfurt